U0206939

教育部哲学社会科学系列发展报告项目（13JBGP005）
教育部人文社科重点研究基地中国海洋大学海洋发展研究院资助
中国海洋大学"985工程"海洋发展人文社会科学研究基地建设经费资助

海洋经济蓝皮书

BLUE BOOK OF
MARINE ECONOMY

中国海洋经济发展报告
（2015~2018）

ANNUAL REPORT ON THE DEVELOPMENT OF CHINA'S
MARINE ECONOMY (2015-2018)

编　著／殷克东　高金田　方胜民

社会科学文献出版社
SOCIAL SCIENCES ACADEMIC PRESS（CHINA）

图书在版编目（CIP）数据

中国海洋经济发展报告：2015~2018 / 殷克东，高金田，方胜民编著．－－北京：社会科学文献出版社，2018.3

（海洋经济蓝皮书）

ISBN 978 - 7 - 5201 - 2091 - 3

Ⅰ.①中… Ⅱ.①殷… ②高… ③方… Ⅲ.①海洋经济－经济发展－研究报告－中国－2015－2018 Ⅳ.①P74

中国版本图书馆 CIP 数据核字（2017）第 321262 号

海洋经济蓝皮书
中国海洋经济发展报告（2015~2018）

编　著／殷克东　高金田　方胜民

出 版 人／谢寿光
项目统筹／邓泳红
责任编辑／吴　敏　吴云苓

出　　版／社会科学文献出版社·皮书出版分社（010）59367127
地址：北京市北三环中路甲 29 号院华龙大厦　邮编：100029
网址：www.ssap.com.cn
发　　行／市场营销中心（010）59367081　59367018
印　　装／北京季蜂印刷有限公司

规　　格／开　本：787mm × 1092mm　1/16
印　张：25.25　字　数：422 千字
版　　次／2018 年 3 月第 1 版　2018 年 3 月第 1 次印刷
书　　号／ISBN 978 - 7 - 5201 - 2091 - 3
定　　价／128.00 元

皮书序列号／PSN B - 2018 - 697 - 1/1

海洋经济蓝皮书编委会

主　任　殷克东

编　委　(按姓氏笔画为序)

　　　　方胜民　　高金田　　黄海波　　李雪梅　　徐　胜

海洋经济蓝皮书编辑部

主　　编　殷克东　高金田　方胜民

执行主编　李雪梅　徐　胜

编 写 组　（按姓氏笔画为序）

　　　　　方胜民　高金田　黄海波　纪玉俊　金　雪

　　　　　李　剑　李雪梅　刘　莹　孟昭苏　邵桂兰

　　　　　沈金生　孙吉亭　王　璇　徐　胜　许罕多

　　　　　殷克东　于谨凯　郑冬梅

主要编撰者简介

殷克东　博士，二级岗位教授，博士生导师，国务院政府特殊津贴专家，中国海洋大学经济学院副院长、数量经济学科及团队负责人，应用经济学一级学科博士点和博士后流动站学科方向带头人；研究专长聚焦于数量经济分析与建模、系统优化与监测预警、货币金融体系与风险管理、海洋经济计量（学）等领域。主持承担国家社科基金重大项目、重点项目、一般项目，教育部发展报告培育项目、国家 863 项目子任务、国家重点研发计划子任务等 30 余项。研究成果入选国家哲学社科成果文库，获山东省社科优秀成果特等奖、青岛市一等奖、青岛市青年科技奖，学校优秀教师、优秀共产党员、优秀系主任等荣誉 30 余项。出版著作 11 部，在 SCI、SSCI、CSSCI 等权威期刊上发表论文 100 余篇。

高金田　教授，中国海洋大学经济学院国际经济与贸易系主任，中国世界经济学会理事，山东省世界经济学会副秘书长，山东省对外经济学会副秘书长，主要研究领域为国际贸易、海洋经济。主要代表作有《山东省应对经济全球化对策研究》（副主编）、《融入全球产业链的山东沿海经济带发展战略研究》（副主编）、《海洋强国指标体系》（副主编）、《中国海洋经济形势分析与预测》（副主编）、《中国海洋经济发展报告（2012）》（主编）、《中国海洋经济发展报告（2014）》（主编）。

方胜民　教授，主要研究领域为海洋科学、应用经济学、管理学、海洋经济、海洋灾害、风险评估等跨学科交叉领域。近年来先后主持与承担国家社科基金重点项目（《中国海洋经济安全监测预警研究》）、国家社科基金重大项目、国家 863 子课题、国家海洋公益项目子课题以及省部级课题和地方委托课题 18 项。出版《中国海洋经济发展报告（2012）》、《中国海洋经济发展报告

（2014）》、《海洋强国指标体系》、《中国海洋经济形势分析与预测》等学术著作5部。参与起草制定《中华人民共和国国家标准：海洋及相关产业分类》（GB/T 20794－2006），在《海洋环境科学》、《中国海洋大学学报》（社会科学版）等核心期刊发表论文多篇，荣获国家海洋局、中国海洋大学等有关部门的各项奖励十余项。

序　言

纵览几千年的世界历史，绝大多数世界强国的崛起都与海洋事业的繁荣密切相关。正如战国时期著名的思想家、哲学家韩非子所言："历心于山海而国家富。"向海而兴，背海而衰，这里包含了无数历经千年的海洋故事。

在历史的发展进程中，凡是称霸世界、控制世界财富的国家，都是首先从海洋战略着手，通过垄断海洋资源以谋求自身发展。可以说，在人类历史发展进程中，始终都伴随着对海洋的认识、利用、开发和控制。而拥有五千年悠久历史的中国，也曾一度经历过由海而盛、因海而衰的曲折记忆，更是谱写了一部波澜壮阔的海洋史。而今，实现中华民族伟大复兴这一伟大的使命凝聚了一个多世纪以来中国人的夙愿，成为所有中华儿女的共同期盼。因此，如何开发利用海洋，维护海洋可持续发展，大力发展海洋经济，发掘海洋潜藏资源，创新海洋科技，科学把握海洋经济发展新趋势至关重要。

21世纪以来，从国家"十五"规划、"十二五"规划到"十三五"规划，党的"十六大"、"十八大"到"十九大"，海洋经济的战略地位不断提升，促使我国海洋经济快速发展，成效显著。近年来，从国家到地方层面纷纷制定海洋经济发展战略与规划，学术界对海洋经济发展的专题研究也不断深入，可以说，中国海洋经济发展研究承载了从国家到地方政府，再到学者层面的无数期待。然而，由于我国制定海洋发展战略的起步较晚、经验欠缺，在海洋事业的发展过程中还存在诸多不足，如海洋产业结构仍需优化、海洋经济发展模式亟须改善、海洋科技成果转化率不高、海洋经济管理体制效率较低、海洋经济安全形势面临诸多不稳定因素、海洋经济统计数据有待规范，等等。如何解决海洋经济发展中的种种问题，如何克服海洋经济发展中的诸多困难，我国海洋经济的家底清楚了吗，我国海洋经济发展的潜力有多大，海洋经济发展是如何演变的、影响因素是什么等，这一系列海洋经济发展问题，有待经济学家尤其是需要海洋经济学的专家学者给予研究和解答。

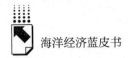

《中国海洋经济发展报告（2015～2018）》的出现，恰好可以对我国现存的海洋经济问题做出一些解答。这部著作共分为总报告、分报告、区域篇、国际发展篇和附录五部分，较为详细地介绍了我国海洋经济发展的宏观环境、现行的海洋经济政策、各海洋产业发展现状及发展前景、海洋经济安全、蓝色经济领军城市发展等内容，并对美国、日本、英国、挪威等海洋强国的海洋经济发展进行了分析、展望。

著作对于既往成就有认真的借鉴和公允的评价，有理有据地提出了自己的见解，具有较强的说服力。著作资料翔实丰富，内容系统全面，梳理详尽细致，思路清晰，层次分明，逻辑性、贯通性强，论证中有不少精彩之处。不难看出该作品经过较为深厚的积累，而非仓促应景之作。

近年来，海洋经济的研究取得了不小的进步，但是相比经济学、管理学中的个案研究而言，还是显得有些逊色，这主要表现在代表性成果较少。《中国海洋经济发展报告（2015～2018）》可以在一定程度上弥补这种不足，同时对于科学揭示中国海洋经济景气波动特征、了解我国海洋产业的发展现状及特征、分析我国区域海洋经济发展形势、制定海洋经济发展战略具有重要的科学意义和现实参考价值。

"路漫漫其修远兮，吾将上下而求索"。我国在海洋经济领域还有许多方面亟待深入研究，殷克东教授在海洋经济数量化研究领域做了很好的开端，形成了独特的标志性品牌。我也希望《中国海洋经济发展报告（2015～2018）》的出版，能唤起更多学术同仁对海洋经济研究的关注和投入，希望该书的研究成果能加快推动我国海洋经济建设的进程，早日实现我国海洋经济和海洋强国建设的宏伟蓝图。

中国工程院院士

中国社会科学院学部委员

国际欧亚科学院院士　　　　李京文

世界生产率科学院院士

俄罗斯科学院外籍院士

2017 年 5 月 18 日

前　言

2000 年以来，国家海洋局先后制定了《全国海洋经济发展规划纲要》、《国家"十一五"海洋科学和技术发展规划纲要》、《国家海洋事业发展规划纲要》、《全国科技兴海规划纲要》等一系列指导海洋经济发展的纲领性文件。尤其是国家"十二五"规划和"十三五"规划、党的十八大报告和十九大报告也都明确提出了发展海洋经济的战略目标，沿海地区也陆续出台了海洋强省的战略规划。国家战略的制定、地方政府的配合、海洋经济的发展，都亟须对中国海洋经济发展形势进行分析与研判。

放眼全球，欧美海洋强国已经出版多部海洋经济发展报告，如《2009 年美国海洋与沿海经济报告》、《英国涉海经济报告》、《加拿大海洋经济活动影响报告》等。有关"经济蓝皮书""经济发展报告"研究成果的日趋完善，国内外经济学发展理论、方法、技术体系的日趋成熟，都为中国海洋经济发展研究提供了充分条件。

2003 年，全国第一个海洋经济本科专业在中国海洋大学设立。同年，中国海洋大学又成立了"中国海洋经济形势分析与预测研究"课题组，课题组将研究阵地置于海洋经济学术研究的最前沿，钟情于经世济民的学术追求，多年来一直扮演着海洋经济计量研究领域探路者的角色。主持承担国家社科基金重大项目、重点项目、一般项目，主持承担国家自然基金项目，主持承担海洋公益性科研专项项目，以及主持承担地方政府、企事业单位委托科研项目数十项。同时，在围绕中国海洋经济数量化研究领域，课题组积极构建学术研究团队，不断拓宽眼界视野，努力提高研究质量。

2010 年首次出版《中国海洋经济形势分析与预测》。2011 年首次召开"海洋经济蓝皮书"暨"中国海洋经济形势分析与预测"专家研讨会，来自中国社会科学院、南开大学、辽宁师范大学、广东海洋大学、科技部、教育部、国家统计局、国家海洋局，以及中国海洋大学的专家学者，齐聚一堂，共同探讨了发展海洋经济和进行"中国海洋经济形势分析与预测"研究、组织"海洋经济蓝皮书"编写的重要意义。与会专家一致认为，中国海洋大学在贯彻落实中央精神和国家海洋经济发展战略方针下，积极开展"中国海洋经济形势分析与预测"研究，并组织"海洋经济蓝皮书"的编写，非常及时、非常必要、责无旁贷，也是学术界亟须解决和加强研究的一项重要工作，具有里程碑式的意义。希望中国海洋大学牵头组织涉海院校、科研院所等研究力量，编撰"海洋经济蓝皮书"，主动服务国家重大战略，探寻我国海洋经济发展规律，促进海洋经济可持续发展，为海洋经济健康发展提供系统全面、科学的理论体系、方法体系、技术体系和决策依据，担负起义不容辞的责任。

2012年首次出版《中国海洋经济发展报告（2012）》并组织召开了专家研讨会。来自国家海洋局、国家海洋局宣教中心、国家海洋信息中心、国家海洋环境预报中心、国家海洋技术中心、国家海洋局北海分局、国家海洋局东海分局、国家海洋局南海分局、国家海洋局第一海洋研究所、国家海洋局第三海洋研究所、中国海洋大学、广东海洋大学、上海海洋大学的专家学者，以及新华财经频道、中国海洋报等的特邀记者出席了会议。2013年，"中国海洋经济发展报告"项目正式获得教育部哲学社会科学发展报告培育项目的立项支持（项目批准号13JBGP005）。2014年，组织召开了《中国海洋经济发展报告（2014）》专家座谈会，来自中国社会科学院、国家海洋局相关职能部门、北京师范大学、上海海洋大学、广东海洋大学、山东社会科学院、挪威渔业科学大学、中国海洋大学等的16家单位的相关专家学者出席了本次会议。经过多年的辛勤耕耘，系列《中国海洋经济发展报告》取得了丰硕成果，在海洋经济计量学（Marine Econometrics）理论与方法、海洋经济周期（Marine Economic Cycles）、投入产出模型（Model of Input – Output on Marine Economy）、海洋经济可持续发展、蓝色经济领军城市、海洋资源优化配置、海洋灾害经济损失监测预警等海洋经济的数量化研究领域，进行了系统性、规范性、前瞻性的研究。

《中国海洋经济发展报告（2015～2018）》在之前的基础上，对国内外海洋经济、传统海洋产业、新兴海洋产业、海洋经济圈、海洋经济安全、沿海地区海洋综合实力、蓝色经济领军城市、国际海洋强国等内容进行了更加细致的分析，这对制定我国海洋经济可持续发展政策和战略发展规划，加强海洋科学管理，具有重要意义。本着开放与合作的宗旨，联合国内外相关领域的有关部门、机构、专家学者、组建专门团队，成立编写委员会、专家顾问组等，定期召开发布会。《中国海洋经济发展报告（2015～2018）》的出版，得到了国内外涉海院校及科研机构、国家海洋局相关职能部门等相关专家学者以及中国海洋大学的大力支持、关心和帮助。在社会科学文献出版社的支持帮助下，经过各位同仁的不懈努力和辛苦工作，终于顺利完成出版。在此，向他们表示衷心的感谢和最诚挚的问候，正是因为这些鼎力支持和热心帮助，才有了《中国海洋经济发展报告（2015～2018）》的今天。

我们深知，中国海洋经济所涉及的问题和领域十分广泛、深奥，无论理论研究还是实际应用，我们在很多方面还存在不足，还有待进一步深化和改进。我们愿在广大专家学者的关心和支持下，努力建设海洋经济发展品牌，构建海洋经济研究的一流团队，创新海洋经济研究理论体系、内容体系、技术体系，主导海洋经济发展领先地位，不断提高、完善《中国海洋经济发展报告（2015～2018）》的质量，大力推进经济学、海洋学、管理学、社会学及数学、统计学、计算机技术等多学科交叉研究的进展，为我国的海洋经济理论与应用研究尽最大的努力。

中国海洋经济发展报告课题组

2017 年 5 月 17 日

摘　要

自 1994 年《联合国海洋法公约》生效以来，沿海国家为获得政治、经济、军事上的有利条件和战略地位，对海洋经济的发展给予了高度重视，竞相调整海洋战略，加快制定海洋经济发展规划，力争掌握海洋经济发展的主动权。21 世纪是海洋的世纪，海洋开发也已成为国际关注的热点。随着陆地生存空间和资源的短缺，越来越多的国家相继将视野扩展到海洋领域，希望在国际竞争中占据领先地位。海洋也是我国经济可持续发展的重要战略宝库，大力发展海洋产业，促进海洋经济发展，是加快建设海洋强国的重要举措。

近年来，国际政治经济格局变幻莫测，美欧主导的政治经济格局调整频繁，俄罗斯经济衰退压力不减，国内经济下行压力仍存，中国海洋经济发展也遭遇了诸多困境。而 2016 年恰是我国"十三五"规划的开局之年，也是我国海洋经济实现增速换挡、产业结构调整、发展方式转型的重要机遇期。面对国内外经济新形势，根据我国"十二五"规划、"十三五"规划，党的十八大报告、十九大报告战略部署，《中国海洋经济发展报告》（2015～2018）针对我国海洋经济发展所面临的问题，从国际标准和专题探讨等视角，对国内外的海洋经济发展、海洋产业优化布局、海洋经济战略空间等，进行了广泛而深入的研究。

本书从我国海洋经济的实际情况出发，在总体分析我国现阶段海洋经济的发展状况后，对三大海洋经济圈和国内外不同海洋产业进行了系统分析与展望。全书共五部分。第一篇为总报告，主要对我国海洋经济发展形势进行了分析、预测和展望，对我国目前海洋经济发展规模和产业结构的变化趋势进行探讨，并针对目前我国海洋经济发展过程中存在的问题提出了相应的政策建议。第二篇分报告，主要针对我国传统海洋产业、新兴海洋产业、海洋战略性新兴产业、海洋科研教育管理服务业与海洋相关产业等方面进行了详尽的分析和预测，随着涉海高新技术的不断发展以及海洋资源开发的不断深入，新兴海洋产

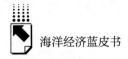

业已成为海洋经济发展的加速器和我国发展海洋经济的战略重点；并对我国海洋经济安全形势进行了分析，筛选了我国海洋经济景气指标，对我国海洋经济景气指数进行了测算，对沿海地区海洋经济发展水平进行了测评，分析了我国五个主要沿海城市的海洋产业发展现状，对打造蓝色经济领军城市提出建议。第三部分区域篇，以海洋经济圈为主体，运用定性和定量方法，分别对南部海洋经济圈、东部海洋经济圈、北部海洋经济圈的发展现状、发展增量及发展形势等进行了分析，并测度了技术、资本、劳动力等因素对海洋经济发展的贡献，辨析了经济圈内部海洋经济发展的特征及其外部关联性、发展水平及空间结构。第四部分国际发展篇，分别详细分析了美国、英国、挪威和日本等海洋强国的海洋经济发展，对各自海洋经济主导产业的发展现状、发展规模进行了探讨，并对海洋经济发展形势进行了展望。最后附录是年度中国海洋经济大事记，记叙了中国海洋经济发展过程中的标志性事件。

目　录

Ⅰ　总报告

Ⅱ　分报告

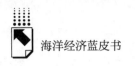
Ⅲ 区域篇

Ⅳ 国际发展篇

Ⅴ 附录

皮书数据库阅读**使用指南**

总 报 告

General Report

B.1
2015～2018年中国海洋经济
发展形势分析与预测

中国海洋经济发展报告课题组

摘　要：　随着全球经济一体化、国际产业分工精细化的不断深入，中国在国际市场的地位也越来越凸显；"一带一路"倡议、成立"亚投行"等相继落实，极大地推进了我国与周边国家在基础设施建设、金融、贸易、科技、海洋等多方面的合作进程；沿海地区海洋经济示范区、试验区等发展规划与建设的递次推进，都为我国海洋经济提供了前所未有的巨大发展机遇和提升空间。本报告通过对2015～2016年中国海洋经济基本形势、发展环境和发展问题的分析，采用要素贡献度、弹性分析和计量经济模型等方法，分别从定性和定量两个方面，对2017～2018年中国海洋经济发展的主要统计指标进行了分析、预测和展望，并对我国海洋经济未来发展提出了相关政策建议。

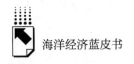
关键词： 海洋经济规模　海洋产业结构　海洋发展环境

目前，我国经济增长已经步入"新常态"，世界海洋强国在推动海洋国际合作、共同应对全球挑战、实现可持续发展等方面已逐步达成共识。2015～2016 年是我国海洋事业突飞猛进、蓬勃发展的时期。中国海洋经济坚持稳健增长和结构优化调整，加快海洋经济质量和效益的转变，推动中国海洋经济的可持续发展，不断增强海洋经济竞争力。随着国家"一带一路"倡议的实施和深化，我国海洋经济的发展前景巨大，但是遇到的挑战也不容忽视。

一　2015～2016年中国海洋经济基本形势分析

近年来，中国海洋经济发展较为稳健，势头良好。从产出规模来看，全国以及环渤海、珠三角、海峡西岸、珠三角、北部湾五大经济区的产出规模呈现逐年增加趋势；从产业结构来看，目前中国海洋三次产业结构初步实现"三、二、一"的格局，海洋新兴产业发展前景不断向好；从产业空间布局看，五大经济区的产业发展参差不齐，但海洋经济发展单一、粗放的模式却十分相似；从国际空间格局看，沿海地区海洋经济政策力度加大、速度加快，我国海洋经济和国际涉海企业竞争力都相对偏弱。中国海洋经济发展不仅存在发展模式粗放化、产业结构低级化、空间布局失衡化等内在性问题，而且还面临诸多外部政治、经济、权益以及人为与自然等诸多因素的威胁。

（一）中国海洋经济规模分析

依据《2016 年中国海洋经济统计公报》，我国海洋生产总值由海洋产业增加值和海洋相关产业增加值构成。根据涉海性、重要性、关联性不同，海洋产业包括主要海洋产业与海洋科研教育管理服务业，海洋相关产业又包括与主要海洋产业构成技术经济联系的上下游产业。

1. 全国海洋生产总值分析

2016 年中国海洋生产总值达到 70507 亿元，较 2015 年增长 6.8%，占全国生产总值的 9.5%。2001～2016 年海洋生产总值实现 13.53% 的年均增长速度。2003 年以来，中国海洋生产总值占国内生产总值的比重基本呈上升趋势，2007 年后海洋生产总值占国内生产总值的比重有所下降，但基本稳定在 9.5% 左右（见图 1）。

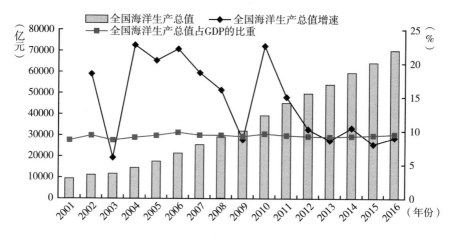

图 1　2001～2016 年中国海洋生产总值发展趋势

资料来源：《中国海洋统计年鉴》（2002～2015）；《中国海洋经济统计公报》（2015～2016）。

2. 全国海洋产业增加值分析

（1）主要海洋产业增加值。2001～2016 年中国主要海洋产业增加值处于稳步增长状态，主要海洋产业增加值从 2001 年的 3856.6 亿元，快速增长到 2016 年的 28646 亿元。受 2008 年国际金融危机影响，2009 年主要海洋产业增加值占海洋产业增加值的比重降到 68%，但随着政府应对措施不断深化，2010 年主要海洋产业增加值占海洋产业增加值的比重反弹到 71%。2011 年以来，随着海洋产业结构的不断调整，主要海洋产业增加值占海洋产业增加值的比重呈下降趋势（见图 2）。

（2）海洋科研教育管理服务业。近年来，中国海洋服务业、海洋教育、海洋文化等取得了长足进展。2001～2016 年，中国海洋科研教育管理服务业以 10% 以上的增长速度稳定发展。2001 年中国海洋科研教育管理服务业增加值仅为 1877 亿元，2016 年增加到 14637 亿元。随着国家科技兴海规划的实施，

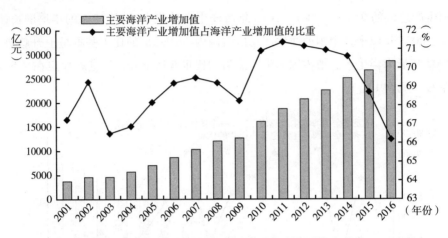

图 2　2001～2016 年中国主要海洋产业增加值发展趋势

资料来源：《中国海洋统计年鉴》（2002～2015）；《中国海洋经济统计公报》（2015～2016）。

国家和地方政府日益重视海洋科研教育管理服务业，2011 年以来中国海洋科研教育管理服务业增长呈不断加快趋势（见图3）。

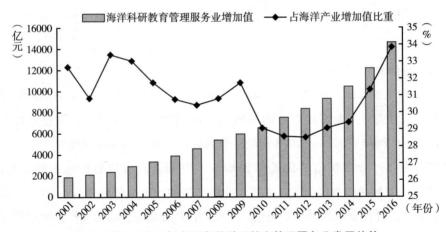

图 3　2001～2016 年中国海洋科研教育管理服务业发展趋势

资料来源：《中国海洋统计年鉴》（2002～2015）；《中国海洋经济统计公报》（2015～2016）。

（3）海洋相关产业增加值。2001～2016 年，中国海洋相关产业增加值占全国海洋生产总值的比重基本维持在 40% 左右，呈现长期稳定增长的态势。

近年来，沿海地区各类试验区、示范区等区域规划相继实施，海洋强省政策亦不断推出，主要海洋产业呈迅猛发展之势，但海洋相关产业发展有所趋缓，2011年以后，海洋相关产业增加值所占比重呈下降趋势（见图4）。

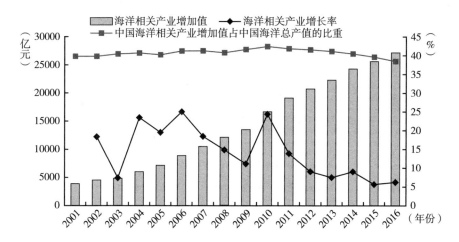

图4 2001～2016年中国海洋相关产业增加值发展趋势

资料来源：《中国海洋统计年鉴》（2002～2015）；《中国海洋经济统计公报》（2015～2016）。

3. 区域性海洋经济规模分析

2016年我国沿海地区海洋经济呈现稳健增长的良好发展态势。其中，环渤海经济区海洋生产总值达到24323亿元，占全国海洋生产总值的34.49%，相较上年回落1.8%；长江三角洲经济区海洋生产总值为19912亿元，占全国海洋生产总值的28.24%，相较上年回落0.2%；珠江三角洲经济区海洋生产总值为15895亿元，占全国海洋生产总值的22.5%，相较上年提高0.3%。

（1）环渤海经济区。受金融危机的影响，2001～2016年，环渤海经济区海洋经济增长波动幅度较大。但是，环渤海经济区海洋生产总值占地区生产总值比重和占全国海洋生产总值比重，2001～2006年上升，2007～2016年基本稳定（见图5）。

（2）长三角经济区。2001～2016年，长江三角洲经济区海洋经济增长呈下降趋势。与环渤海经济区类似，海洋生产总值占地区生产总值比重虽有所下降但总体比较平缓，而占全国海洋生产总值的比重呈现较明显的下降趋势（见图6）。

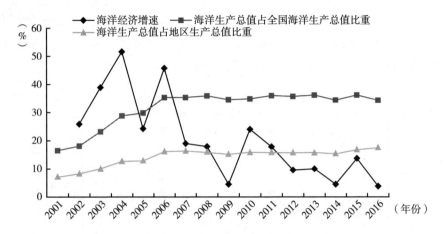

图5　2001～2016年环渤海经济区海洋经济发展状况

资料来源：《中国海洋统计年鉴》（2002～2015）；《中国海洋经济统计公报》（2015～2016）。

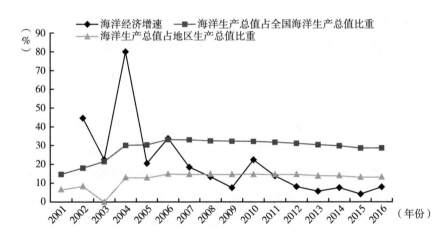

图6　2001～2016年长江三角洲经济区海洋经济发展状况

资料来源：《中国海洋统计年鉴》（2002～2015）；《中国海洋经济统计公报》（2015～2016）。

（3）海峡西岸经济区。2001～2016年，海峡西岸地区海洋经济增长波动较大。海洋生产总值占地区生产总值比重和占全国海洋生产总值比重总体稳定并呈缓慢上升趋势。由于海峡西岸地区只包括福建省，区域范围和经济发展规模有限，其海洋生产总值占全国海洋生产总值比重较小，2001～2016年基本在10%附近小幅波动（见图7）。

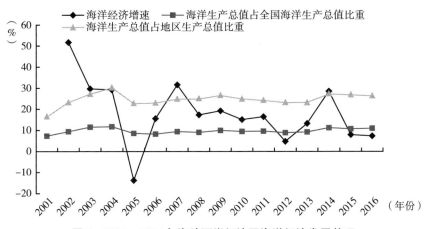

图7　2001～2016年海峡西岸经济区海洋经济发展状况

资料来源：《中国海洋统计年鉴》（2002～2015）；《中国海洋经济统计公报》（2015～2016）。

（4）珠三角经济区。珠江三角洲经济区作为中国改革开放的最前沿，海洋经济发展一直是沿海地区的领头羊，但是受国际宏观经济形势的影响，其海洋经济发展的波动性也比较明显。海洋生产总值占地区生产总值比重和占全国海洋生产总值比重总体平稳并呈上升趋势（见图8）。

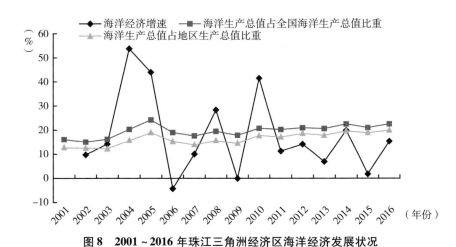

图8　2001～2016年珠江三角洲经济区海洋经济发展状况

资料来源：《中国海洋统计年鉴》（2002～2015）；《中国海洋经济统计公报》（2015～2016）。

（5）北部湾经济区。北部湾经济区由于地理区位和历史条件等原因，海洋经济发展相对较弱，海洋生产总值占地区生产总值比重和占全国海洋生产总值比重相对较小。近年来，随着国家政策的支持和中国—东盟自贸区的启动，北部湾海洋经济发展虽有波动，但其一直保持较高的增长速度，海洋经济规模总体平稳并呈明显上升趋势（见图9）。

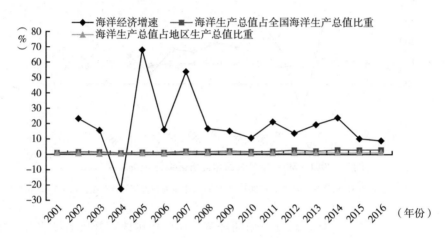

图9 2001～2016年北部湾经济区海洋经济发展状况

资料来源：《中国海洋统计年鉴》（2002～2015）；《中国海洋经济统计公报》（2015～2016）。

（二）中国海洋产业结构分析

1. 海洋三次产业结构变化

从总量规模上看，2001～2016年我国海洋产业增加值呈现持续上升的发展趋势。从相对规模上看，我国海洋产业结构由2001年的7∶44∶49调整至2016年的5∶40∶55，海洋第一产业所占比重下降趋势明显，海洋第三产业则表现明显上升趋势。目前，我国海洋经济基本形成"三、二、一"的产业格局，海洋产业结构不断趋于合理化（见图10）。

2003年受非典疫情的影响，我国海洋产业整体发展低迷，尤其是滨海旅游等服务业发展下滑严重，导致海洋第三产业的增速仅为2.54%。2009年受金融危机影响，我国海洋产业尤其是海洋交通运输业和滨海旅游业又一次遭遇

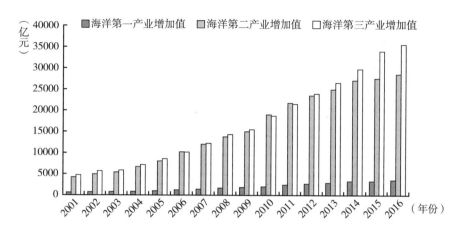

图10 2001～2016年中国海洋产业增加值发展趋势

资料来源:《中国海洋统计年鉴》(2002～2015);《中国海洋经济统计公报》(2015～2016)。

严重冲击,海洋第三产业的增长速度明显低于第二产业与第一产业。2011年以来,受国际经济形势和国内产业结构调整大环境的影响,我国海洋经济也步入了增速换挡的新时期,海洋产业增速逐步下降,如图11所示。

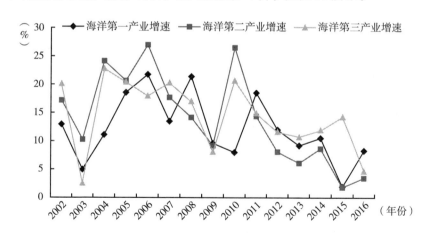

图11 2002～2016年中国海洋产业增速变化趋势

资料来源:《中国海洋统计年鉴》(2002～2015);《中国海洋经济统计公报》(2015～2016)。

2. 传统与新兴海洋产业

我国海洋产业主要分为传统海洋产业与新兴海洋产业两大类。其中,传统海洋产业包括海洋渔业、海洋盐业、海洋矿业、海洋油气业、海洋交通运输业与滨海旅游业六大产业；新兴海洋产业包括海洋船舶业、海洋化工业、海洋工程建筑业、海水利用业、海洋生物医药业以及海洋电力业等六大行业。

由于发展历史、发展环境等方面的差异，我国传统海洋产业和新兴海洋产业的发展各有特色。2001～2016年，传统海洋产业仍然占据主导地位，但是整体发展呈下降趋势，其占全国海洋生产总值的比重，由2001年的37.45%下降到2016年的33.56%。新兴海洋产业增加值占全国海洋生产总值的比重较低，但具有较大的提升空间，其占全国海洋生产总值的比重，由2001年的3.07%上升到2016年的7%（见图12）。

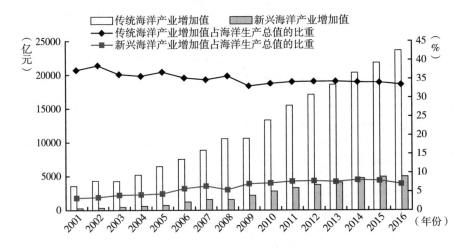

图12　2001～2016年传统海洋产业和新兴海洋产业

资料来源：《中国海洋统计年鉴》（2002～2015）；《中国海洋经济统计公报》（2015～2016）。

3. 海洋战略性新兴产业

海洋战略性新兴产业以海洋高技术为依托，以国家重大需求为导向，代表未来海洋产业发展的新方向，具有全局性、导向性、高投入、高成长和动态变化等特征。海洋战略性新兴产业包括海洋生物产业、海洋能源产业、海水利用产业、海洋制造与工程产业、海洋物流产业、海洋旅游业、海洋矿业等七大产业，涉及海洋风能、潮汐能、波浪能、海上油气钻井平台、深潜器、大型特种船舶、海洋风力发电设备、大型海上作业平台、海洋能电力设备、深海金属矿产开采设备等，具有高新技术支撑、资源消耗低、综合效益好、市场前景广阔和易于吸纳高素质劳动力等突出优势。

海洋生物医药与生物制品产业处于生命科学与生物技术发展的前沿阵地，对于攻克各类重大疾病具有重要的战略价值和长远意义。近年来，我国海洋生物医药业发展总体呈上升趋势、发展势头良好，但由于海洋生物医药业具有高投入、高风险、高效益、资本回收周期长等特点，其持续发展动力仍显不足，占主要海洋产业增加值的比重一直处于较低水平，2016年这一比重仅为1.1%（见图13）。

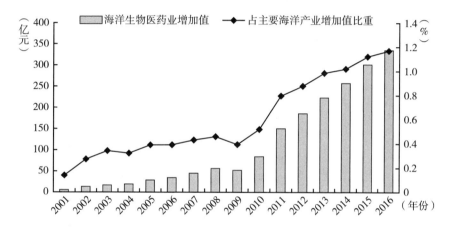

图13　2001～2016年中国海洋生物医药业及其占主要海洋产业的比重

资料来源：《中国海洋统计年鉴》（2002～2015）；《中国海洋经济统计公报》（2015～2016）。

海水利用业的发展可以缓解沿海地区淡水资源短缺的压力，对经济发展和社会生活都有非常重要的意义。2001～2016年我国海水利用业发展迅速，增加值从2001年的1.1亿元增加至2016年的15亿元，但海水利用业在主要海洋产业增加值中的份额还很微小。基于海水利用业对于解决淡水资源短缺问题的战略价值，各级政府应通过出台更多的鼓励性政策，支持我国海水利用业的跨越式发展（见图14）。

4. 海洋产业工业化水平

霍夫曼系数常被用来衡量一个国家或地区经济的工业化发展程度，从数值上来说，霍夫曼系数等于消费资料工业部门净产值与资本资料工业部门净产值

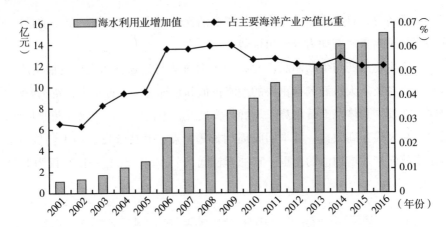

图14　2001～2016年中国海水利用业及其占主要海洋产业的比重

资料来源：《中国海洋统计年鉴》（2002～2015）；《中国海洋经济统计公报》（2015～2016）。

之比。因为缺少海洋产业分类体系中的相关统计数据，同时为了有效衡量我国海洋产业的工业化水平，本报告采用轻工业部门和重工业部门分别代替消费资料工业部门和资本资料工业部门。其中，海洋轻工业部门包括海洋渔业和海产品加工业，把海洋船舶工业、海洋化工业和海洋生物医药业等作为海洋重工业部门①。

　　2001～2016年，中国海洋产业霍夫曼系数呈现整体下降态势，表明中国海洋经济的重工业化趋势明显，这与中国海洋经济结构向"资金—技术密集型"过渡的步伐基本一致。其中，2001～2005年是中国海洋产业进入工业化的第一阶段，其霍夫曼系数处于4～6，轻工业部门占据主导地位，重工业部门相对不发达；2006～2016年，中国海洋产业步入工业化第二阶段，霍夫曼系数处于1.5～3.5，轻工业部门仍处于主导地位，但其发展速度逐步放缓。总体看来，中国海洋产业的工业化进程正在不断调整，但重工业部门所代表的资本资料工业发展还比较缓慢，轻重工业部门的发展尚不平衡（见图15）。

---

① 由于缺少我国海产品加工业增加值的统计数据，文中通过参考海洋产业结构较为全面的山东省相关数据，将我国海产品加工业占海洋渔业的比重设为30%，以此来计算全国海产品加工业的增加值。

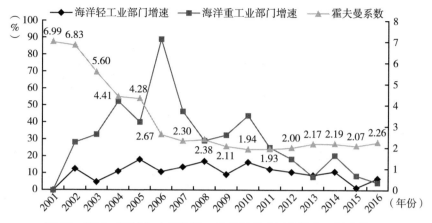

图15 2001～2016年中国海洋工业部门增速及海洋产业霍夫曼系数

资料来源：《中国海洋统计年鉴》（2002～2015）；（中国海洋经济统计公报）（2015～2016）。

二 2015～2016年中国海洋经济发展环境分析

随着全球经济一体化、国际产业分工的不断深入，中国在国际市场上的市场份额也在不断增加。"一带一路"倡议的实施及亚投行的成立极大地推进了我国与周边国家在基础设施建设、金融、贸易、科技、海洋等多方面的合作进程。近年来，我国科学技术不断取得突破性进展，中国的制造业实力不断增强，服务业发展势头良好，国内市场需求结构不断提升，我国在全球产业链分工中逐渐由低端走向高端，有力推动了海洋产业的快速转型升级。

受金融危机的影响，全球市场仍然存在很大不确定性，能源资源的竞争日益激烈，各种形式的保护主义不断出现，围绕海洋资源、权益的竞争也不断加剧。海洋生态环境问题也日益凸显，全球气候变暖、海洋灾害频发，国际海洋战略发展形势逼人，严重制约了我国海洋经济的未来发展空间。

（一）国际与国内经济环境分析

2015～2016年中国所处的经济环境仍然复杂，世界经济仍处于低增长阶段。从国际上看，美国等发达经济体已经开始复苏，但过程艰难。从国内来看，虽然中国经济增长已趋于稳定，但是宏观经济下行的压力仍然较大，中国海洋经济的发展面临不可避免的挑战，同时面临的机遇也是巨大的，应当抓住

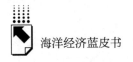

机遇，全力迎接挑战。

1. 国际宏观经济环境

2015～2016 年，世界区域经济发展差异明显，经济结构分化程度加大，总体上仍处于低增长阶段。首先，美国经济增长回升，失业率已经下降到 5.9%，国际资本回流、国际国内消费和投资快速增长，美国经济有望继续保持稳定增长的态势。其次，欧盟经济降中趋稳，虽受英国脱欧、高失业、低通胀等因素的冲击，但受宽松的货币政策、欧元贬值等向好因素影响，欧盟经济仍有希望止降回稳。最后，新兴市场国家经济回升，发达国家经济复苏，新兴市场国家国际国内经济环境改善，但由于其自身增长能力限制、市场运行效率有限、资金外流等因素，回升速度还比较迟缓。

2. 国内宏观经济环境

2008 年国际金融危机过后，中国经济从高速增长向中高速增长转变，进入了"新常态"，2015～2016 年国内经济增长速度继续放缓，宏观经济发展已趋于稳定。2016 年四个季度的 GDP 增速分别为 6.7%、6.7%、6.7% 和 6.8%，去产能、去杠杆和去库存并未结束，还有多项宏观经济指标不容乐观，经济增长动力不强，还存在较大的下行压力。

2016 年城镇新增就业 1314 万人，比 2015 年增加 19.4%，提前实现了全年 1000 万新增就业岗位的目标，城镇登记失业率 4.02%[①]，为多年来最低。CPI 累计上涨 2%，同比增加 0.3 个百分点，价格水平虽有轻微上涨但比较稳定。产业对 GDP 增长的拉动作用与上年相比有明显变化，工业大幅回落 4 个百分点，金融业及其他服务业对经济增长的作用加强。一些传统服务业，如批发零售业、住宿餐饮业等持续增长，文化产业、养老、旅游等政策重点支持产业取得显著增长。货物运输仓储业的增速因工业增长回落而出现小幅下滑，信息技术、高新科研技术、商务服务、物流等重点支持产业增长明显好于预期。

3. 国际经济布局与博弈

（1）美国欧洲自由贸易谈判协议

随着中国、印度、巴西等新兴市场国家逐渐崛起，全球经济贸易的格局也

---

① 华政：《2016 年全国就业局势总体稳定，城镇新增就业 1314 万人》，新华网，2017 年 1 月 23 日，http://news.xinhuanet.com/politics/2017 – 01/23/（ – 12945880）.htm。

发生巨大的变化。其中，美国、英国等老牌资本主义国家与中印等新兴市场国家之间的矛盾也不断扩大，美国、欧洲、日本等发达资本主义国家为了维持自己在世界市场上的垄断地位，对新兴市场国家设立了多层贸易壁垒，开始新一轮政治、经济地位之争。

首先是跨太平洋伙伴关系协议（TPP），奥巴马政府为了维护美国在亚太地区的利益，在政治上推出"亚太再平衡战略"，外交上提出"巧实力"战略，而经济上则通过主导 TPP 谈判协议强化亚太地区的政治经济整合，阻止并分化亚洲形成统一的自由贸易区，稀释中国在亚太地区的影响力，维护美国在亚太地区的垄断战略利益。其次是跨大西洋贸易与投资伙伴关系协定（TTIP）。美国总统奥巴马在 G8 峰会上提出 TTIP 协定，目的是建立一套全新的经济协作机制。最后是建立以美国为中心的利益共同体，目标是在产品技术标准上达成一致，这对国际贸易特别是新兴市场国家经济产生重大影响，也将大大增加中国进入国际贸易的成本。

虽然特朗普执政美国后废弃了 TPP 和 TTIP 两个协议，但是美国、日本、欧洲个别国家围堵中国的野心不死，甚至在国家战略、政治、经济、军事、技术等多个领域压制中国崛起的阴谋从没有停止过，亚太地区个别国家受他国的蛊惑以及追求自己的私利频频制造事端，不断侵蚀我国的海洋权益和陆域权益，对我国经济发展和国家安全造成严重威胁。

（2）我国参与全球化新举措

目前，全球经济复苏乏力，我国经济发展进入"新常态"，内外需求不足，产能过剩、产业结构调整缓慢，面对美联储加息、股市非正常剧烈波动以及自然灾害等考验，维持经济健康发展的形势依然严峻。为加强国际经济战略合作、促进国内经济健康发展，党中央从世界经济和亚太经济一体化角度出发进行了战略部署。一是全面落实中国特色的大国外交布局。2015 年 6 月，创始成员国 57 个国家中除菲律宾之外，其他国家都在 2016 年底前完成了《亚洲基础设施投资银行协定》的签署，亚投行的启动将有力促进国际经济结构新变化，构建全球经济合作网络，提升我国在国际经济空间的竞争力，全面改善我国与世界其他各国的战略伙伴关系。此外，中国与格鲁吉亚的自贸协定谈判，与新加坡、智利启动的升级谈判，中国—东盟自贸区等，都为中国经济发展提供了充分的地缘政治环境。二是全面实施国家大发展战略。"一带一路"

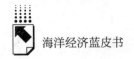

倡议获得了沿线国家的广泛响应和积极支持。2015年3月，中国政府制定并发布《推动共建丝绸之路经济带和21世纪海上丝绸之路的愿景与行动》，"一带一路"倡议正式启动。中国第一次从全球化的被动参与者转变成为主动合作者和倡议者，中国与世界的紧密联系开启了新的区域合作模式。

（二）海洋经济政策与法制环境

1. 我国海洋经济政策环境

党和国家领导人历来高度重视海洋经济的发展。1990年以来，国家的每一个"五年计划"几乎都会部署有关海洋经济发展的目标和战略计划。"十一五"规划重点制定了加强海洋资源利用，向海洋求生存、扩大生存空间的战略，逐步形成以海洋开发为推动力，推进东部沿海地区率先发展和深化改革开放的全新形势。"十一五"规划提出"发展海洋产业"及"发展海洋经济"的战略，标志着中国海洋经济发展实现了质的飞跃。"十二五"以来，国家对海洋的重视程度日益提高，党的十八大报告明确提出"建设海洋强国"这一重要战略，习近平总书记提出建设"丝绸之路经济带和21世纪海上丝绸之路"，"十三五"规划设专章布局"坚持陆海统筹，发展海洋经济，科学开发海洋资源，保护海洋生态环境，维护海洋权益，建设海洋强国"，将我国发展海洋经济发展提升到前所未有的高度。

为推动我国海洋经济发展向质量效益型转变，国务院及相关部门先后出台了多项海洋发展部署与规划。2013年，国务院正式批准《全国海洋经济发展"十二五"规划》，明确了未来一个时期我国海洋经济发展的总体思路和发展方向。2015年8月，国务院办公厅发布《关于进一步促进旅游投资和消费的若干意见》，进一步推进邮轮、游艇产业发展。2015年9月，国家海洋局印发《国家海洋局海洋生态文明建设实施方案》（2015~2020），要求在海洋事业发展的全过程和各方面都能体现海洋生态文明建设，促进海洋生态文明建设进一步发展。交通运输部印发《船舶与港口污染防治专项行动实施方案》（2015~2020），目标是促进海洋生态文明建设，依法防治船舶与港口污染，努力实现我国水运绿色、循环、低碳发展。2016年1月，国家海洋局印发《区域建设用海规划管理办法（试行）》，对于规范区域用海规划管理，科学开发和有效利用海域资源，推动海洋产业绿色发展、循环发展具有重要意义。

2. 我国海洋法律制度环境

中国有关海洋方面的法律表现形式多种多样，各种法律规定分散在国家和相关部门的法律法规中。《中华人民共和国政府关于领海的声明》等法律文件明确规定了中国领海的宽度、不同海域法律地位等内容，涉及领土主权、主权权利和管辖权。中国也多次参与联合国相关法律的制定，其中最重要的是1982年第三次海洋法会议制定的《联合国海洋法公约》。除此之外，中国还参与了一系列关于海洋环境保护的国际公约，与周边国家签订海洋协定，旨在保护我国海事安全，比如中国同韩国、日本等国签订的渔业协定，中越北部湾划界协定。

为规范并加强航道规划，保护航道发展，《中华人民共和国航道法》2015年3月1日施行，明确规定禁止在航道内设置渔具，不得损害航道通航条件，使我国的航道保护有法可依。2016年2月26日，《中华人民共和国深海海底区域资源勘探开发法》（简称"《深海法》"），经第十二届全国人大常委会第十九次会议审议通过，将严格规范我国公民、法人等非法从事深海资源勘探开发活动。《深海法》体现了我国积极履行国际义务，对我国海洋事业可持续发展和人类合理利用深海海底资源有重要意义。国家海洋局起草的《海洋环境保护法修订草案》，将制定多项政策以提高违法成本，进一步保护和改善海洋生态环境。

（三）海洋资源与科技环境分析

1. 我国海洋资源环境现状

我国是海洋大国，海岸线绵长，海岛众多，黄河、长江、珠江等1500余条河流入海，海洋资源和海洋生物十分丰富。海洋资源环境是我国海洋经济可持续发展的重要依托。2016年春夏季劣四类海水水质标准的海域面积比上年分别减少9310平方公里和2600平方公里。海洋浮游生物、底栖生物、海草、红树植物、造礁珊瑚的主要优势类群及自然分布格局未发生明显变化。我国管辖海域海水环境维持在较好水平，国家级海洋自然/特别保护区的重点保护对象、水质状况基本保持稳定[①]。在海洋交通运输方面，国际海运贸易的表现好于世界经济。2016年，我国海洋交通运输业增加值为6004亿元，复苏强劲。据统计，中国近海海洋可再生能源的资源储量超过20亿千瓦，但是海上风能

[①] 《2016年中国海洋环境状况公报》，国家海洋局，2017。

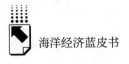

产业仍然处于低端开发阶段，存在成本高、技术低等问题。

2. 我国海洋科技发展环境

近年来，我国海洋科技发展取得巨大进步，海洋科研成果数量大规模增长，海洋科技创新能力整体水平不断提升。

（1）海洋科研课题概况。2014 年，全国共完成海洋科研课题 16331 项，科研论文 16908 篇，科研著作 314 种（见表 1）。

表 1 2014 年中国海洋科技研发成果情况

单位：项，个

成果分类	科研课题				科研成果			
	合计	基础研究	应用研究	试验发展	成果应用	科技服务	科技论文	科技著作
基础科研	12104	4202	3247	2559	853	1543	11590	195
工程技术	3978	74	469	1682	646	1107	4882	112
信息服务	153	0	18	28	2	105	329	5
技术服务	96	0	1	28	15	52	107	2
合　　计	16331	4276	3735	3997	1516	2807	16908	314

资料来源：《中国海洋统计年鉴》（2015）。

（2）涉海科研机构和人员。随着蓝色经济的发展，海洋事业发展势头不容忽视，我国对海洋科技人才的需求更是与日俱增，涉海科研机构数量和海洋科技活动从业人员不断扩张。2014 年，我国海洋科研机构数总计达 189 个（见表 2）。

表 2 2014 年中国海洋科研机构及人员结构

单位：个，人

机构分类	科研机构个数	涉海科技活动人员数	从事科技活动人员的学历结构				涉海科技活动人员职称结构		
			博士	硕士	大学生	大专生	高级职称	中级职称	其他
基础科研	104	16766	5535	4649	4169	1251	7033	6061	2377
工程技术	73	15743	2613	5115	5283	1531	6544	5034	2233
信息服务	9	1011	86	371	322	125	332	309	220
技术服务	3	654	43	251	295	24	252	288	61
合　　计	189	34174	8227	10386	10069	2931	14161	11692	4891

资料来源：《中国海洋统计年鉴》（2015）。

（3）海洋科研机构经费收入。随着国家对海洋科技领域的大力支持，海洋科研机构经费也逐年增长。2014 年，海洋科研机构科技经费总计达 310.1亿元，比 2013 年增长 16.77%。北京、山东、上海的海洋科研机构最多，海洋科研机构的经费收入也最多（见表3）。

表3　2014 年中国沿海地区海洋科研机构经费收入

单位：亿元

地区	北京	天津	河北	辽宁	上海	广西	海南
经费收入总额	108.02	16.77	1.43	12.96	36.38	8.33	0.99
地区	江苏	浙江	福建	山东	广东	其他	合计
经费收入总额	24.41	14.50	11.78	38.18	27.52	8.82	310.10

资料来源：《中国海洋统计年鉴》（2015）。

3. 海洋高新技术发展环境

海洋高新技术发展不断突破。在海洋探测与监视技术方面，中国的海洋监测技术和海洋仪器飞速发展，海洋环境立体观测能力显著提高，尤其是在浮标、潜标以及海洋卫星应用方面更是取得了巨大突破。这在很大程度上得益于国家"863"等相关计划的支持。不仅如此，我国在海洋生物基因和海洋卫星运用等方面更是取得很大进展，促进了海水养殖和海洋药物研发能力的提升，在海洋资源探查和开发技术方面也取得了重大突破，我国在海水化学资源综合技术利用方面已经具备很大优势。

海洋探测与调查成果丰硕。"我国近海海洋环境调查与综合评价"（"908"专项），是我国海洋发展史上人力、物力投入最大，涉及部门最广，由国家海洋局组织实施的海洋环境调查评价工作。在国家"大洋专项"的支持下，对大洋的开发研究与国际海底区域活动态势相结合，合力开展资源调查、海洋环境评价和海洋科学研究，并取得显著成果。为贯彻落实《国家中长期科学和技术发展规划纲要》（2006～2020），国家财政部 2006 年专门设立了公益性行业科研专项经费，促进了海洋公益性行业的科技发展，解决了海洋公益性行业存在的科研经费难题。

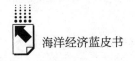
三 2015~2016年中国海洋经济发展问题分析

虽然2015~2016年中国海洋经济发展势头良好，但仍存在诸多问题亟须解决。

（一）海洋经济发展模式亟须升级

虽然我国海洋经济的发展取得了很大进步，但长期以来的粗放式、掠夺式海洋资源开发和集约利用率低下的问题仍然普遍存在。我国海洋经济发展目前主要以资源开发型和劳动密集型为主，以高耗能和资源依赖型产业为依托。渔业资源利用效率和效益低下，近海渔业资源枯竭，海洋捕捞作业监管缺失，海水养殖业污染过度，海产品深加工技术粗糙；滨海旅游业、交通运输业等传统海洋产业发展对自然海岸线的破坏非常严重；油气资源勘探开采技术工艺低端，油气资源的勘探规模有限、效率低、效益不高，污染更是严重。围填海造陆生态系统破坏严重，生态承载力持续下降。海洋经济自身的内在增长动力不足，海洋经济政策的短期效果明显，但长期效果较弱。

（二）海洋产业结构调整亟待优化

我国海洋经济基本形成了"三、二、一"的产业结构格局，2016年海洋三次产业结构为5∶40∶55，总体上趋于合理化。但是，我国目前的海洋产业结构仍旧不平衡，海洋服务业发展不足，新兴海洋产业的比重较低，海洋高新技术产业发展缓慢，海洋科技转化成生产力效率低，对经济发展的贡献率更低；海洋产业的工业化水平仍处于初级阶段，发展力不足，海洋产业霍夫曼系数出现回升迹象，海洋产业的后向关联效应十分明显，而前向关联效应不显著；沿海地区海洋产业结构既存在分化现象，也存在趋同现象，区域海洋产业结构联动性较差，难以支持海洋经济的可持续发展。

（三）海洋经济统计数据亟须完善

我国海洋经济数据统计开展时间不长，还存在很大的改善空间。海洋经济统计数据分类还不细致；统计指标鲜有季度数据和月度数据；海洋经济统计数据的时效性不强；部分重要的海洋经济指标统计数据缺失；全国、省、市、县等海洋经济统计数据尚不统一。

四　2017～2018年中国海洋经济发展形势预测

根据海洋经济统计数据的特点，课题组分别运用灰色预测法、贝叶斯向量自回归模型、联立方程组模型、神经网络法、趋势外推法、指数平滑法、组合优化预测等，根据组合预测法原理利用 Lingo 软件编程，对 2017～2018 年我国海洋经济发展形势进行分析预测，预测结果如表 4 所示。

表4　2017～2018 年中国海洋经济主要指标预测

单位：亿元，%

预测指标	2017 年预测		2018 年预测	
	预测区间	名义增速	预测区间	名义增速
全国海洋生产总值	(76288,76570)	8.2～8.6	(82913,83219)	8.5～8.9
海洋产业总增加值	(46875,47048)	8.3～8.7	(51837,52025)	10.3～10.6
海洋相关产业增加值	(29413,29522)	8.0～8.4	(31076,31194)	6.7～7.1

随着"一带一路"倡议的实施和地方海洋经济示范区、实验区的相继开展，在经济全球化不断深入、国际分工合作日益频繁的背景下，我国海洋经济的发展又迎来了新的发展机遇。目前，我国海洋经济已经由高速增长期进入深度调整期，海洋经济结构更趋合理，传统海洋产业不断优化，新兴海洋产业、高新技术海洋产业比重等将不断提升。如果海洋经济发展形势比较稳定，各方面工作得力，我国海洋生产总值在 2017 年会突破 75000 亿元，2018 年会突破 80000 亿元大关。

五　2017～2018年中国海洋经济发展政策建议

（一）大力发展海洋科学技术，转变海洋经济发展方式

为解决海洋资源开发利用不足和对海洋资源过度依赖的问题，需要继续

坚持科技兴海战略，加快技术改造和技术创新的步伐，淘汰产能落后的部门，提高产业生产能力和经济效益；加快发展海洋服务业，继续扶持海洋生物医药、海洋装备制造等战略性海洋新兴产业，促进海洋产业空间布局的平衡发展，实施产业结构升级调整策略。大力发展海洋科学技术，创新海洋科技发展，高效开发海洋资源，在绿色海洋、生态海洋、智慧海洋、和谐海洋、透明海洋等高新技术领域获得更大突破，不断提升海洋科技成果转化率和贡献率。推动传统海洋产业的规模化、集约化发展，推动海洋经济发展模式转变，由追求数量扩张向追求质量效益转变，由环境保护模式向生态建设模式转变。

（二）有效维护我国海洋权益，加强海洋资源环境保护

东海钓鱼岛权益维护、东海苏岩礁权益维护、南海诸岛海洋权益维护等，是我国未来面临的重要挑战。加强海上执法力量建设，深入研究涉海历史问题，运用多种手段维护我国海洋权益，有理有利有节坚决处理海上侵权事件，保护国家领土领海完整。积极参与国际海洋秩序维护工作，以保护海洋生态系统为基础，深化海洋主体功能区建设，科学合理控制海洋开发强度，严格控制填海造陆规模，保护自然海岸线免遭破坏，严格管控近海渔业过度捕捞，严惩非法、非常规手段的灭绝式捕捞，坚决实行定期、长期休渔制度，鼓励科考团队加强海洋资源勘探工作。严格控制入海污染物排放，加强海洋生态红线制度立法，加强海洋珍稀物种保护立法，严禁猎杀海洋珍稀濒危物种，提高海上防灾减灾救灾能力，提升突发事件应急管控能力，提升海洋生态环境自我调节能力，促进海洋经济可持续发展。

（三）完善海洋经济统计数据，提升海洋经济政策效果

海洋经济统计数据是海洋经济研究工作的基础，统计数据事关学术前沿的开拓进展、科研成果的转化率与影响力和海洋经济政策的科学性与有效性。我国应重点开发系统、科学、开放、完整的海洋经济发展数据库，构建科学的海洋经济运行评估和监测预警系统平台，完善海洋经济数据统计体系。加强海洋经济政策的针对性分析，加强海洋经济发展战略规划，加强海洋经济政策实施效果的分析评估，提高海洋经济政策实施的效果。

参考文献

陈羽逸：《海南省海洋产业发展路径研究》，海南大学硕士学位论文，2014。

董杨：《海洋经济对我国沿海地区经济发展的带动效应评价研究》，《宏观经济研究》2016年第11期，第161～166页。

钱林霞：《大湾区经济给未来很多想像的空间》，《新经济》2017年第1期，第18页。

王文松等：《中国南非海洋经济合作前景评析》，《开发性金融研究》2017年第1期，第78～89页。

李靖宇、张晨瑶：《渤海海峡跨海通道建设的区域开发战略价值》，《经济研究参考》2017年第9期，第60～72页。

李焰、吴尔江：《新常态下南海区海洋经济发展的问题与对策》，《科技视界》2017年第11期，第231～232、129页。

李仁君：《发展海洋经济提升海南省海洋产业竞争力》，《新东方》2012年第4期，第43～46页。

陈俊伟：《广西实施"建设海洋经济大省区"战略研究》，《东南亚纵横》2010年第11期，第74～77页。

洪伟东：《深圳市海洋生态经济发展空间布局研究》，吉林大学博士学位论文，2017。

孙海燕、陆大道、孙峰华、冯世斌：《渤海海峡跨海通道建设对山东半岛、辽东半岛城市经济联系的影响研究》，《地理科学》2014年第2期，第147～153页。

陈明宝：《乘"一带一路"之风发展海洋经济》，《中国海洋报》2017年5月17日，第2版。

殷克东、方胜民、高金田：《中国海洋经济发展报告（2012）》，北京：社会科学文献出版社，2012。

王诗成：《全国和山东省海洋经济基本情况概述》，海洋财富网，2015年5月21日，http://www.hycfw.com/Article/39407。

潘珠：《海南融入21世纪海上丝绸之路发展对策研究》，《海南热带海洋学院学报》2017年第1期，第18～24页。

《"十二五"以来我国海洋经济取得巨大成就》，《中国海洋报》2015年12月30日，第3版。

安海燕：《构筑海洋事业协调发展新格局》，《中国海洋报》2017年6月7日，第1版。

杨成骏、时平：《长三角区域海洋产业发展变动对比研究——以苏浙沪为中心》，《科技与经济》2015年第3期，第96～100页。

分 报 告

Topical Reports

B.2
中国主要海洋产业发展形势分析

于谨凯*

摘　要： 进入 21 世纪以来，海洋经济日益成为国民经济新的增长源，
因此加强对海洋经济形势的分析和预测对于促进海洋经济的
发展，编制海洋经济计划和制定海洋政策措施有着重要的理
论和实践意义。目前我国海洋产业主要发展趋势是生产总值
稳步上升，产业结构不断优化。本文主要对中国主要海洋产
业海洋渔业等的发展形势进行分析，分析发展现状和制约因
素，运用灰色预测法、指数平滑法等实证方法和模型对海洋
产业发展前景做出预测。之后对主要海洋产业细分的传统海
洋产业和新兴海洋产业进行分析，预测认为未来几年中国主
要海洋产业将保持迅速增长态势。

关键词： 主要海洋产业　传统海洋产业　新兴海洋产业

---

* 于谨凯，中国海洋大学经济学院教授，研究方向为海洋产业经济与管理。

一 主要海洋产业发展形势分析

我国海洋产业始于渔业，目前，我国主要海洋产业有海洋渔业、海洋油气业、海洋盐业、海洋矿业、海洋化工业、海洋电力业、海洋生物医药业、海水利用业、海洋船舶工业、海洋交通运输业、海洋工程建筑业以及新兴旅游业、滨海旅游、邮轮游艇等。海洋第一产业包含海洋渔业；海洋第二产业包含海洋盐业、海滨砂矿业、海洋油气业、海洋化工业、海洋电力、海水利用业、海洋工程建筑业、海洋船舶工业、海洋生物医药业等；海洋第三产业包括海洋交通运输业、滨海旅游业，以及海洋科学教育、研究、社会服务业等。主要海洋产业呈现生产总值稳步上升、产业结构不断优化的发展趋势。

（一）主要海洋产业发展现状分析

根据海洋统计公报的数据，截至 2016 年底，我国海洋生产总值为 70507 亿元，同比增长 9%。其中，海洋产业增加值 43283 亿元，海洋相关产业增加值达到 27224 亿元。海洋三次产业的增加值分别为 3566 亿元、28488 亿元、38453 亿元，占海洋生产总值的 5.1%、40.4%、54.5%。2011 年以来，我国海洋经济总量不断扩大，三次产业结构逐渐优化，对国民经济的影响也越来越大（见图 1）。

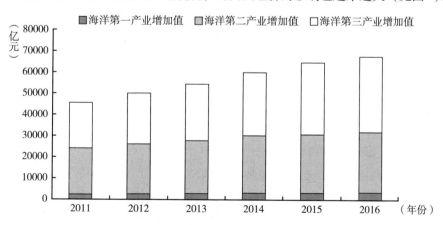

图 1　2011～2016 年海洋经济三大产业增加值

资料来源：《2016 年中国海洋经济公报》。

2016 年主要海洋产业的发展情况如图 2 所示,滨海旅游业占比最大,为 42.05%,全年实现增加值 12047 亿元,同比增长 9.9%。滨海旅游业稳健增长,成长步伐加快,发展态势良好。其次,占比较大的是海洋交通运输业,为 20.96%,全年增加值 6004 亿元,同比增长 7.8%,航运市场开始有起色,总体处于稳定状态。海洋船舶工业的占比有 4.58%,全年增加值 1312 亿元,相比上年下降了 1.9%,船舶制造业形势严峻,国内需求乏力,船舶工业产品结构更需要持续优化,提高产品竞争力。

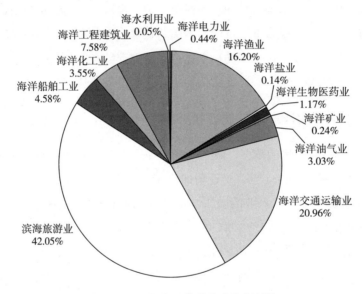

图 2　2016 年主要海洋产业比例结构

资料来源:《2016 年中国海洋经济统计公报》。

(二)主要海洋产业制约因素分析

1. 海洋产业结构与布局有待进一步调整

目前,我国海洋产业结构整体上呈现"三、二、一"的顺序排列结构,但是第二产业和第三产业之间的差距较小,格局还不稳定。虽然海洋产业结构的调整是一个动态的、不断发展与演进的过程,但是应该形成一个相对稳定的状态。因此,就我国海洋产业结构发展现状而言,还有待进一步调整。《中国海洋 21 世纪议程》中对海洋三次产业结构的目标进行设定:2020 年海洋第

一、二、三次产业实现2∶3∶5的比例结构。虽然我国已经形成"三、二、一"的顺序排列结构，但是一、二、三产业的比例尚未达到2∶3∶5的目标。从总体来看，我国海洋三次产业的发展状况如下：第一产业逐渐下降，第二产业发展态势大增，第三产业呈持续增长态势，二、三产业齐头并进发展。三次产业相互促进，通过协同发展，推动产业结构不断优化。

2. 近海资源破坏和海洋环境污染严重

《2016年中国海洋环境质量公报》显示，我国近岸海域整体污染状况仍然不容乐观，河流排污量较大，局部海域出现较严重的污染。为促进国民经济发展而建设的诸多大型海上项目，如火电厂、核电站等，给邻近海域造成巨大污染。近海生态环境大面积受损，生态系统遭到破坏，若不及时保护恢复，一旦生态系统崩溃，生态修复也极为困难。

海洋是全部公民的共同财产，要保证海洋资源的可持续利用，更应该加强对海洋生态系统的保护，即对已经处于不健康状态的生态系统进行及时修复，使海洋资源开发与生态保护协调发展。借鉴国外开发海洋资源较为先进的国家的经验，对海洋资源合理、科学利用，保证海洋资源的可持续性利用，对我国海洋经济以及海洋产业健康、持续发展特别重要。同时，海洋自然灾害不仅会对沿海地区的居民造成巨大伤害，也会造成严重的经济损失。例如，海洋灾害的发生不仅对海水养殖造成严重的破坏，也破坏海洋经济发展的相关基础建设。2016年，虽然我国海洋灾情总体偏轻，但各类海洋灾害造成的经济损失高达50亿元。面对海洋自然灾害对经济生活的影响，我们无法避免，但可以通过建立预警机制将受灾损失降到最低。

3. 相应人才培养机制存在问题

目前，我国海洋经济领域的人才主要集中在临港大工业、港口服务业和海洋渔业等领域，而在相对较高层次的航运金融、航运保险等高端海洋服务业的人才十分匮乏，与发达国家差距很大，亟须扩充这方面的海洋人才。国家对海洋经济发展的支持力度很大，如国家层面的海洋科技专项有国家社会科学基金、海洋公益性行业科研专项等，还有多项政策的出台也极大地促进了海洋科技的发展。

目前海洋经济的人才培养计划存在一定问题，大多只注重理论知识的学习，而缺乏实际应用、技术创新和实践方面的培养。日本、美国等海洋强国十

分注重海洋产学研的结合，并积极培养创新型人才。在这些国家的海洋人才培养体系中，大学、科研机构和相关企业都是重要的主体，他们之间相互合作，共同承担培养紧缺的高层次创新型海洋科技人才的责任。

因此，为了高效推进海洋经济创新型人才的培养工作，我国应加紧产学研的结合，依托科研院所和高等院校为科技创新平台，积极促进企业与科研院所的紧密合作，明确对重大海洋科技项目的目标要求，多方位共同管理，在技术实践中培养和聚集海洋科技高端人才。

（三）主要海洋产业发展前景展望

为推动我国海洋经济的发展，加深对主要海洋产业发展前景的认识，分别运用贝叶斯向量自回归模型、灰色预测法、联立方程组模型、趋势外推法、神经网络法、指数平滑法等方法预估 2017 年、2018 年中国主要海洋产业增加值，并将六种预测方法的结果通过加权成组合预测模型，进一步根据组合预测法的原理，借助 Lingo 软件编程得到预测权重。我国海洋经济主要统计指标组合预估结果如表 1 所示。

表 1   2017～2018 年中国主要海洋产业增加值预测

单位：亿元，%

指标	2017 年预估		2018 年预估	
	预测区间	名义增速	预测区间	名义增速
主要海洋产业增加值	（32368，32487）	9.7～10.1	（35823，35953）	10.3～10.7

从模型预测结果来看，2017 年主要海洋产业增加值预计达到 32427 亿元，2018 年主要海洋产业增加值预计达到 35888 亿元。由此可以看出，我国主要海洋产业在未来会保持较好的发展趋势。

主要海洋产业的发展代表着我国海洋经济的繁荣。现阶段，各项关于国家未来发展的规划与政策中频繁出现海洋产业的相关内容，可以看出国家对海洋产业发展的高度重视以及对未来海洋经发展的大力支持。在国家战略对海洋产业的大力支持下，未来我国海洋经济将高速发展，对国民经济的拉动作用也会更加突出。

未来，我国主要海洋产业的发展趋势如下。

（1）海洋经济的支柱仍为传统海洋产业，能够提供很多就业机会。我国当前主要海洋产业的发展还处于劳动密集型阶段，由于人们的就业观念尚未转变，因此，传统海洋产业仍然吸纳了大量的就业人口。我国海洋产业结构在现阶段难以有较大改变，由此，在我国未来的海洋经济发展过程中，传统海洋产业仍会继续提供大量就业机会，吸纳更多劳动力。

（2）新兴海洋产业增长迅速，将是我国发展海洋经济的战略重点。《国家发展改革委关于加快国家高技术产业基地发展的指导意见》于 2009 年 12 月 26 日出台，文件中指出要创建一批创新能力强、产业链完善、具有突出海洋产业特色的高新技术基地。纵观近几年海洋产业发达的国家海洋战略，不难发现，发达国家十分重视海洋科技研究，出台各种产业规划及政策，加大对海洋科学关键技术的研究支出以推动海洋新兴产业的进步。如新能源方面，2011 年，美国把海洋可再生能源当作重点领域发展，并出台了《国家海上风电战略：创建美国海上分电产业》，其目的是降低海上风电的利用成本，重点保证技术创新，从而更高效地促进海上风电行业的发展，保证美国在海上风电行业的龙头地位。

根据我国目前的情况，由于产业基础、技术优势、人才培养状况等条件具有相对优势，天津、青岛、上海等沿海城市非常有希望成为海洋高新技术产业基地，获得国家重点支持。通过支持沿海城市产业基地的建设，发挥"以点带面"的作用，从而带动全国海洋技术的整体发展。

（3）合理制定海洋政策，构建海洋发展战略。纵观世界上主要海洋经济发展强国，无一例外地都制定过国家层面的海洋经济发展规划。如美国在2010 年发布了《美国海洋水动力可再生能源技术路线图》，目的是促进海洋可再生能源研究和利用。虽然我国为了实现海洋经济的健康、快速发展，已经出台了《全国海洋经济发展规划纲要》《中华人民共和国海洋环境保护法》等一系列法规，但仍缺乏更为具体的海洋产业规划。

二　传统海洋产业发展形势分析

（一）传统海洋产业发展现状分析

海洋疆域的广袤为我国传统海洋经济发展提供了得天独厚的自然条件。目

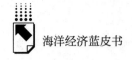

前，海洋交通运输业、海洋渔业、海洋油气业、海洋盐业、海洋矿业、滨海旅游业六大产业组成了传统的海洋产业。

传统海洋产业在我国海洋经济中占有主导地位，从规模上讲，我国的海洋渔业和海洋盐业发展长期处于领先地位，因此，我国传统海洋产业在世界范围内具有一定优势。

2016年海洋经济统计公报的数据显示，我国传统海洋产业2016年的产值为23669亿元，较上一年增长8.3%，如图3所示。

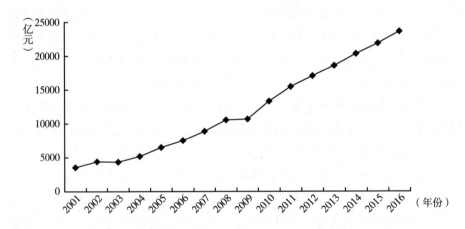

图3　2001~2016年传统海洋产业生产总值

资料来源：《中国海洋经济统计公报》（2001~2016）。

在传统海洋产业中占据主导地位的是滨海旅游业，其增加值占传统海洋产业增加值的50.8%。2015年，《国务院办公厅关于进一步促进旅游投资和消费的若干意见》中通过加大投资力度，促进消费，从而带动旅游业的发展。借助国家政策实施的契机，滨海区域海洋旅游基础设施不断完善、旅游一体化进程明显加快，新兴海洋旅游业得到了大力发展。2016年，滨海旅游业增加值为12047亿元，同比增长9.9%，成为促进海洋经济发展的主要部分。与此同时，国民生活水平的逐步提高，滨海旅游预计将继续保持稳步增长态势，增长极的作用会更加明显。

2016年，全球经济形势的低迷，加上我国国内经济结构的调整，使沿海港口发展全部减速，航运市场也逐步低迷，贸易发展变缓。《2016年中国海洋经济统计公报》显示，2016 年海洋交通运输业增加值为 6004 亿元，同比增长 7.8%，如图 4 所示。沿海规模以上港口生产总体仍保持增长趋势，但增加幅度有所减缓。2015 年 1～11 月，货物吞吐量、外贸货物吞吐量及集装箱吞吐量分别同比下降 4.6 个、5.6 个和 3.3 个百分点。面对复杂的国际经济状况，国务院及交通运输部相继出台了《关于加快现代航运服务业发展的意见》等文件，旨在促进传统航运服务业转型升级，加强海运强国建设。

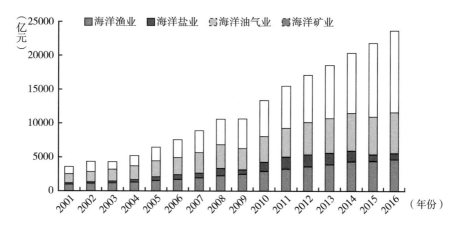

图 4　2001～2016 年传统海洋产业生产总值

资料来源：《2016 年中国海洋经济统计公报》。

近年来，按照"海洋强国"战略中对海洋经济的发展要求，坚持以科学发展观为指导，不断提高传统海洋产业的综合生产能力，进一步加大对传统海洋产业的基础设施投入，优化布局，推进产业升级，实现传统海洋产业的可持续健康发展。未来，我国传统海洋产业发展的重点将会放在质量的提高上，由粗放向着精细化发展，由劳动密集型驱动向技术密集型驱动转变，由低端竞争向着高端升级转变，由过度开发向绿色可持续的方向发展，逐步形成一批具有国际影响力的海洋品牌。

（二）传统海洋产业制约因素分析

伴随着我国社会经济的迅速发展，海洋经济的发展也有巨大进步。然而经济发展在带来巨大物质财富的同时，粗放型发展、开发过度和环境保护意识差等实际问题，严重影响了国家海洋经济产业的可持续发展。尤其是生态环境污

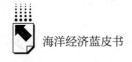

染严重、海域资源匮乏、海洋技术结构不合理和传统海洋产业政策扶持力度不
足等。

1. 海洋生态环境污染严重

虽然，当前我国海洋经济处于快速发展阶段，但海洋环保意识差，开发中
海洋生态遭到很大破坏，海洋资源透支。为促进地区海洋经济的发展，部分沿
海省市不断开始涉水工程建设、沿海大开发项目、大规模的围海造田，都对海
洋生态环境造成了很恶劣的影响。不仅如此，不同于陆地生态环境，海洋生态
环境作为一种特殊的资源载体，海洋系统的各种组成部分的相互联系更紧密，
海洋生态平衡更易被破坏。

中国海洋经济环境质量报告中指出，2016 年我国沿海地区入海排污口的
附近海域环境质量整体不好，绝大多数不满足环境保护要求，邻近水域的水质
也无法达到环境保护的要求。如今，生态环境的破坏已经严重制约我国海洋经
济的可持续发展，多片海域出现严重污染，各大渔场生态环境退化很严重，受
污染的海水中含大量重金属元素，严重影响了我国海盐的质量。

2. 海洋科技资源配置失衡

海洋经济的可持续发展需要尖端海洋科学技术的支持，吸引海洋科技人才
是推动我国海洋经济快速发展的重要因素。但我国海洋科研资源的配置、科研
力量极其不平衡，其主要原因是海洋教育资源主要集中在经济发展水平较高的
沿海地区。2015 年，北京、山东、上海海洋科研从业人数分别为 14091 人、
3922 人、3866 人，集中了全国 53.97% 的海洋科研人员。

部分海洋科研机构主要分布在高等院校中，因经费缺乏等原因，海洋科研
力量闲置，导致海洋科研资源浪费，使科研成果难以转化为实际生产力，无法
实现产学研的协同进步。

3. 传统海洋产业政策紧缺

根据 2016 年中国海洋经济统计公报，2016 年全国海洋生产总值达 7.05 万
亿元，其中海洋第一、二、三产业增加值分别为 3566 亿元、2.8 万亿元和 3.5
万亿元，占海洋生产总值的比例分别为 5.1%、40.4% 和 54.5%。随着海洋强
国战略的提出，我国对海洋经济发展的重视程度越来越高，海洋经济在国民总
产值中的比例不断上升。

应该看到，在海洋产业高速发展的同时，国家对传统海洋产业的政策扶持

力度不断下降，传统海洋产业无法高效发展，优势也不能完全发挥，因此呈现下滑的趋势。

4. 近海海域资源匮乏枯竭

2016 年，全球石油市场供求关系趋缓，油价出现一定幅度的下降，我国海洋油气业增加值为 869 亿元，比 2015 年减少 7.3%。同样，我国海洋船舶业也受到影响，经济效益一直下降。2016 年，海洋船舶业增加值为 1312 亿元，同比下降 1.9%。海域资源的匮乏是由两方面导致的，其一是市场导致，其二是人为破坏。目前近海海域海洋捕捞业非理性扩张，海水捕捞强度不断加强，使实际捕捞量远大于最佳可捕量。捕捞船队主要是小型渔船，捕捞范围基本在近海区域，很大程度地破坏了近岸地区的可再生能力，且水产养殖网箱密度过大，养殖海域水质污染严重，海域生态环境的质量不断降低。

（三）传统海洋产业发展前景展望

首先，分别运用贝叶斯向量自回归模型、灰色预测法、联立方程组模型、趋势外推法、神经网络法、指数平滑法预估 2017 年、2018 年我国海洋经济发展情况；其次，利用 Lingo 软件编程得到权重，将六种预测方法的预估结果加权成组合预测模型；最后，得到我国海洋经济主要统计指标组合预估结果，如表 2 所示。

表 2　2017 年与 2018 年中国传统海洋产业增加值预测

单位：亿元，%

指标	2017 年预测		2018 年预测	
	预测区间	名义增速	预测区间	名义增速
传统海洋产业增加值	(25913,26009)	8.1~8.5	(28034,28138)	7.9~8.3

根据模型的预测结果，2017 年我国传统海洋产业增加值约为 25961 亿元，2018 年传统海洋产业增加值约为 28086 亿元，呈现平稳增长趋势。

我国拥有丰富的海洋资源，是海洋大国，有着发展海洋经济得天独厚的资源优势。为实现新阶段的发展，国家战略对我国海洋经济提出了新的发展目标，传统海洋产业将朝着现代化、专业化、可持续化的方向不断发展。

为了实现这一目标，首先，应坚持协调发展理念。一方面协调海陆经济，

扩大海洋经济，实现陆海协调发展；另一方面协调好海洋产业布局，避免区域之间恶性竞争，引导和推动海洋产业区域间的合理分工与合作。其次，创新"海洋＋互联网""海洋＋大数据"等发展模式。通过推动海洋传统产业逐步向智能生产、智能销售等新模式转变，引导海洋产业技术创新，建设一批产业技术创新平台和国家级海洋重点实验室，从而提升高技术水平和产业化能力，打造适应需求、高级的海洋高技术产业体系。最后，培育一批具有国际知名度的龙头企业，加强海洋创新平台建设，不断完善人才培养机制，引进国外先进的生产技术。

三　新兴海洋产业发展形势分析

我国新兴海洋产业主要包括海洋化工业、海水利用业、海洋电力业、海洋工程建筑业、海洋船舶业及海洋生物医药业等六大行业。虽然同传统海洋产业相比，新兴海洋产业起步较晚，但随着我国不断深入开发海洋资源、鼓励研发涉海高新技术，新兴海洋产业快速成长为海洋经济不可或缺的一部分。

（一）新兴海洋产业发展现状分析

近年来，新兴海洋产业由形成期进入快速成长期，并呈现大规模增长态势。通过科技创新，攻克关键海洋技术，深入开发和利用海洋资源，一些新兴海洋产业快速发展成为海洋经济的重要增长加速器。

随着国家创新驱动战略的不断推进，大力发展新兴海洋产业实现其产业增加值从 2001 年的不足 300 亿元增长到 2016 年的 4978 亿元（见图 5）。尤其是 2008 年以来，新兴海洋产业比如海洋生物医药业、海洋工程建筑业、海洋电力业，以及海洋化工业仍高速增长，均实现两倍以上的增长（见图 6）。

新兴海洋产业高速增长，其占主要海洋产业增加值的比重从 2001 年的不足 8% 增长至 2016 年的 20%。其中，海洋工程建筑业已经发展成为我国海洋经济第四大产业。另外，新兴海洋产业增长速度远高于传统海洋产业，促使我国海洋三次产业结构不断改善。

2001 年以来，我国战略性新兴海洋产业的发展势头大增，增长速度不容忽视。在海洋船舶业方面，我国每年完成的造船订单量居世界首位；海水利用

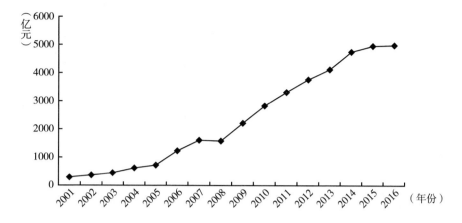

图5 2001~2016年中国新兴海洋产业增加值

资料来源:《中国海洋统计年鉴》(2002~2015);《中国海洋经济统计公报》(2015~2016)。

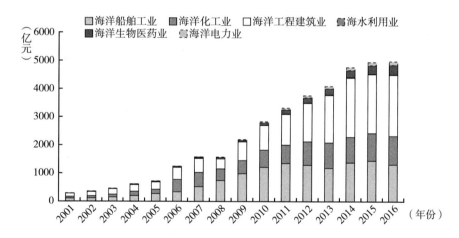

图6 2001~2016年中国各新兴海洋产业增加值

资料来源:《中国海洋统计年鉴》(2002~2015),《中国海洋经济统计公报》(2015~2016)。

进一步发展,加快了其产业化进程;海洋工程建筑业快速发展成为第四大海洋产业;海洋生物医药业、海洋电力业在产业规模上取得巨大的进步,在关键技术方面取得了质的突破。我国战略性新兴海洋产业的高速发展推动了国家海洋第三产业结构的进一步优化。

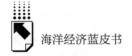

目前，我国船舶制造业已居世界前列。据英国克拉克松公司研究统计，1995 年我国造船业首次超过德国，成为世界上第三大造船国；2006 年我国造船业赶超日本，排名世界第二；2010 年我国的造船完工数量、订单量全部超过韩国，呈高速增长态势；2012 年以来，全球航运市场持续低迷，我国船舶制造业也因此受损，发展形势严峻，造船完工量、订单量都出现不同程度的下降，迫使行业进入调整期。

作为新兴海洋产业的中坚力量，海洋化工业高速发展。整体而言，产业增加值大体呈现上升趋势。2001 年产业增加值为 64.7 亿元，2016 年增长到 1017亿元。其中，2008 年原油价格频繁波动，海洋化工业增加值有所下降，比2007 年下降了将近 18%；2009 年来，在全国经济复苏的背景下，海洋化工业又开始稳定增长；2012 年增加值相比 2011 年增长 27.9%，之后一直保持稳定增长。

海洋生物制品与医药产业是在传统海洋生物产品的基础上升级发展起来的，由于其具有附加值高、社会效益好、绿色高效等特点，成各国互相竞争的高新技术产业之一。近年来，我国的海洋生物医药业的发展规模不断壮大。其中，2001 年我国海洋生物医药业增加值仅为 5.7 亿元，从业人数不足 10000人，之后，海洋生物医药业一直呈高速增长趋势，增加值和从业人数显著提高；2009 年国际金融危机波及我国海洋生物医药业，其增加值有所下降，为52.1 亿元，同比下降了 7.95%。同年，随着《促进生物产业加快发展的若干政策》的推进，我国海洋生物医药业开始恢复增长；2016 年我国海洋生物医药业实现增加值 336 亿元，相比 2001 年增长了 5894.74%，并且海洋生物医药药品和保健品的品种极大地丰富了。

目前，作为海洋经济基础建设的重点产业，海洋工程建筑业保持高速增长。一方面，我国沿海地区港口贸易相对发达，占据全球十大港口中的 7个，港口的吞吐量也逐年增加。另一方面，国家在沿海地区推行自由贸易区的区域经济政策，加快建设保税港区新港口，促进我国海洋工程建筑业的繁荣发展。

我国海洋电力业也呈现高速增长的态势。2001 年产业增加值不足 2 亿元，至 2016 年海洋电力业增加值已经达到 126 亿元，相比于 2001 年增长 62倍。海洋电力业的迅速发展得益于海上风电的高速增长以及产业化进程的加快。进一步而言，在我国现有的海洋电力产业中，仅有海上风电完全实现了产业化，潮汐发电一直在江厦潮汐发电运转，海流发电、波浪发电以及温差发电仍然处于实验室阶段，尚未进入实际应用。从发电成本角度而言，在现行的价格体系下，海洋发电和潮汐发电的成本仍然高于常规的火电、水电等。

我国海水利用业的产业规模不断扩大，呈现持续增长态势。2001年，我国海水利用业的产业增加值仅为1.1亿元，2016年，海水利用业实现增加值15亿元，海水淡化工程的规模逐步扩大，海水循环冷却技术的应用规模也逐渐扩大。2001年来，我国海水利用业的产业化进程逐步加快，以天津海水淡化所为代表的研究机构，以国华、首钢等为代表的大型国有企业正逐渐涉足海水利用产业，基本形成了我国海水利用市场的雏形。海水利用相关高新技术也取得了巨大突破，反渗透膜、超滤膜等海水淡化技术有很大发展，时代沃顿、海南立昇等具有自主知识产权的企业快速成长，生产的产品逐渐接近国际先进水平，并且出口到美国、西班牙等国家和地区。

我国新兴海洋产业快速发展的主要原因如下。

（1）海洋经济政策为新兴海洋产业提供了政策红利。2012年11月8日，党的十八大报告中第一次提出"海洋强国"的发展战略。在陆地资源环境日益严峻的背景下，为顺应全球海洋经济发展趋势，推出一系列国家级海洋经济规划。随着海洋强国战略的推进，沿海区域相继实施海洋经济发展规划，比如山东半岛蓝色经济区发展规划，浙江、广东海洋经济发展规划。从国家到地方，大量的涉海经济政策都提出加大投入，重点发展新兴海洋产业，大力发展战略性新兴海洋产业。

（2）沿海地区科技的发展，特别是涉海科技的发展，为新兴海洋产业的发展提供了技术支撑。在海洋生物育种、海洋生物医药、海水利用、海洋高端装备制造等领域，我国逐步取得明显的技术突破。智能深水网箱、涉海高频地波雷达、半潜式钻井平台关键技术、深潜器、工业化循环水、反渗透海水淡化技术、海洋生物功能材料、海洋生物酶、海上风电等大批涉海技术得以转化，涌现大批涉海高技术产品，进一步夯实了新兴海洋产业发展的基础。

（3）多元化投入机制为新兴海洋产业的发展提供强有力的资金保障。十几年来，我国GDP从2001年的世界第七位跃居目前的第二位，其中，经济增

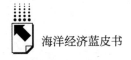

长密集度最高的是东部沿海地区，其仅 14.2% 的国土面积就创造了全国 56.3% 的 GDP（2016 年）。在过去十几年里，沿海地区的综合经济实力取得突飞猛进的发展，为新兴海洋产业的资金投入提供了客观保障。在发展初期，新兴海洋产业便与市场紧密结合，而后国家财政投入、地方投入、国外直接投资、民间投资的多元化投入机制也保障了新兴海洋产业的不断发展。

（二）新兴海洋产业制约因素分析

虽然我国新兴海洋产业逐步受到国家、地方以及企业的重视，涉海企业数量与规模稳步增长，但是新兴产业的发展也存在诸多制约因素。

1. 海洋科研力量分散

产学研资介一体化体系建设仍不完善，海洋科技成果转化率仍处于较低水平，产业化机制有待进一步改进，产品的竞争力亟须增强。主要原因包括：第一，在目前的海洋科技发展中，仍然存在政府、科研机构、高校与企业之间"各自为战"的不协调状况；第二，就企业而言，一方面，企业本身自主创新能力偏弱，另一方面，企业引进技术研发资源、人才等要素的机制政策不完善，难以借助外力来提升创新能力；第三，高校与企业不同的研发诉求使海洋科研成果转化存在障碍，大量海洋科技成果应用性不强，仅停留在实验室阶段。

目前，国家海洋行政主管部门、沿海省市都有相应的涉海研究技术及资源，但地域上的分离与隶属关系的分散，使海洋科技不能有效整合，科技力量无法集中。一方面，部分沿海省市对海洋科技的发展缺少统一的规划指导，导致其组织化程度不高，管理工作滞后。虽然沿海地区海洋产业相对发达，但是仍有部分省市新兴海洋产业的各个部门缺乏协调，合作效率低下，组织化程度有待提高。另一方面，海洋科技项目缺乏整体性和系统性。海洋科技项目的目标不够长远，技术开发往往限于局部而忽视整体性，应用研究也太过片面而缺乏全局性，这使海洋科技项目应有的集群效应大打折扣。

2. 企业尚未成为海洋技术创新主体

科技成果转化的原始动力在于成果利益分配。目前，沿海地方政府在探索共建实体、技术或成果转让、技术入股、技术咨询等产学研用结合的方式中，往往忽视了对海洋技术的评估。另外，由于海洋技术转化缺少中介，往往会对产学研用的分配制造不必要的矛盾，阻碍了产学研用合作机制的建设。

目前，实用技术与制约企业快速成长的关键技术得到沿海地区涉海企业的广泛关注，它们倾向于转化与应用科技机构已有的成果，而不愿在新技术的研发与新产品的开发上投入。另外，与提升和创新产业的关键技术相比，企业更注重生产任务，这很大程度上制约了海洋科技的发展。在应用研究领域，企业对于海洋技术的研究不足，缺乏自主创新，使海洋科技的发展严重滞后于产业本身的发展。

3. 新兴海洋产业引领作用比较薄弱

总体而言，我国海洋传统产业仍占较大比重，新兴海洋产业比重虽有所增加，但短时间内无法超过。虽然，一些海洋新兴产业极具发展潜力，如海洋工程装备、海洋生物医药等发展速度很快，但是由于基础薄弱，总量偏小，仍处于初步发展阶段。新兴海洋产业的产业化水平较低，科技兴海的引领作用不足。部分沿海省市偏向于实用性的应用研究，对海洋高新技术的前景有短视行为，没有投入足够的人力、物力，各种技术应用不能有效推进。尤其是新兴海洋产业中的关键海洋技术与前沿领域还有相当长的距离，发展较落后。海洋综合开发科技含量较低，海洋科技储备匮乏，大部分海洋科技成果集中在低端产业，而鲜有高端产业成果。

（三）新兴海洋产业发展前景展望

首先，分别运用灰色预测法、指数平滑法、贝叶斯向量自回归模型、神经网络法、联立方程组模型、趋势外推法预测 2017 年、2018 年我国海洋经济发展情况；其次，利用 Lingo 软件编程，计算权重，将六种预测结果加权成组合预测模型；最后，得到中国海洋经济主要统计指标组合预测结果，如表 3 所示。

表3　2017 年、2018 年中国海洋经济主要统计指标预测

单位：亿元，%

指标	2017 年预测		2018 年预测	
	指标预测范围	增速区间	指标预测范围	名义增速区间
新兴海洋产业增加值	(6455, 6478)	10.9 ~ 11.3	(7789, 7815)	19.9 ~ 20.3

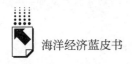

新兴海洋产业作为沿海省市经济转型升级的重要力量，未来几年仍将保持迅速增长的态势。经过产业化初期的迅速增长，新兴海洋产业必将面临要素驱动向技术驱动发展的新阶段。以海洋工程装备、海洋生物医药行业为代表的新兴海洋产业，是未来海洋经济新的增长点和关键点。

我国海洋船舶业的生产结构主要是干散货船，随着 LNG 等高端的生产技术取得重大突破，一方面，海洋船舶业的生产结构有希望向高利润端发展延伸，未来海洋船舶业转型升级的方向是以海洋工程装备为代表的高端产品。另一方面，军工行业的发展会刺激船舶行业的需求，需求供给方面的变化有望使我国海洋船舶行业稳健发展。

海洋资源开发技术近年来得到飞速发展，海洋化工业的行业形态逐步延伸拓展。其中，海盐化工所占比重逐渐降低，产能过剩的问题逐步缓解；随着海洋石油开采的进一步加快，海洋石油化工也保持持续增长态势；海洋化工技术领域取得重大突破，海藻化工取得进一步发展。

我国海洋生物医药业近几年逐年增长。我国在研发海洋创新药物、研制海洋生物制品、发展海洋现代中药等方面保持着高度繁荣的状态。海洋生物医药的重点企业已有 100 多家，拥有自主知识产权的企业规模不断壮大，成为行业的龙头企业。未来的 5 年内，海洋生物资源凭借其巨大的开发潜力及潜在的药用价值，将不断加速海洋医药和生物制品的发展，海洋生物医药业仍会继续保持高增长。

随着"海上丝绸之路"的推进，国家必定会着力于海上丝绸之路的投资和建设，重点发展海洋工程建筑业。作为国家"一带一路"倡议的海上通道，"海上丝绸之路"是我国基础建设产能逐步外移的重要途径，海洋工程建筑业应当抓住这次机遇，不仅可以服务国家经略亚洲基础建设的大局，还能提高本国企业的建设能力，成为中国走向世界的领头羊。

2007 年后，海上风电一直保持快速增长。虽然整个风电市场装机份额比较少，不足 5%，但是未来海上风电会继续高速增长。总体来看，我国海洋可再生资源丰富，发展潜力巨大，有广阔的市场前景。尽管现在只有海上风电利用程度高，其他海洋能的利用程度较低，但按照国家政策的形势，海上可再生能源的开发力度会日益加大，逐步实现海洋可再生能源的产业化发展。

近年来，我国淡水资源日益紧缺，缺水问题日趋严重，尤其是沿海地区，海水利用将是我国沿海地区水资源问题的解决方式之一。由于海水淡化的成本较高，未来几年，其仍然主要应用于海岛地区和沿海地区的工业企业或者与经济发展密切相关的市政供水领域。海水淡化设备核心技术有望进一步突破，海水淡化效率有望进一步提升。

李克强总理在 2015 年的政府工作报告中第一次提出"互联网＋"的行动计划，目的是以互联网市场为载体来引导实体经济向国际市场扩展。未来新兴海洋产业将会与"互联网＋"计划结合，通过飞速发展的互联网带动新兴海洋产业迅猛发展。一方面，通过渗透拓展移动互联网、物联网、大数据、云计算等的应用，建设"互联网＋海洋""互联网＋云计算"等一系列重大创新工程，从而开拓海洋众创空间，发展智能化的海洋渔业、远洋运输与高效物流业、海工装备制造，打造"海洋产业智能生产模式"和"智能海洋工厂"，加快传统海洋产业的转型升级。另一方面，在海产品的生产方式上，发展"个性化定制""以销定产"，在海洋餐饮、滨海旅游等方面，鼓励企业发展线上线下相结合的电子商务模式，不断拓展涉海电子商务的发展空间。

参考文献

吕伟、王艳明：《烟台市海洋经济产业结构分析》，《山东工商学院学报》2013 年第 2 期，第 39 ~ 44 页。

李双建、魏婷：《广东省海洋生态环境质量评价与保护措施研究》，《海洋开发与管理》2013 年第 7 期，第 70 ~ 74 页。

王占坤、林香红、周怡圃：《主要海洋国家海洋经济发展情况和趋势》，《海洋经济》2013 年第 4 期，第 88 ~ 96 页。

马冬等：《我国非道路移动源排放管理现状及展望》，《环境与可持续发展》2017 年第 2 期，第 36 ~ 40 页。

何广顺：《海洋服务业带动效应明显助力海洋经济转型升级》，《中国海洋报》2016 年 3 月 9 日，第 1 版。

王淼、贺义雄：《完善我国现行海洋政策的对策探讨》，《海洋开发与管理》2008 年第 5 期，第 33 ~ 37 页。

盛朝迅：《"十三五"时期我国海洋产业转型升级的战略取向》，《经济纵横》2015年第12期，第8～13页。

盛朝迅：《"十三五"时期我国海洋产业转型升级的战略取向研究》，《经济研究参考》2016年第26期，第3～8、17页。

郭宝贵、刘兆征：《我国海洋经济科技创新的思考》，《宏观经济管理》2012年第5期，第70～72页。

殷克东、方胜民、高金田：《中国海洋经济发展报告（2012）》，社会科学文献出版社，2012。

王宏：《蓝色引擎强劲发力》，《经济日报》2016年1月14日，http：//paper. ce. cn/jjrb/html/2016－01/14/content_ 289338. htm。

王宏：《关注"十三五"时期国家海洋局将有这些举措促进海洋经济发展》，微口网2016年1月15日，http：//www. vccoo. com/v/94bdf0。

吴炜：《可持续发展观视野下的福建省海洋战略性新兴产业培育研究》，福建农林大学硕士学位论文，2011。

谷佃军：《山东半岛海洋经济可持续发展的优化方式研究》，中国海洋大学博士学位论文，2010。

张晓霞：《工业化与生态文明良性互动的路径选择——以吉林省为例》，《长白学刊》2013年第3期，第106～109页。

郝艳萍、慎丽华、森豪利：《海洋资源可持续利用与海洋经济可持续发展》，《海洋开发与管理》2005年第3期，第50～54页。

盛朝迅：《"十三五"时期我国海洋产业转型升级的战略取向》，《经济纵横》2015年第12期，第8～13页。

任杰：《江苏海洋经济中产学研合作存在的问题与对策》，南京理工大学硕士学位论文，2011。

郭艳：《有机农产品O2O商业模式研究》，《农村经济与科技》2016年第21期，第101～103页。

毕倩：《浅析互联网＋视角下的农产品推广创新——以眉县猕猴桃推广为例》，《农业与技术》2016年第23期，第155～158页。

张彤、王高玲、王玉芳、张敏敏：《基于"互联网＋"视角我国移动医疗现状与监管对策分析》，《中国医疗设备》2016年第12期，第161～163、168页。

周红霞：《运用"互联网＋"实施高职院校实践教学创新探索——呼和浩特职业学院与近邻宝合作建立校园实训基地》，《内蒙古师范大学学报》（教育科学版）2016年第11期，第144～146页。

林明惠、杨晶：《"互联网＋"背景下高校促进大学生创业教育路径研究》，《重庆科技学院学报》（社会科学版）2016年第12期，第107～109页。

王协舟、王露露：《"互联网＋"时代对档案工作的挑战》，《档案学研究》2016年第 6 期，第 66～69 页。

朱雄、曲金良：《我国海洋生态文明建设内涵与现状研究》，《山东行政学院学报》2017 年第 3 期，第 84～89 页。

包诠真：《我国海洋高新技术产业竞争力研究》，哈尔滨工程大学硕士学位论文，2009。

郭宝贵、刘兆征：《我国海洋经济科技创新的思考》，《宏观经济管理》2012 年第 5 期，第 70～72 页。

B.3
海洋战略性新兴产业发展形势分析

邵桂兰*

摘　要： 海洋经济为我国社会经济发展做出重大贡献，国家也对海洋经济发展做出重要规划，将"海洋强国"上升为国家战略，而培育和发展海洋战略性新兴产业是我国海洋经济发展的重要引擎。本报告梳理了我国海洋经济发展代表省份的海洋战略性新兴产业发展现状，分析了这些地区海洋战略性新兴产业的发展优势及制约因素，以深化理解海洋战略性新兴产业的发展形势。之后本报告从完善海洋战略性新兴产业的理论框架、丰富研究方法和注重海洋科研人才培养三个方面对未来发展提出建议。

关键词： 海洋战略性新兴产业　预测模型　海洋科技

海洋战略性新兴产业是以海洋高新科技为基础，以海洋高新科技成果产业化为核心内容，具有广阔市场前景和重大发展潜力，对相关海陆产业具有较大带动作用，可以有力增强国家海洋全面开发能力的海洋产业门类。海洋战略性新兴产业对优化海洋产业结构、提升海洋产业竞争力具有重要作用，成为很多国家和地区争夺的战略制高点。借鉴徐胜、姜秉国和韩立民等学者的研究，本报告将我国现阶段的海洋战略性新兴产业界定为海洋高端装备制造、海洋生物医药、海洋生物育种与健康养殖、海水综合利用、深海战略性资源开发、海洋可再生资源六大产业门类。培育和发展海洋战略性新兴产

＊ 邵桂兰，中国海洋大学经济学院教授，研究方向为国际经济与贸易、区域与海洋经济。

业，通过引入高端产业要素来优化海洋经济供给结构，是推动海洋经济持续发展、突破关键核心技术提升海洋产业核心竞争力、加快海洋经济发展方式转变的战略选择。

一 海洋战略性新兴产业发展现状分析

2016 年 11 月 29 日，国务院印发《"十三五"国家战略性新兴产业发展规划》，对海洋产业部分做了增强海洋工程装备国际竞争力、加强关键配套系统和设备研发及产业化、发展新一代深海远海极地技术装备及系统等规划。山东、福建、广东等代表性沿海省份也纷纷响应国家发展海洋战略性新兴产业的号召，积极推动其健康有序发展。以下将对代表性沿海省份战略性新兴产业的发展现状进行分析。

（一）山东省海洋战略性新兴产业发展现状

经济发展新常态下，未来几年战略性新兴产业发展仍处于重要战略机遇期。世界主要发达国家和地区持续推进"能源新政""绿色技术""低碳经济""工业 4.0"等发展战略，新技术、新产业、新模式、新业态仍将蓬勃发展，新能源、新材料、生物、信息技术等新兴产业有望保持快速发展，逐步成为各国培育的新经济增长点、实现经济复苏振兴、抢占竞争制高点的重要突破口。

《山东省海洋经济发展"十三五"规划》提出了山东省海洋经济的发展目标。到 2020 年，战略性新兴产业增加值占 GDP 比重达到 16%，新一代信息技术、生物、高端装备、新材料、现代海洋、绿色低碳等 6 个产业产值规模均超过 5000 亿元。战略性新兴产业成为带动高质量就业、实现产业转型升级的重要支撑。到 2020 年，战略性新兴产业研发投入占主营业务收入的比重达到 3% 左右，重要骨干企业研发投入占主营业务收入的比重达到 5%。

山东半岛蓝色经济区在资源环境、地理位置、产业基础、科研实力等方面具有优势，是我国海洋战略性新兴产业发展形势较好的地区之一，在总体上处于国内领先地位，但在其内部不同产业之间发展并不均衡。如海水综合利用业与海洋可再生能源业仍处于起步阶段；深海资源开发已处于技术储备和科研基

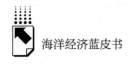

地建设阶段；海洋高端装备制造业、海洋生物育种与健康养殖业以及海洋生物医药业发展较快，目前已初具规模，正面临层次升级和发展模式的转变。具体来讲，对海洋高端装备制造业而言，目前虽已形成了以青岛、东营、烟台、威海等城市为中心的几个比较有特色的产业集群，但是仍旧存在发展方式粗放、产业结构层次有待提升等问题；对海洋生物育种与健康养殖业而言，该产业在山东颇具发展潜力与发展效益，代表着海洋渔业的前进方向，虽依托山东雄厚的科研实力与优越的自然条件，但是仍旧存在关键技术难以突破等现实问题；对海洋可再生能源等产业而言，现阶段主要面临企业参与度不高等问题。

（二）福建省海洋战略性新兴产业发展现状

福建省拥有13.6平方公里的海域面积，超过其陆地面积，海洋资源十分丰富，具有发展海洋经济的良好自然禀赋，为福建省发展海洋战略性新兴产业奠定了基础。"十二五"期间，全省海洋生产总值年均增长13.3%，高于全省GDP平均增速。海洋渔业、海洋交通运输、海洋旅游、海洋工程建筑、海洋船舶等五大海洋主导产业优势明显，增加值总和占全省海洋经济主要产业增加值总量的70%以上。海洋工程装备、海洋生物医药、海洋生物高效健康养殖等领域的核心技术实现新突破，科技对海洋经济的贡献率达60.5%，海洋科技创新能力明显提升，成为我国科技兴海重要示范区。

福建省海洋经济产值提升较快，海洋战略性新兴产业也呈现快速增长的发展趋势。其海洋战略性新兴产业的发展现状可以概括为海洋生物医药业优势明显，海水综合利用业日趋成熟，海洋工程装备制造业逐渐增强等。其中海洋生物医药产业的发展尤其迅速，成为福建增速最快的海洋战略性新兴产业之一。福建已将海洋生物医药产业列入《福建省海洋新兴产业发展规划》，并设立专项资金，扶持海洋生物医药业等海洋新兴产业发展。2013年海洋生物医药业增加值20亿元，比"十一五"末增长近70%，近几年更是大幅上涨。

福建省海洋战略性新兴产业发展也遇到了海洋经济结构不合理、海洋资源环境承载力有限、海洋创新能力明显不足等瓶颈。

（三）广东省海洋战略性新兴产业发展现状

广东省是我国经济强省，且在海洋经济发展方面也走在我国各沿海省份的前列。广东省海洋与渔业厅、广东省发展和改革委员会于 2017 年 6 月 7 日联合印发《广东省海洋经济发展"十三五"规划》,提出了广东省海洋经济的发展目标,即广东省在 2020 年实现海洋生产总值年均增长达 8%,超过 2.2 万亿元,占全省地区生产总值的 20%。拥有 20 家超 100 亿元规模的企业,10 个超 500 亿元的产业集群,实现海洋战略性新兴产业增加值年均 15% 以上的增速水平。为实现这一目标,广东省着眼于自身的区位、科教、经济基础等优势,重点培育海洋生物产业、海洋工程装备制造业等产业,目前发展趋势良好。但同山东、福建等省份一样,其在发展过程中也会受到一些因素的影响和制约。

二 我国海洋战略性新兴产业发展优势

从我国典型省份的海洋战略性新兴产业发展现状来看,我国发展海洋战略性新兴产业具有较好的比较优势。

(一)丰富的海洋生物资源

我国是一个海洋大国,拥有长达 1.8 万多公里的海岸线,跨越了南海、东海、渤海以及黄海等诸多海域,广阔的海域面积和众多的海岛为我国发展海洋战略性新兴产业提供了丰富的海洋资源。例如,在海洋生物资源方面,我国濒临舟山、北部湾、黄渤海以及南海沿岸四大渔场,这些地区多数位于寒暖流的交汇处,海水的竖直搅动为海洋生物提供了丰富的饵料和有机质;在矿产资源方面,海底蕴含着包括多金属结核在内的丰富的深海矿产资源,从而可为今后海洋矿产的发展提供坚实的物质基础;在海岛旅游资源方面,我国大部分沿海省份具有大型海洋公园、水上游乐场等户外旅游景点,每年可吸引数以万计的国内外游客。这些得天独厚的自然条件,为我国海洋战略性新兴产业的发展提供了良好的物质基础和条件。

(二)政府重视产业发展

国务院 2010 年出台《国务院关于加快培育和发展战略性新兴产业的决定》,十分重视海洋战略性新兴产业的发展,并陆续出台了《"十二五"国家

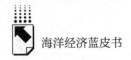

战略性新兴产业发展规划》和《"十三五"国家战略性新兴产业发展规划》等一系列促进战略性新兴产业发展的规划，指出战略性新兴产业代表新一轮科技革命和产业变革的方向，是培育发展新动能、获取未来竞争新优势的关键领域。各省市级政府也纷纷响应国家号召，出台发展海洋战略性新兴产业的规划，建立海洋专属经济区，积极寻求对外的海洋合作平台，推动海洋产业的繁荣发展。

（三）重视教育与科研发展

海洋战略性新兴产业是一类对科研实力要求较高的产业。而我国早在1995年就提出了科教兴国战略，长期以来一直重视科技进步，设立了许多海洋专项研究基金，建立了许多海洋大学和研究所，并在一些综合性大学设有海洋生物、海洋化学和海洋生物工程等与海洋相关的课程，培养了大量的海洋科技研究人才。此外，通过不断地调研和实验，我国积累了大量的海洋研究数据，出版了许多海洋相关著作，这为海洋战略性新兴技术产业的发展提供了科研基础。

三 我国海洋战略性新兴产业发展制约因素

虽然我国发展海洋战略性新兴产业具有一定优势，但仍存在一些制约因素。

（一）海洋科技创新能力不足

虽然我国十分重视科技发展，但是现阶段我国海洋科技水平仍难以满足海洋战略性新兴产业发展的需要。目前，存在的问题主要有两个，一是海洋产业科研经费投入不足。与传统海洋产业相比，我国海洋战略性新兴产业发展尚处于初级阶段，海洋生物医药业、海水利用业和海洋电力业等海洋新兴产业对于发展资金、海洋科技的依赖程度较高，科研经费投入不足使我国海洋产业的科研力量落后于世界上其他主要海洋国家。二是我国海洋战略性新兴产业科技自主研发能力较为薄弱，科技成果转换率偏低。虽然我国每年科技成果产生的数量较多，但真正转化的却并不多，这说明现在的多数科技成果还不能真正解决海洋问题。海洋战略性新兴产业的发展要以海洋高新技术为基础，因此海洋科技创新能力的不足必将制约我国战略性新兴产业的发展。

（二）海洋科技人才储备不足

通过观察国内外海洋战略性新兴产业发展可知，无论是海洋战略性新兴产业的发展，还是海洋科技进步都离不开高技术水平的专业人才和高素质的劳动者，都需要有充足的人才储备做保障。与世界海洋经济强国相比，我国海洋战略性新兴产业的人才储备具有从业人员数量较少、高水平人才储备匮乏的特点，这极大地限制了我国海洋经济及海洋战略性新兴产业国际竞争力的提升及可持续发展。

（三）海洋产业缺乏竞争力

海洋战略性新兴产业是海洋经济发展的新增长极，具有巨大的发展潜力。国内沿海地区都加大了对海洋战略性新兴产业的培育和投资力度，虽然这大大促进了产业发展，但也造成了一定程度的区域恶性竞争。因此，国内大多数海洋战略性新兴产业规模较小，缺乏具有国际竞争力和影响力的龙头企业，对产业发展的带动作用短时间内难以实现。对海上风电、海洋装备制造等已初步实现产业化的产业，投资力度普遍较大，并且在资金、税收、融资、土地等方面都给予了最大限度的优惠，这些做法在短期内扭曲了市场要素价格，降低了投资风险，势必会引发各地区重复建设和投资热潮等不良现象。

（四）涉海管理制度不健全

从海洋经济发展的国际经验来看，政府相关法律法规的支持对海洋战略性新兴产业的发展起着重要作用。目前我国已经形成了海洋战略性新兴产业发展的相关规划，但海洋战略性新兴产业的社会效益、环境效益和经济效益等都没有被充分认识、充分挖掘，社会参与度不高，培育海洋战略性新兴产业的优良环境还未形成，这些问题都在很大程度上限制着海洋战略性新兴产业的发展速度。同时，我国缺少专门机构对海洋战略性新兴产业的发展进行管理和协调，这导致了我国海洋战略性新兴产业发展过程中存在矛盾和问题得不到及时解决、难以合理配置和利用有效资源等问题。

（五）海洋产业融资渠道缺失

目前我国海洋战略性新兴产业的发展资金主要来自政府支持，风险资本主要是银行贷款和政府财政拨款，还未形成包括企业、个人、金融机构在内的融资网络。但海洋科技研发往往对前期资金投入要求较高，如果仅仅依靠政府融资，融资渠道过于单一、资金缺口大，不能满足海洋战略性新兴产业的发展需要。

四　我国海洋战略性新兴产业发展前景分析

海洋战略性新兴产业由于自身的产业属性和发展特点，区别于以往传统海洋产业，具有特殊性，并且目前我国的战略性新兴产业还处在萌芽阶段，起步较晚，对于这方面的研究还不够深入。因此，为了提高我国海洋产业的国际竞争力，促进我国战略性新兴产业的健康稳步发展，应从以下几个方面开始入手。

一是完善海洋战略性新兴产业的理论架构体系。任何一个学科的发展理论都是优先于实践的，特别是对于尚处在起步阶段的海洋战略性新兴产业。因此，研究未来的核心首先是理论主体，应该充分考虑在其产业特殊性的基础上协调区域间战略性新兴产业的发展和空间布局，从时间和空间两个维度，利用不同区域的资源禀赋、产业基础和市场化程度差异，加深交流合作。

二是丰富海洋战略性新兴产业的研究方法。美国、日本等发达国家由于海洋产业起步早，海洋技术发达、经验丰富，已形成了较为完善的研究方法体系。而国内的研究目前大都侧重于经济学的研究方法，缺乏与其他学科领域的结合，因此未来的研究可以尝试运用地理学的研究方法，或是案例分析法，通过总结其他国家的产业发展规律和经验，厘清新阶段我国海洋战略性新兴产业的培育方案，从而制定更加科学的产业政策以实现海洋战略性新兴产业高效健康发展。

三是加强人才培养。海洋战略性新兴产业由于其特殊性，对高端技术人才、经营管理人才以及技能领军人才的需求日益增大。因此，未来要切实落实好人才引进计划，加强重点大学、重点学科的建设以及高新技术的人才培养。

鼓励校企合作办学、定向培养、继续教育等多种形式的教育，创新高技能人才的培育模式。除此之外，还应加强企业对现有员工技术创新能力的培养，加大职工培训力度，完善人力资源服务平台，促进产业人才优化配置和合理流动。

参考文献

姜秉国、韩立民：《海洋战略性新兴产业的概念、内涵与发展趋势分析》，《太平洋学报》，2011 年第 5 期，第 76 ~ 78 页。

盛朝迅：《"十三五"时期我国海洋产业转型升级的战略取向》，《经济纵横》2015 年第 12 期，第 8 ~ 13 页。

任杰：《江苏海洋经济中产学研合作存在的问题与对策》，南京理工大学硕士学位论文，2011。

邓明、寿鲁阳：《烷基化废酸再生工艺简述》，《硫酸工业》2016 年第 6 期，第 59 ~ 62 页。

郭艳：《有机农产品 O2O 商业模式研究》，《农村经济与科技》2016 年第 21 期，第 101 ~ 103 页。

毕倩：《浅析互联网＋视角下的农产品推广创新——以眉县猕猴桃推广为例》，《农业与技术》2016 年第 23 期，第 155 ~ 158 页。

张彤、王高玲、王玉芳、张敏敏：《基于"互联网＋"视角我国移动医疗现状与监管对策分析》，《中国医疗设备》2016 年第 12 期，第 161 ~ 163 + 168 页。

周红霞：《运用"互联网＋"实施高职院校实践教学创新探索——呼和浩特职业学院与近邻宝合作建立校园实训基地》，《内蒙古师范大学学报》（教育科学版）2016 年第 11 期，第 144 ~ 146 页。

林明惠、杨晶：《"互联网＋"背景下高校促进大学生创业教育路径研究》，《重庆科技学院学报》（社会科学版）2016 年第 12 期，第 107 ~ 109 页。

王协舟、王露露：《"互联网＋"时代对档案工作的挑战》，《档案学研究》2016 年第 6 期，第 66 ~ 69 页。

朱雄、曲金良：《我国海洋生态文明建设内涵与现状研究》，《山东行政学院学报》2017 年第 3 期，第 84 ~ 89 页。

包诠真：《我国海洋高新技术产业竞争力研究》，哈尔滨工程大学硕士学位论文，2009。

李晶、刘小锋：《福建省海洋战略性新兴产业发展路径研究》，《农业经济问题》2012 年第 2 期，第 103 ~ 107 页。

郭宝贵、刘兆征：《我国海洋经济科技创新的思考》，《宏观经济管理》2012 年第 5

期，第 70~72 页。

王欣桐：《基于国际比较的我国海洋战略性新兴产业发展研究》，海南大学硕士学位论文，2016。

冯冬：《我国海洋战略性新兴产业区域差异及影响因素分析》，天津理工大学硕士学位论文，2015。

居占杰、李宏波、黄康征：《广东海洋战略性新兴产业发展的 SWOT 分析》，《改革与战略》2013 年第 5 期，第 72~77 页。

周乐萍、林存壮：《我国海洋战略性新兴产业培育问题探析》，《科技促进发展》2013 年第 5 期，第 77~83 页。

刘堃：《中国海洋战略性新兴产业培育机制研究》，中国海洋大学博士学位论文，2013。

姜秉国、韩立民：《海洋战略性新兴产业的概念内涵与发展趋势分析》，《太平洋学报》2011 年第 5 期，第 76~82 页。

陈健：《新三板与科创板发展可期》，《上海金融报》2016 年 12 月 27 日，第 A08版。

汪名立：《数字创意产业再获政策支持》，《国际商报》2017 年 3 月 22 日，第 A06版。

宁凌、杨敏：《试点省份海洋战略性新兴产业培育比较研究》，《五邑大学学报》（社会科学版）2014 年第 2 期，第 74~79、95 页。

庄韶辉、顾自刚：《舟山战略性海洋新兴产业发展路径分析》，《浙江海洋学院学报》（人文科学版）2014 年第 2 期，第 20~27 页。

《浙江省战略性新兴产业的选择（以海洋新兴产业为例）》，https：//wenku. baidu. com/view/e852d0f50242a8956bece489. html？from = search。

《加快内蒙古转型升级做强做大战略性新兴产业》，《内蒙古统计》2017 年第 2 期，第 71 页。

《"十三五"国家战略性新兴产业发展规划》，天津网，http：//www. tianjinwe. com/tianjin/。

《新兴产业发展规划：2020 年形成 5 个 10 万亿元级新支柱》，http：//www. world. hebnews. com。

B.4

海洋科研教育管理服务业形势分析

沈金生*

摘 要: 我国海洋科研教育管理服务业已经进入一个稳步增长的发展
阶段。随着海洋事业的迅猛发展,以及海洋开发对科技的依
赖和技术服务的需求,客观上要求海洋科研教育管理服务业
有更大的发展。本报告对中国海洋科研教育管理服务业的发
展现状和制约因素进行了详细分析,并运用灰色预测法、指
数平滑法、神经网络法等实证模型,对未来的发展前景提出
合理预测,在以后的发展过程中应当重视海洋科技的发展,
大力培养海洋科研人才。

关键词: 海洋科研教育管理服务业 海洋科技 海洋环境保护

海洋科研教育管理服务业是保障我国海洋经济平稳快速健康发展的支持性
产业,能够满足持续的海洋开发活动对于技术的依赖和服务的需求。

一 海洋科研教育管理服务业发展现状分析

根据我国 2006 年颁布的《海洋及相关产业分类》(GB/T 20794 - 2006),
我国海洋科研教育管理服务业主要包括海洋教育业、海洋环境保护业、海洋科
学研究、海洋地质勘查业、海洋信息服务业、海洋技术服务业、海洋行政管
理、海洋保险与社会保障业和海洋社会团体与国际组织等。进入 21 世纪以来,

---

* 沈金生,中国海洋大学经济学院副教授,研究方向为海洋经济管理、宏观经济分析。

伴随着我国经济实力的逐步提升，我国海洋科研教育管理服务业得到较快发展。如图1所示，2001~2016年，海洋科研教育管理服务业生产总值平均增长速度为14.72%。进入"十二五"时期后，我国海洋科研教育管理服务业更是一直保持上升态势。至2016年，我国海洋科研教育管理服务业的生产总值已达到14637亿元，较2015年增长19.9%，我国海洋科研教育服务业已经进入稳步增长的发展阶段，在中国海洋产业的发展中逐渐成为主要产业。

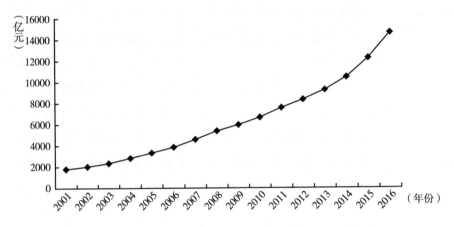

图1　2001~2016年海洋科研教育管理服务业生产总值

资料来源：《中国海洋统计年鉴》（2002~2015）；《中国海洋经济统计公报》（2015~2016）。

（一）海洋科学技术

"十五"时期以来，为推动我国海洋经济的快速发展，满足经济发展过程中日益增长的科研需求，我国大力推动海洋科研机构的发展。如表1所示，2004年，我国海洋科研机构数为105个，从业人数为13453人，到2009年海洋科研机构及人员都有了大幅提升；2009年后，科研机构的数量与从业人员的数量都有小幅的下降，截至2014年科研机构数为189个，从业人员数为40539人，已经趋于逐渐稳定的状态。这主要源于国家对海洋经济建设的重视程度越来越高。在2008年的《国务院关于国家海洋事业发展规划纲要的批复》中，重点明确要提高海洋科技创新能力，一定程度上推动了海洋科研机构的发展建设。

表1 2004～2014年海洋科研机构及人员情况

单位：个，人

年份	2004	2005	2006	2007	2008	2009	2010	2011	2012	2013	2014
机构数目	105	104	136	136	135	186	181	179	177	179	189
从业人数	13453	12979	13941	18669	19138	34067	35405	37445	37679	30066	40539

资料来源：《中国海洋统计年鉴》（2005～2015）。

伴随着我国海洋科研机构规模的扩大和高等教育的快速发展，我国海洋科研队伍得到极大的改善。2001～2014年海洋科技活动人数年平均增长率为7.8%，其中2014年，我国海洋科技活动人数达到34174人，同时我国海洋科研队伍的构成发生了较大变化，2006年，我国海洋科技活动人员中博士比例为12.3%，2014年该比例上升为24.2%，博士比例的提高（见图2）体现了海洋科研机构整体研究水平的上升。

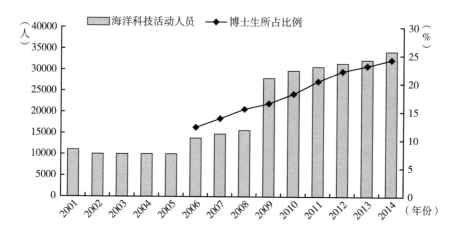

图2 2001～2014年海洋科技活动人数以及博士比例

资料来源：《中国海洋统计年鉴》（2002～2015）。

我国海洋科研成果近年来取得巨大进步。2005～2014年，我国海洋科研机构课题数平均增长率为17.28%，发表科技论文数平均增长率为18.29%，发明专利授权数平均增长率为46.05%。2014年，我国海洋科研机构拥有课题数为17702项，其中基础研究4447项，应用研究4122项，试验发展4480项，成果应用1861项，科技服务2792项（见图3）。

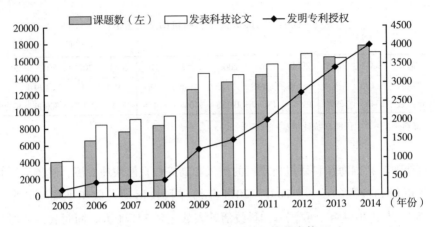

图 3　2005～2014 年海洋科技机构研究状况

资料来源：《中国海洋统计年鉴》（2006～2015）。

我国科学技术的高速发展，尤其是海洋科技的突飞猛进与政府资金、社会资金的大量使用密不可分。进入"十一五"时期以来，我国海洋科研机构经费收入大幅度增加，2006～2014 年，海洋科研机构经费收入平均增长率为23.76%，其中，2014 年经费收入达到 310 亿元。同时，海洋科研机构基础建设投资中政府投资增加较快，2009～2014 年，政府投资的平均增长率为9.84%，其中，2013 年基础建设投资中政府投资达到 17.2 亿元（见图4）。其经费收入快速增长的原因是，从 2007 年开始，国家海洋局抓紧开展海洋公益性科研专项工作，投入大量资金，积极立项，通过项目的开展，用项目的科技成果促进引领海洋经济的发展。

（二）海洋教育事业

进入 21 世纪，为满足海洋经济快速发展所产生的对高层次海洋专业人才的需求，我国高等教育事业加大了对海洋高层次专业人员的培养力度，2004年我国海洋专业博士点仅有 51 个，海洋专业硕士点仅有 101 个，而到 2009年，在高校扩招的影响下，全国增招 5 万名全日制专业学位硕士研究生。并由于教育部的重视，海洋专业博士点、硕士点数比 2008 年增加了近 2 倍。随着海洋专业博士与硕士设置点的大幅度增加，我国海洋专业博士与硕士毕业生人数迅速增长，得到大幅提高，并处于稳定增长状态。2014 年，我国海洋博士

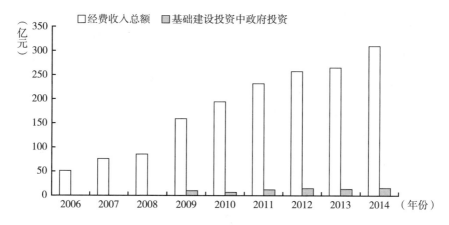

图4　2006～2014年海洋科研机构经费收入

资料来源：《中国海洋统计年鉴》（2007～2015）。

专业点数达到140个，海洋专业硕士点数达到332个，其年平均增长率分别为11.3%、14.35%（见图5）。

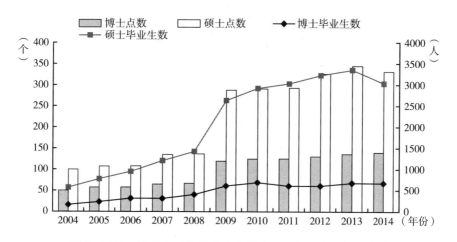

图5　2004～2014年中国海洋专业博士、硕士研究生教育情况

资料来源：《中国海洋统计年鉴》（2005～2015）。

2004～2008年，我国普通高等教育中海洋专业本科、专科教育事业保持平稳增长趋势。"十一五"期间，在国家提出大力发展海洋经济的政策指导以及高校扩招的影响下，我国各海洋专业的招生规模逐渐扩大。2009年，我国海洋专业点数比 2008 年增加了近 2 倍，海洋专业本、专科毕业生人数达到 37245 人，专业点数为 590 个，较 2008 年分别增长为 109%、106%。进入"十二五"时期后，我国普通高等教育海洋专业本、专科教育事业继续保持稳定发展态势，2014 年，我国海洋专业本科、专科毕业生人数达到 48211 人，专业点数为 767 个。

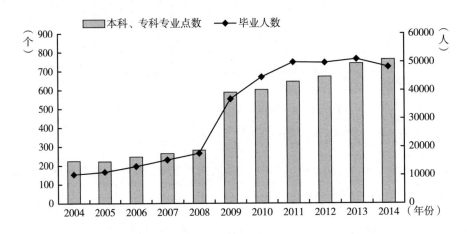

图 6 2004～2014 年中国海洋专业本科、专科教育情况

资料来源:《中国海洋统计年鉴》(2005～2015)。

自 2006 年"十一五"时期开始，我国海洋专业的成人高等教育和中等职业教育取得较快的发展。《教育规划纲要》明确提出，要提高国家财政性支出的教育经费，积极发展科研教育①。2006～2013 年，全国成人高等教育专业点数平均增长率为 10.05%，毕业生数平均增长率为 18.5%，全国中等职业教育专业点数平均增长率为 13.2%，毕业生数平均增长率为 25.4%。2008～2010年，成人高等教育和中等职业教育专业点数和毕业生数大幅增长，尤其是中等职业教育毕业生数，在两年之内增长了近 3 倍，体现了国家对海洋专业中等职业教育人才的重视与培育。

---

① 教育部:《国家中长期教育改革和发展规划纲要（2010～2020 年)》,《中国教育报》2010年第 7 期，第 30 页。

表2　2006～2014年中国成人高等教育、中等职业教育情况

单位：个，人

指标	年份	2006	2007	2008	2009	2010	2011	2012	2013	2014
成人高教	专业点数	99	111	113	133	161	178	190	194	201
	毕业生数	2745	3214	4161	9924	10336	6969	8893	9024	8650
中等职业教育	专业点数	194	240	293	382	484	509	459	461	398
	毕业生数	6277	9439	9572	16774	33269	36807	43561	30612	24193

资料来源：《中国海洋统计年鉴》（2007～2015）。

（三）海洋环境保护业

海洋经济的平稳持续发展离不开良好的海洋生态环境支持。为保证海洋经济的可持续健康发展，近年来我国加大了对海洋环境保护业的重视力度，海洋环境保护取得阶段性成果。

如图7所示，自2006年以来，我国沿海地区工业废水排放总量整体呈现下降趋势，除2007年和2010年废水排放总量出现一定幅度上涨外，其余各年均呈现明显减排态势。2014年沿海地区工业废水排放总量为115.6亿吨，较2013年减少3.31亿吨。排放总量减少的同时，工业废水直接排入海量也表现减少趋势，其中，除2007年和2011年工业废水直接排入海量出现上升外，其

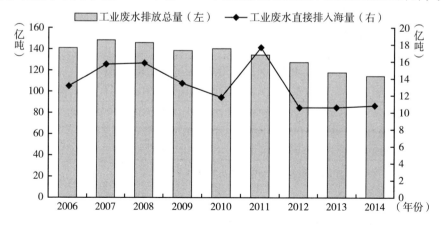

图7　2006～2014年沿海地区工业废水排放及处理情况

资料来源：《中国海洋统计年鉴》（2005～2015）。

余各年工业废水直接排入海量较上年均持平或减少，2014 年沿海地区工业废水直接排入海量为 10.92 亿吨。

如表 3 所示，2006～2014 年，我国沿海地区工业废物倾倒丢弃量呈现下降态势，其平均下降率为 38.52%，其中 2014 年工业废物倾倒丢弃量为 8.6 万吨。与此同时，我国沿海地区工业废物处置量和综合利用量大幅度上升，其中工业废物处置量平均增长率为 14.8%，工业废物综合利用量的平均增长率为 6.67%。倾倒丢弃量的减少，处置量和综合利用量的增加推动了我国沿海地区海洋生态环境修复和改善进程。

表 3　2006～2014 年沿海地区工业废物丢弃、处理及综合利用排放情况

单位：万吨

年份	2006	2007	2008	2009	2010	2011	2012	2013	2014
倾倒丢弃量	112.2	70.1	88	64.5	34.6	16.4	14.8	11.1	8.6
废物处置量	12083.4	14030.1	16962	16157.7	22778.6	26381.3	25020.3	39385.24	36176.3
废物综合利用量	45640.5	53037.8	59047	65663.6	74062.4	78700.5	81369.8	83667.45	80310.8

资料来源：《中国海洋统计年鉴》（2007～2015）。

表 4 从另一个角度展示我国沿海地区污染治理情况的好转，2006～2014 年，运用先进的废水处理技术与固体废弃物处理工艺，充分挖掘已有项目净化能力，竣工的废水处理项目数与固体废弃物治理项目数逐年下降。2014 年竣工的废水处理项目数与固体废弃物治理项目数，较 2006 年分别同比减少 62.8%、64.95%。

表 4　2006～2014 年沿海地区污染治理情况

单位：个

年份	2006	2007	2008	2009	2010	2011	2012	2013	2014
废水处理项目	2616	3017	2649	1976	1662	1705	1124	1003	973
固体废弃物治理项目	331	304	304	159	157	207	110	152	116

资料来源：《中国海洋统计年鉴》（2007～2015）。

（四）海洋行政管理业

自 1993 年确立沿海地区海域使用管理以来，尤其是 2002 年 1 月 1 日颁布

实施《海域使用管理法》之后，国家相关海洋管理部门开始积极贯彻落实海域有偿使用、海洋功能区划和海域权属管理等海域管理制度，协调统筹各行业用海，建立海域资源开发利用新秩序。

确权海域面积是指由政府批准取得海域使用权的项目用海面积。近年来我国大力发展海洋经济，确权海域面积快速增长，2014 年确权海域面积达到374148.4 公顷，较 2011 年增加 188202.24 公顷。为切实保障海域使用权人的合法权益，海洋管理部门开始对确权海域的使用征收海域使用金，2006～2014 年，海域使用金收入呈现飞速增长态势，平均增长率为 25.89%。"十二五"时期后，海域使用金收入继续上升，2014 年海域使用金收入达到 85.01 亿元（见图8）。

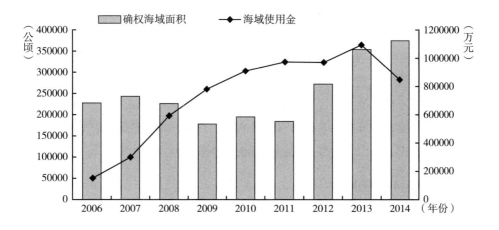

图8　2006～2014 年沿海地区海域使用情况

资料来源：《中国海洋统计年鉴》（2007～2015）。

为保护我国海洋环境与渔业资源，有力维护沿海地区海域的安定和谐，为海洋经济发展保驾护航，我国海洋执法工作人员长年奋斗于国家海疆第一线。2007～2014 年，执法部门共检查项目 294248 个，检查次数达到 804511 次，这使沿海地区海域违法行为出现逐渐减少趋势，2014 年，海洋管理部门发现违法行为 1832 起，较 2013 年减少 17.77%（见表5）。

2012 年 9 月，对日本对我国固有领土钓鱼岛的多次违法行为，我国海洋部门坚决不能放任，执法部门对钓鱼岛实施常态化主权巡航。2013 年和 2014

年，我国巡航编队多次进入钓鱼岛领海巡航执法，大规模的常态执法巡航活动彰显出我国维护国家海洋权益的坚定决心和能力。

表5 2007~2014年海洋执法情况

指标	2007	2008	2009	2010	2011	2012	2013	2014
检查项目(个)	25167	32217	28611	29176	49335	27531	53412	48799
检查次数(次)	55035	79077	67499	72233	145598	73311	166588	145170
发现违法行为(起)	2809	2865	1817	1836	2113	1443	2228	1832

资料来源：《中国海洋统计年鉴》(2008~2015)。

二 海洋科研教育管理服务业制约因素分析

21世纪以来，海洋服务业对海洋经济总量率的贡献不断提高，在我国海洋产业结构战略调整中的重要性也不断提升。大力发展海洋科研教育管理服务业，重视海洋科学技术的发展，对提升和优化海洋产业结构，助力海洋经济快速、平稳、健康、可持续发展具有重要意义。目前，海洋科研教育管理服务业在发展过程中，还面临许多制约因素，主要体现在以下几个方面。

（一）科技方面

海洋科研教育管理服务业是高科技含量、高知识密度的行业。科技水平的高低决定了海洋科研教育管理服务业发展水平的高低。从全世界的海洋强国来看，海洋经济的强弱很大程度上是由一国海洋科技水平高低决定的，比如日本、美国、英国这样的发达国家之所以能成为海洋强国，最主要的原因是有强大的海洋科学技术。而目前，我国在海洋科技方面与世界海洋强国还存在较大的差距。虽然，我国的海洋科技事业近几年得到较快发展，工作重点从之前的以基础性科研为主向以应用和技术开发为主的研究转化。但首先海洋科技投入不足、资金投入较少，制约了我国海洋科技的发展。其次，我国海洋高科技专业人才储备不足，影响海洋科技的可持续发展。再次，科技管理体制上存在不少弊端，海洋科技与经济结合的机制也不尽完善，一些科技学术交流体系建设、科技团队的奖励设置均存在不足。最后，虽然总体上我国在一些前沿的海洋科技研发方面具有一定的优势，但是在海洋科技贡献率方面与发达国家的差距仍然存在，这也表明我国将海洋科技转化为生产力的能力需要进一步提高。

（二）教育方面

海洋科研教育管理服务业作为高科技含量、高知识密度的行业，优秀人才的培养更加不可或缺。人才队伍建设是促进海洋科研教育管理服务业发展、打造海洋强国的根本保证。一方面，我国在海洋高校建设及相关专业设置方面还有进一步发展的空间，高校所设置的海洋相关专业仍然不全面，在资金投入上依然需要加强。另一方面，在鼓励海洋高校及研究所培养出的高端人才去基层进行锻炼、推进复合型人才建设方面做得还不够好，尤其目前海洋基层工作缺乏实用型海洋技术人才，一定程度上使海洋科技转化成生产力的效率下降。

（三）体制方面

海洋科研教育管理服务业作为高科技含量、高知识密度的行业，其发展需要多部门、多行业协作。一个良好的管理体制和运行机制，对推动海洋科研教育管理服务业的发展有很大帮助。而我国目前在体制创新方面、打破部门和地方的条块分割方面仍有不足，需要深化体制改革，建立适应海洋科研教育管理服务业自身发展规律、与国际接轨的发展体制机制，加强各部门、各行业的资源协同与合作，提高产业化效率，有效提升海洋科研教育管理服务业的现代化水平。

（四）法律政策方面

海洋经济发展需要良好的法律政策环境。当前我国海洋方面的法律政策不健全现状，对海洋科研教育管理服务业的发展造成了一定影响，尤其是海洋环境保护业。应当尽快制定相关的法律法规及政策措施，在对海洋环保产业实施积极税收政策的同时，推行税收减免制度。对于一些环保项目给予一定支持，对相关产业实行税收优惠政策。同时，针对我国目前正快速发展的海洋新兴产业，对海水利用业等高新技术行业在政策上给予适当倾斜，确保相关产业得到持续、有效、稳定发展，为海洋科研教育管理服务业创造一个良好的法律政策环境。

三 海洋科研教育管理服务业发展前景展望

分别运用灰色预测法、贝叶斯向量自回归模型、联立方程组模型、神经网络法、趋势外推法、指数平滑法对 2017 年和 2018 年我国海洋经济发展情况进行预测，并将六种预测方法的预测结果加权成组合预测模型，其权重是根据组合预测法的原理利用 Lingo 软件编程得到，中国海洋经济主要统计指标组合预测结果如表 6 所示。

表 6　2017 年与 2018 年中国海洋经济主要统计指标预测

单位：亿元，%

指标	2017 年预测		2018 年预测	
	预测区间	名义增速	预测区间	名义增速
海洋科研教育管理服务业增加值	（14507，14561）	8.3 ~ 8.7	（15999，116058）	10.2 ~ 10.6

近些年来，随着世界各国对海洋重视程度的提高，"蓝色经济"在全球范围内快速发展，海洋经济对陆域经济的促进作用愈发明显，快速增长的海洋经济对提高一国综合实力有至关重要的作用。中共十八大报告提出，提高海洋资源开发能力，发展海洋经济，保护海洋生态环境，坚决维护国家海洋权益，建设海洋强国[①]。而海洋科研教育管理服务业作为海洋服务业的重要组成部分，以我国海洋产业结构进入调整期为契机，伴随着海洋经济的发展也得到了相应的快速发展。2016 年，中国海洋经济保持稳定增长，全国海洋生产总值达到 70507 亿元，相比较 2015 年，实现了 9% 的增长，而海洋相关产业也快速发展，产值达到 27224 亿元。基于海洋经济的快速发展，海洋科研管理服务业也呈现快速发展态势，2016 年其产值达到 14637 亿元，比上年增长 19.9%，并且海洋服务业在海洋生产总值中的比重也逐渐提高，2016 年达到 46.36%。作为海洋服务业的一部分，海洋科研教育管理服务业在未来的平稳、快速发展将

[①] 胡锦涛：中共十八大报告《坚定不移沿着中国特色社会主义道路前进为全面建成小康社会而奋斗》，2012。

对我国海洋经济发展产生至关重要的作用。因此，在未来的发展过程中大力发展海洋科研教育管理服务业，应从以下几个方向着手，贯穿于整个海洋战略之中。

要积极进行人才培养，最主要的是对海洋科研教育管理服务业人才的培养。因为人才是最核心的部分，人才的培养也就显得尤为重要，大量的人才储备可以确保海洋科研教育管理服务业的持续稳定发展。因此，在海洋科研教育服务业的未来发展过程之中，工作重心应该在对相关科研从业人员，尤其是高级人才队伍的培养上。

在人才吸引机制方面，需进一步制定完善的人才引进政策，同时科研项目资金的投入需要进一步加大，人力资本在科研项目资金中的支出比例也将会进一步提高。在人才培养方式上，通过较高财政资金的支持，加快高校相关专业的健全完善，并增加相应的博士、硕士专业点，根据国家政策和经济发展的需要，不断进行专业的优化，积极践行"实践出人才"的宗旨，鼓励毕业生到基层进行锻炼，提高自身能力。同时，要明确未来发展过程中行业发展的重点方向，以行业发展的方向来指引人才培养的方向。

注重相关资金的投入方向。财政资金对相关产业的投入与扶持进一步加大。海洋科研教育管理服务业的持续稳定发展不仅需要各方面的资金支持，而且需要政府制定相关政策确保投入资金的正确使用以及资金使用时的风险控制，对于重点项目的实验平台、重大科研项目进一步给予相应的优惠政策。综合利用商业银行、政策性银行、民间资本、风险投资基金等多种资金，建立适当的风险控制、盈亏平衡机制和激励机制，以政府为主导，更要与国内外实力雄厚，特别是投资经验丰富的风险投资机构，建立海洋科技创业投资基金，为海洋科技成果转化提供有效的资金保障。

对于海洋服务业进行重新优化布局，对沿海海洋经济省市进行规划分析，实现优势互补，综合协调发展，形成具有特色的海洋服务集群。同时，结合相关区位的资源，构建相关政策环境，打造发展示范区，助力海洋科研教育管理服务业的未来发展。

对于龙头企业进行政策支持，切实保障龙头企业的竞争力。通过建立一套科学的指标体系来识别本土成长性好的中型企业，将以往只关注龙头企业的政策方向逐步转变，通过政策倾斜与引导，重点培育一批有竞争力的企业。

参考文献

赵明利：《我国海域资源配置市场化管理问题与对策研究》，中国科学院烟台海岸带研究所博士学位论文，2015。

夏慧辉：《金融危机前后我国海洋产业结构的比较与调整趋势分析》，《法制与经济》2016 年第 12 期，第 168～170 页。

黄西武、周海洋、阎巍：《关于审理发生在我国管辖海域相关案件若干问题的规定》的理解与适用，《人民司法（应用）》2016 年第 31 期，第 27～31 页。

文勇：《万米级潜水器科考母船"张謇"号电气设计》，《海洋工程装备与技术》2016 年第 4 期，第 251～256 页。

黄力等：《水圈微生物重大研究计划：聚焦水圈微生物组研究的核心科学问题》，《中国科学院院刊》2017 年第 3 期，第 266～272 页。

"中国工程科技 2035 发展战略研究"海洋领域课题组：《中国海洋工程科技 2035 发展战略研究》，《中国工程科学》2017 年第 1 期，第 108～117 页。

《广东"美丽海湾"》，《海洋与渔业》2016 年第 11 期，第 22～23 页。

王琪、季林林：《海洋话语权的功能作用、内容表征与建构路径》，《中国海洋大学学报》（社会科学版）2017 年第 1 期，第 16～22 页。

李燕艳：《我国海洋石油进口物资税收优惠政策研究》，《现代国企研究》2017 年第 6 期，第 129～131、273 页。

侯昂妤：《"海洋强国"与"海洋立国"：21 世纪中日海权思想比较》，《亚太安全与海洋研究》2017 年第 3 期，第 42～52、125～126 页。

郭萍：《厘清海事司法管辖范围助推国际海事司法中心建设》，《人民法治》2017 年第 5 期，第 44～48 页。

刘笑阳：《中国海洋强国思想的历史逻辑》，《中国战略报告》2016 年第 2 期，第 169～202 页。

神瑞明：《"中国蓝色硅谷"重点产业选择及发展对策研究》，中国海洋大学硕士学位论文，2014。

王帅：《立足新起点 谋划新发展 实现新跨越》，《中国海洋报》2013 年 7 月 4 日，第 4 版。

殷克东、方胜民、高金田：《中国海洋经济发展报告（2012）》，社会科学文献出版社，2012。

B.5
海洋相关产业发展形势分析

许罕多*

摘　要： 由于海洋产业的多元性，未来的发展动态并不像传统产业那么鲜明。如何正确把握海洋产业的发展趋势，及时占领海洋经济发展的高地显得尤其重要。近年来，海洋经济的稳定增长为海洋相关产业的发展提供了基础的支持与物质保障。本报告对我国海洋相关产业的发展现状进行梳理及分析，得出主要结论：海洋相关产业发展态势良好，伴随着主要海洋产业的迅猛发展，海洋相关产业也会紧随其后。之后对存在的制约因素进行详细分析与解决，并运用多种预测方法对海洋相关产业的发展前景进行合理预测。

关键词： 海洋相关产业　海洋服务　灰色预测

2006 年，我国颁布的《海洋及相关产业分类》（GB/T 20794 – 2006）（以下简称"《分类》"），将海洋相关产业区分于海洋产业（为开发、利用与保护海洋进行的生产、服务活动）①，然而随着海洋经济与海洋产业的高速发展，《分类》中所包含的海洋相关产业的种类已不全面，需要新的定义来规范解释。因此，笔者根据多年海洋经济与海洋产业研究经验，重新定义了海洋相关产业：以海洋为投入产出的纽带，通过产业投资、产业技术转移、产品和服务

---

* 许罕多，中国海洋大学经济学院副教授，研究方向为海洋资源与环境。

① 将海洋相关产业定义为：以各种投入产出为纽带，与海洋产业形成技术经济联系的相关产业。《分类》中我国海洋相关产业主要包括海洋农林业、海洋设备制造业、涉海产品及材料制造业、涉海建筑与安装业、涉海服务业、海洋批发与零售业等。

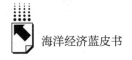

等形式与主要海洋产业形成技术经济联系的产业。由此得出，海洋相关产业的外延是很广的，海洋相关产业已经不仅仅局限于2006年的文件中涉及的几类海洋产业。海洋产业与海洋相关产业为相互影响、相互促进、相互依存的关系。

一 海洋相关产业发展现状分析

近年来，我国海洋经济的稳定增长得益于海洋相关产业的迅猛发展，海洋经济的高速增长也带动了新的需求与供给，为海洋相关产业提供了更好的发展环境，促进了海洋相关产业的发展。从图1中可以看出海洋相关产业近些年发展迅速。2001年我国海洋相关产业增加值为3784.8亿元，之后一直以年复合增长率为17.14%的速度稳定增长，其中2001~2010年的增长势头尤为迅猛，2012年更是突破了2万亿元大关，2016年我国海洋相关产业的增加值约为2001年的7倍，达到27224亿元。这说明，2001~2016年，我国海洋相关产业实现了跨越式发展，预计在2017年海洋相关产业增加值将接近3万亿元，至2018年海洋相关产业增加值将突破3万亿元大关。

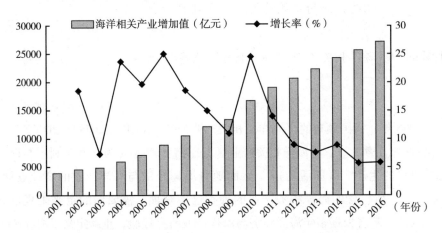

图1 2001~2016年中国海洋相关产业生产总值及增长率

数据来源：《中国海洋统计年鉴》（2002~2015）；《中国海洋经济统计公报》（2015~2016）。

21世纪以来，在海洋相关产业的发展中，海洋仪器制造业的发展尤为显著。目前，我国在物理海洋遥感器、声学探测技术领域研发基本达到国际先进水平，在高频地波雷达领域形成了具有完整知识产权的技术体系，并且我国的定点平台观测与移动平台观测技术实现重大突破。表1显示了我国海洋仪器制造业的具体情况。

表1　中国海洋仪器制造业发展情况

领域	进展
物理海洋传感器	传统 CTD 传感器、测波雷达、投弃式 XCTD、XBT、船用测流设备术已接近国际先进水平
生态环境传感器	海水 COD、营养盐、重金属、DO、悬浮颗粒物、农残生物监测等监测技术取得了显著进步
高频地波雷达	形成了具有完整自主知识产权的技术体系
声学探测技术	在浅海技术方面,合成孔径声呐的发展水平与国外基本一致
定点平台观测	大型浮标平台实现了长期业务化运行、波浪浮标
移动平台观测	"潜龙一号"、海龙 2 号

众所周知，我国是海洋农业大国，海洋农业生产水域十分广阔，海洋生物资源丰富。我国适合发展海水养殖的区域面积较为广阔，其中浅海、滩涂和海湾面积共约 260 万公顷，拥有得天独厚的自然条件。目前，我国已经鉴定 20178 种海洋生物物种，其中可养殖、捕捞的鱼类资源高达 1694 种。我国约 1/3 的海洋 GDP 是由海洋农业利用 1/10 的海洋面积创造的。海洋农业已成为我国农业中无论经济效益，还是发展活力都是最好的产业之一，该产业也成为新的国民经济增长点。随着我国海洋科技水平的不断提高，海洋产业的产业链正在加速延伸、产业领域也不断拓展，产业综合效益和发展水平也达到新的高度。

2015 年起，海洋服务业蓬勃发展，成为保障海洋经济持续增长、进一步优化海洋产业结构的中坚力量。其中涉海金融服务业异军突起，2015 年以开发性金融促海洋经济增长展开试点探索，并且取得阶段性成效。与此同时，各地积极开展海洋经济与海洋金融深度融合对接工作，如农业银行江苏分行以 150 亿元助力海洋渔业的发展；民生银行宁波分行斥资 30 亿元支持宁波海洋渔业发展；山东省青岛市出台相关政策，大力发展海洋金融，其中关于西海岸新区的融资高达 812 亿元，总投资 1070 亿元。2016 年末，涉海企业对开发性金融参与海洋经济建设形成了良好的引导和推进机制。

二 海洋相关产业制约因素分析

从十八大报告"建设海洋强国"的战略部署中可以看出，国家对沿海地区的经济发展予以高度重视，加之其得天独厚的自然条件，相比于内陆地区，沿海地区在吸收投资、公共基础设施建设、经济发展水平等方面都更具优势。同时，在区域公共政策的制定方面，沿海地区的政策支持力度也优于内陆，凭借政策优势沿海地区第三产业的集聚程度要高于内陆地区。另外，高度活跃的海洋工程装备市场、迅速发展的海洋装备制造业、中国企业承建的日趋多样化的海工装备产品，都可以显示我国沿海地区海洋经济蓬勃发展的良好态势。其次，我国自升式钻井平台的订单大幅增加，像大连船舶重工集团有限公司、上海外高桥造船有限公司等国内造船企业中的骨干单位所承接的订单约占世界订单总量的49%，这个数字甚至超过了海洋强国新加坡的造船企业在世界市场中所占的份额。这让我国在自升式钻井平台领域成为世界领先国家。此外，在浮式生活平台制造领域也正变得越来越有竞争力。

虽然，我国海洋相关产业发展取得了不小的成绩，但仍存在发展基础薄弱、人才稀缺等制约因素。

（一）基础涉海设备制造业发展缓慢

我国海洋经济起步较晚，普遍存在基础设施建设不完善，相关涉海人员的专业水平受限等问题。目前，我国海洋相关产业在涉海技术要求较高的海洋仪器制造、涉海原材料制造与设备制造等方面与主要海洋国家存在较大差距。目前，我国海洋相关产业部分发展缓慢，这与我国"海洋强国"的战略目标之间差距较大，当前海洋相关产业弱势产业尚不能支持海洋经济的高速发展。作为全面认识海洋与开发海洋的基础，海洋仪器与涉海设备有相当大的比例依赖国外进口的现状，这明显制约了我国海洋相关产业的发展。但由于专业技术不达标、金融支持力度不够等客观现实条件的制约，我国无法在短期内跨越障碍实现技术的飞跃式进步。

以海洋设备制造业为例，海洋石油开采的恶劣环境以及更大的水深、更大的钻井深度都要求有更加先进的勘探开发设备。在海洋石油业的发展中，钻井井位每向深水进军一点，都会对技术体系和设备的创新完善和配套提出更高要求。在海上，特别是在深水以及超深水区域使用的设备造价高昂，一方面，拥有雄厚经济实力的国家、公司才有生产和拥有的可能。另一方面，这类设备的拥有数量和配套程度，也展现了国家或企业的经济水平和科研能力。综合以上情况来看，近期我国难以改变海上，特别是深水勘探开发设备数量不足的情况。

（二）海洋相关产业的高端人才缺乏

海洋相关产业缺乏高端人才、专业技术人员，从事海上作业的团队数量少且分布不集中，尚未形成规模效应。目前，我国海洋相关产业的发展虽取得阶段性成果，但依然落后于世界主要海洋国家，这对海洋经济发展的掣肘作用明显。例如，海上石油开采的特殊性对涉海设备的要求远远高于陆地上石油开采设备的要求，海洋相关产业的发展对海洋经济的发展至关重要。海洋石油的勘探和开采都要求其团队（公司）具有强大实力，具备一流的人才配置，公司只有具备强大的实力才能在筹集大量资金、应对高风险等方面表现出较大优势。海上的天气、环境变幻莫测，特殊环境风险远超内陆，这对海上作业团队的作业水平有了更高要求。海上作业的风险很大，有许多例子值得我们深思。2001年巴西发生P－36平台的事故，这场事故使耗资3.56亿美元建成的巨大石油平台毁于一旦；2010年发生的墨西哥湾"深水地平线"和委内瑞拉海上天然气平台的爆炸事件极大地破坏了海洋生态环境，这要求我们更加关注海上油气作业安全，也要求实施海上油气作业的公司具备更强的经济实力。经济实力强大的公司不仅可以抵抗风险，而且能支持高水平的人才团队和技术配套高科技技术体系。部分具有巨额收益的海洋生产领域几乎被大型跨国公司垄断。资料显示，埃克森美孚、BP等10个大公司的深水储量占比超过70%。我国在深水作业方面落后于世界上的主要海洋国家。

（三）缺乏政府引导和相关制度保障

虽然"海洋强国"已经上升为国家战略，国家对海洋经济发展的重视程度也逐步提高，并且已经制定了很多政策引导、促进海洋经济的发展，但对于海洋经济中相对较为外围的海洋相关产业的保障、发展措施较少，并缺乏有针

对性的引导。海洋相关产业稳定健康发展恰恰需要国家政策的扶持与政府的正确引导，制度保障的缺失会对海洋相关产业的发展产生不良影响。

以海洋农业为例，我们可以看出国家在海洋相关产业制度保障方面的缺失与相关政策的缺乏。海洋农业的发展与政府的正确引导是密切相关的，虽然我国设立了海洋农业的管理机构，但依旧存在管理力度严重不足，相关政策制定不及时、落实力度不够等问题，这些因素都严重影响我国海洋农业的进步。现阶段，我国海洋农业的发展还处于粗放式发展阶段，海洋农业的发展主要受渔民的影响。由于渔民缺乏专业的知识储备和对海洋环境保护的意识，在进行海洋农业生产过程中存在不正当做法，对海洋环境或海洋生态造成破坏。如果渔民在生产过程中缺乏引导，将会造成海洋环境的严重破坏，对我国海洋经济的可持续发展将造成严重影响。另外，在海洋农业发展过程中依旧存在较多问题，如政府的信息获取延迟不仅使政府对海洋农业发展不能及时准确了解，而且会使在海洋农业发展中作为主体的渔民不再信任政府的管理，这些问题都将对海洋农业的发展产生直接负向影响。

除缺乏政府的正确引导外，在海洋相关产业发展过程中还存在相关制度缺失的问题。如对海洋资源开发项目的相关审查不够严格，海洋环境的监测管理不到位，等等。这些管理制度上的缺失会导致海洋生态环境严重污染、破坏，海洋生态环境恶化又势必会严重制约海洋相关产业的发展。若现阶段不能对海岸的生活和工业废水、生活垃圾等污染物加强治理，忽略对制约海洋相关产业发展的其他活动进行管理和有效监督，将会阻碍海洋相关产业的平稳发展。

三 海洋相关产业的发展前景展望

为深化对海洋相关产业发展前景的认识，促进海洋相关产业的良性发展，提高海洋相关产业前景分析的准确性，本报告分别运用神经网络法、指数平滑法、趋势外推法、灰色预测法、联立方程组模型、贝叶斯向量自回归模型等六种预测方法，预测 2017 年、2018 年我国海洋经济的发展情况，并加权组合六种预测方法得到的预测结果，权重是根据组合预测法的原理编程得到的，最终得到新的加权组合预测模型，中国海洋经济主要统计指标组合预测结果如表 2 所示。

表2 2017、2018年中国海洋经济主要统计指标预测

单位: 亿元, %

指标	2017年预测		2018年预测	
	预测区间	名义增速	预测区间	名义增速
海洋相关产业增加值	(29413, 29522)	8.0~8.4	(31076, 31194)	5.7~6.0

如表2所示,截至2016年我国海洋相关产业增加值已经达到27224亿元,相比2015年增加了1546亿元,增加了6.0%,增幅较大。根据预测结果,预计2017年我国海洋相关产业增加值将达到29450亿元,2018年海洋产业增加值将达到31130亿元。随着海洋经济的稳步增长,海洋相关产业外延扩大。海洋基础设备尤其是海洋仪器制造产业将进入发展高峰期,海洋开发能力大大提高,海洋相关产业持续快速发展。这说明我国海洋相关产业前景良好。根据现阶段的数据,我国海洋相关产业增加值增长速度在未来一段时间内仍会不断上涨,并且随着我国海洋经济与主要海洋产业的快速发展,主要海洋产业将越来越起到中流砥柱的作用,海洋相关产业的发展趋势也会趋同于主要海洋产业。

参考文献

夏慧辉:《金融危机前后我国海洋产业结构的比较与调整趋势分析》,《法制与经济》2016年第12期,第168~170页。

黄西武、周海洋、阎巍:《关于审理发生在我国管辖海域相关案件若干问题的规定》的理解与适用,《人民司法(应用)》2016年第31期,第27~31页。

黄力等:《水圈微生物重大研究计划:聚焦水圈微生物组研究的核心科学问题》,《中国科学院院刊》2017年第3期,第266~272页。

"中国工程科技2035发展战略研究"海洋领域课题组:《中国海洋工程科技2035发展战略研究》,《中国工程科学》2017年第1期,第108~117页。

王琪、季林林:《海洋话语权的功能作用、内容表征与建构路径》,《中国海洋大学学报》(社会科学版)2017年第1期,第16~22页。

文勇等:《万米级潜水器科考母船"张謇"号设计研究》,《海洋工程装备与技术》2015年第4期,第270~274页。

刘笑阳:《中国海洋强国思想的历史逻辑》,《中国战略报告》2016年第2期,第169~202页。

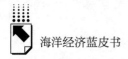

国家统计局：《中国统计年鉴》，中国统计出版社，2008～2014。

国家海洋局：《中国海洋统计年鉴》，海洋出版社，2001～2014。

《中国船舶工业年鉴》，北京理工大学出版社，2005～2014。

殷克东、方胜民、高金田：《中国海洋经济发展报告（2012）》，社会科学文献出版社，2012。

何广顺：《海洋服务业带动效应明显　助力海洋经济转型升级》，《中国海洋报》2016年3月9日，第1版。

B.6
中国海洋经济安全形势分析

高金田*

摘　要： 海洋经济是指综合开发利用多样化海洋产品以及与此关联的经济活动。当前中国经济的发展进入一个新的阶段，在"新常态"理论的指引下，我国经济发展机遇与挑战并存，经济结构转型势在必行。海洋经济在国民经济中所占比重不断提高，逐渐演变为国民经济的重要组成部分，也变成推动国家经济发展的重要力量。本报告以海洋经济安全为研究核心，深入探讨了其内涵与外延并进行了分类。针对海洋经济安全，在回顾了我国海洋经济安全的历史发展基础上，从环境与形势两方面详细探讨。最后得出：在海洋经济快速发展的同时，需要高度重视威胁国家海洋经济安全的各项问题，统筹发展海洋经济，以此保障我国海洋经济的健康稳定发展。

关键词： 海洋经济　安全内涵　环境分析　指数测评

一　海洋经济安全概念界定

海洋经济是指综合开发利用多样化海洋产品以及与此关联的经济活动。海洋经济安全是否可以得到有效保障，关系相关沿海区域的经济发展能力并进而关系到整个国民经济的健康稳定进步。一个国家的海洋经济安全会因国际、区域周边以及国内环境影响而发生变化。本部分梳理了现阶段国内外关于海洋经

---

* 高金田，中国海洋大学经济学院教授，研究方向为国际经济、国际贸易、海洋经济。

济安全概念的界定并重点剖析了目前我国海洋经济安全发展的大环境，最后对海洋经济安全做出了较全面和客观的定义。

（一）海洋经济安全的内涵与外延

经济安全，一般指在经济全球化时代一个国家维持其经济存在和发展所需要的资源有效供给、经济体制独立稳定实行、总体经济福利不被侵害和非可抗力损害的状态和能力。海洋经济安全是针对海洋资源安全、生态环境安全和交通安全等一系列问题的综合探讨。

1. 海洋经济安全的内涵

近年来，海洋经济安全因突破传统的安全概念而得到学者的广泛关注，对其研究也逐渐深入，但国内外尚未对海洋经济安全这一概念达成共识。于谨凯基于对海洋产业可持续发展过程中产业安全的研究，建立了海洋产业安全有关理论体系，这其中涉及影响海洋产业安全的因子及种类的区分等相关研究，评价指标体系也在此基础上得以构建。刘明提出在全方位开放的前提下，海洋经济安全是指保持海洋经济发展不会受内外部各种危害的影响，并且能够稳定、平衡地可持续发展。其界定与国家经济安全的概念一致，并强调海洋经济安全是保障国家经济安全的重要环节之一，主要体现在海洋的生态安全、海洋的通道安全等诸多层次。杨振娇等从可持续发展理念出发指明人与自然的和谐发展是海洋经济安全的关键点。马一鸣等提出海洋经济安全能够反映当前应对海洋经济可能面临的多种侵害，又能表现极小的成本与合理的未来布局，逐步实现海洋经济的健康稳步前进。其概念主要围绕可持续发展的前瞻性布局，根据海洋经济的优势特点，提出政府能够运用的综合手段，完善海洋资源合理的利用、提高海洋的运输能力、加强海洋避灾减灾的能力和参与国际海洋新秩序等不同领域的发展，促使中国海洋经济逐步发展壮大。

综合上述关于国家经济安全和海洋经济安全的全面了解，结合国际国内有关文献，本报告将海洋经济安全的内涵界定为：海洋经济可以保持有序、稳定的发展状况，其发展不会受到甚至极少受到内外部扰动因素的干扰、侵害、威胁、破坏等影响，有效开发使用海洋资源，能够对国民经济做出稳定贡献，达到人与海洋和谐发展的协调一致状态。海洋经济安全包括海洋资源、生态环境、交通和科技安全等诸多方面，直接关系我国海洋资源的保护、开发以及利用。基于以上分析，维持我国海洋经济安全，会关系海洋军事安全和其他非传统意义上的安全，对保障海洋安全和国家安全都有非常重要和深远的意义。

2. 海洋经济安全的外延

海洋经济的不断发展一定会受到各类自然和社会因素的制约，所以在保证海洋经济结构协调发展的同时要统筹资源供给、环境支撑、技术进步、政府调控和军事发展的各个方面。正因为如此，海洋经济安全同样会受各种因素带来的威胁。探究海洋经济结构可以发现：主要海洋产业是海洋经济的基石，而海洋相关产业能对主要海洋产业产生一定的延展作用，在海洋经济中地位举足轻重。特别的是，对于能够为海洋产业发展做出贡献的海洋科学教育和海洋管理服务相关产业，应从海洋相关产业中分离出来。依据海洋经济结构与发展的外部环境特点，将海洋经济安全划分为以下三个方面进行全面研究。

（1）海洋产业安全。依照海洋产业结构的划分方法，我国海洋产业可分为海洋渔业、海洋油气业、海洋交通运输业、海洋工程建筑业等十二大类海洋产业。海洋产业安全为各海洋产业部门发挥作用从而推进经济全面发展提供保障，并且能够保证海洋产业在面临外部经济环境变动的状况下，不会对国内外市场与可持续发展造成损害。一方面这类支柱产业的进步能够拉动海洋经济的增长，另一方面新兴海洋产业的进步能表现我国海洋经济发展的内在实力。

（2）海洋资源安全。凡在海洋范围内能够被人类得以利用的物质、能量和空间都可被称作海洋资源，包括海洋生物资源、海底矿产资源、海洋能源与空间资源等。海洋资源安全代表海洋资源能够被合理利用的程度，也代表维持预期海洋产业保持平稳态势并达到可持续发展的水平。另外，海洋资源安全还与供应资源波动率、运输的安全程度相关。

（3）外部经济环境安全。对海洋经济发展产生影响的总体宏观经济状况都可被称为海洋外部经济环境，如国内生产总值、财政政策与货币政策、通货膨胀率、国际贸易形势等。海洋经济发展与国家内部经济发展互相影响，经济的发展能够影响海洋产品的供给与需求。维持国家内部经济稳定，增加本国产品在国际上的竞争力，能够有效缓冲风险，稳步发展海洋经济。同时，一个国家财政政策和固定资产投资这些宏观环境也能影响海洋产业的资金融通情况，从而发挥对海洋经济发展的作用。根据上述分析可知，众多外部影响因素可以产生对海洋经济的干扰。从推进海洋经济健康发展的准则出发，我们得出海洋

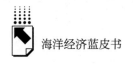
经济安全的定义：在保证海洋资源、环境与经济发展协调一致的情况下，海洋经济通过自身体系调节和外部的政府有效宏观调控，防御外部不利因素影响的同时稳定、均衡、可持续发展的一种状态。

（二）海洋经济安全分析架构

海洋经济安全是指在保证海洋资源、环境、社会人文和经济进步的前提下，海洋经济有能力利用自身经济体制的调整和政府宏观调控来抵御外部不利因素的影响，同时能够保持稳定、均衡、可持续发展的状态。海洋经济安全通常包括海洋、科技、生态、军事安全方面，此外还包括海洋事务调控、外交能力与社会发展水平等方面。当前，国内外还没有公认的如何界定海洋经济安全的相关研究。海洋经济安全的内涵定义是海洋经济安全架构体系的设计基础。因此，要综合运用形式逻辑学的属加种差定义方法，科学界定海洋经济安全的含义、结构、功能。从系统论角度分析，在宏观、中观、微观层面对海洋经济安全的界定进行全面辨析，深入挖掘海洋经济安全的内涵、外延、特点、分类等属性。运用逐层剥离的方法对影响海洋经济安全的长短期影响因子，传统与非传统影响因素，国内外影响因素，自然、人文影响因素，外部、自身影响因素等进行分类对比，从政策、自然、经济、信息、产业、技术、贸易、交通、灾害、军事、海洋权益、法制等角度出发，运用因子分析、矩阵结构和专家调研等方法对影响海洋经济安全的主要因素进行辨识。最后，在对海洋经济安全的内涵、外延、分类、特征界定的基础上，通过对海洋经济安全影响因素的系统辨识，依照对海洋经济安全的结构、功能、目标等方面的理解分析，综合运用系统论、信息论、控制论，结合协同论、突变论等复杂系统理论，设计海洋经济安全的耗散结构系统，并对海洋经济安全系统进行递阶结构分解，对海洋经济安全的架构体系进行系统设计，具体架构见图1。

（三）海洋经济安全的分类与特点

海洋经济安全是一个具有复杂结构的综合体系，其包含了多个方面的相关安全问题。具体来说，从分类的角度来分析海洋经济安全，涉及生态系统层面的安全、科技创新内涵下的经济安全以及对于海洋资源保护上所体现的安全问题；从特点的视角来分析海洋经济安全，呈现主体多样、威胁严峻以及方法上

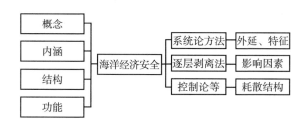

图1　海洋经济安全分析架构

复合化等相关特征。

1. 海洋经济安全的分类

海洋生态系统是全人类的生命支持体系，而我们所说的海洋生态安全，从根本上说是维持海洋资源的可持续发展与海洋环境不受威胁的状态。随着海洋经济的快速发展，海洋生态环境面临愈发严重的问题，其中最突出的问题表现在海洋资源匮乏和海洋环境污染恶化两方面。海洋生态系统包含海洋资源与海洋环境，海洋资源是海洋经济发展的物质基础，海洋环境为经济发展提供平台，所以海洋经济的发展、海洋资源的合理配置、海洋环境的保护三者密不可分。这就要求在经济发展中，国家要顾及海洋生态与经济的一致发展，创造一种和谐的发展方式来促进海洋经济的稳定与可持续发展。

海洋科技安全是指利用先进的海洋科学技术将海洋资源的开发与利用和海洋经济发展的整体速率相匹配，从而使海洋经济得以健康与可持续发展。海洋的独有特征告诉我们，海洋资源的利用难度高出陆域资源很多，所以当前最重要的是保持技术的先进性、效率的超高性以及保证安全稳定的程度。因此，一方面要积极推进海洋技术发展，提高海洋科技水平，使海洋资源的开发向深海、大洋方向发展。另一方面要提高海洋资源的开发效率、降低海洋资源开发产生的污染与危害，从而使海洋的可持续发展能够得到保障。

海洋资源安全是指某个国家或地区持续、科学、高效、稳定地获取海洋资源，并且有能力采取措施使海洋资源基础和海洋生态环境处于良好状态。海洋资源安全问题作为最核心问题，直接影响国民经济的发展和社会稳定，因此海洋资源安全逐步被纳入研究范围。根据可持续发展理念的相关要求，以上状态不能仅停留在供给与需求均衡层面，更重要的是将海洋资源开发、利用与保护

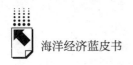

三部分协调问题作为核心，进而使海洋资源能够持续地保证国民经济与社会发展的需要。作为国家安全的核心与前沿的海洋资源安全会进一步影响国家的经济、政治、环境、科技、国防与外交事务等。

2. 海洋经济安全的特点

概括来说，海洋经济安全具有如下几点特征。

（1）海洋经济安全主体的多元化。海洋经济安全涉及范围较广，因此，对于海洋经济安全的研究不能仅仅停留在海洋经济以及海洋安全的分析上。研究的范围应该进行必要的扩充，将影响海洋经济安全的因素囊括进所建立的体系框架下，由此体现海洋经济安全的主体多元化以及多层次化。

（2）海洋经济安全的威胁多样化。能够对海洋经济安全产生影响的因素不仅是其内部结构问题，而且有在海洋经济发展中呈现的海洋科技水平与经济增长不协调、海洋资源过度消耗、海洋环境污染加剧、海上恐怖势力凸显等影响因素。

（3）保护海洋经济安全方法的复合化。海洋经济安全受到威胁的多样化，在解决和应对这些威胁上也面临着方式方法的复杂与多变，从而增加了保护海洋经济安全方法的复合化。要想维持海洋经济稳定、健康发展，在确保海洋经济增长速度与经济结构发展相协调的同时，应重视加强海洋科技的推动、提高海洋资源的利用率并注意防范抵御海上恐怖势力的侵害，进而实现海洋经济健康发展。

二　中国海洋经济安全现状分析

（一）中国海洋经济安全历史回顾

随着全球化深入全球经济不断发生关联，而海洋经济安全对一个国家特别是海洋大国而言，其内涵和外延早已不局限于本国的海洋经济安全。正如国家海洋安全的概念随着时代的发展不断发生改变和完善一样，一国海洋经济安全也会随着本国经济的发展而不断演变。我国海洋经济安全大体经历了从20世纪50年代开始到新时期的三个阶段，每个阶段针对当时的国内外环境国家层面都做出了不同的应对措施。

1. 1950～1970年的中国海洋经济安全

这段时期的国际形势复杂，国际上的冷战环境以及历史上中国有海无防招致列强入侵的惨痛教训，使当时的中国海洋安全重点放在维护国家主权上。而这个时期的海洋经济安全也显得尤为重要，需要保证经济上的独立主权能够为海洋安全提供坚实有力的支撑与保障。20世纪50年代沿海地区集中了中国的主要工业基地，同时当时的中国加快了沿海工业建设，提出"沿海工业基地必须充分利用"的方针，加强了在沿海工业基础上的造船工业发展，并不断推动对海洋经济以及海军的建设。

2. 1970～2000年的中国海洋经济安全

20世纪70年代改革开放以来，中国逐渐面向世界。但改革开放过程中，中国与邻国在海洋利益方面的冲突也逐渐显现。中国虽海洋领土广大，但此前海洋实力较弱使其无法在海洋主权上实现自己的权益，因此这时期的海洋经济安全发挥了最大效用。中国的一些岛屿（包括东海的钓鱼岛以及南海的南沙群岛等）在1970年以后遭到来自海上邻国的非法侵占。当期中国将改革开放、发展经济和与周边国家开展友好合作等作为重要发展战略。

3. 新时期中国海洋经济安全

相比以往，21世纪中国海洋安全形势随经济的快速发展不断变化。2015年，我国的进出口贸易总额为39586.4亿美元，同世界各国的经济贸易联系成为国家核心利益，其中通过海上运输通道进行的居多。同时，2015年中国作为世界上最大的资源和能源进口国之一，进口原油量达到309.2百万吨，其中经过海上运输方式所占的比重最高。新时期海洋经济发展迅速，经济规模以及影响范围不断扩大，要求我国坚决维护海洋经济主权，保证海洋经济的稳步发展。

（二）中国海洋经济安全机遇挑战

海洋经济的快速发展离不开国家政府的重视，以及由此所创造出的外在环境和社会条件。20世纪90年代开始，伴随着海洋经济的迅速发展，其作为国民经济发展新增长点的特点开始显现。我国将海洋资源开发建设作为国家发展战略的重要一环，将发展海洋经济当作振兴经济的伟大措施，逐步加大了对海洋资源开发、环境保护、海洋管理等方面的投入。同时，与海洋开发管理相关

的法律法规也逐渐完善。以上举措都为海洋经济可持续发展创造了较好的宏观发展环境。

海洋经济的持续发展与海洋资源的丰富程度有着密不可分的关系，但经济的不景气会对海洋资源产生不利影响。我国大陆有着极其辽阔的海岸线，分布于热带、温带等多个气候地带。对于各种各样的海洋资源，如生物资源、水域资源、矿产资源、油气资源等均有着良好的发展前景。但是，海洋资源的保护和经济发展的不同步使我国海洋资源遭受严重的衰减和毁坏，特别是使一些生物资源遭到迫害。例如一些鱼类资源正面临环境污染、过度捕捞的不利现状，损害与不合理利用海洋资源对海洋经济的发展形成了潜在威胁。因此，海洋资源的安全保护和与经济的同步发展显得尤为重要。

我国海洋经济安全受到海洋生态环境恶化的严重威胁。因此，海洋生态环境问题足以成为制约我国海洋经济安全的关键点。首先，海洋生态环境问题会危害海洋渔业。海洋生态环境的恶化和海洋渔业污染事件频发，造成严重的经济损失和海洋渔业资源的巨额浪费，海洋产品质量也由此下滑，一部分海水养殖区发生病害。其次，生态环境问题还进一步对滨海旅游资源产生一定程度的侵害并制约其发展。

部分海域关于海洋权益的纷争也会对海洋经济安全构成威胁。近几年，海洋权益纷争普遍发生在我国一些沿海海域与周边国家之间，出现了侵占岛屿等不同程度的挑战我国海洋权益的事件，海域划界问题也不断凸显。这一系列问题严重影响了我国对海洋资源的开发利用。相比而言，南海的权益侵犯最为严重：一是岛屿被侵占；二是海洋资源被掠夺。除此之外，中国从1999年开始宣布南海实行夏季休渔期，这一举措遭到越南、菲律宾和马来西亚的强烈挑战，其质疑中国"无权宣布休渔"，并且在中国渔民休渔期间大量掠夺我国渔业资源。

（三）中国海洋经济安全因素分析

1. 海洋军事安全

海洋军事安全可以为海洋经济安全提供有效保障。Alfred Thayer Mahan 着重强调了海洋军事安全的价值，说明重要海事航线能够为国家带来巨大商业利益，所以应该保证强大的舰队控制制海权并提供充足的商船与港口。Samuel

S. Kim 在对中国的海洋安全战略研究后发现，中国海洋军事战略已经完成了从以大陆海岸防卫为主到保障海洋经济安全和战略利益的过渡。Dr. Ehsan Ahrari 指出，中国在马汉的制海权等战略思想上保持认同并且已经采取了有关措施来发展远洋海军。帅梦宇认为，美国在影响中国周边海洋安全环境的因素中是最重要的。中日两国在海洋利益以及台湾问题上存在一定的争端，因此中国要在维护国家海洋安全与利益上强力布局。谭晓风指出，海上军事力量能对海洋经济安全起到强大的保障作用，世界上任何一个人都会将资本投入有安全保障的地区。海上军事力量还能有效保障一个国家对于海洋资源的控制。

2. 海洋生态环境安全

海洋生态环境对于海洋经济安全也有着不可忽视的影响。依照世界卫生组织和联合国环境保护科学专家小组的估计，每年海洋污染造成的人类健康威胁经济损失为 100 亿～200 亿美元。Colin Woodard 通过对全球海洋一年半的实地考察，对海洋生态系统所遭受的危害和海洋生态灭绝所带来的损失进行了描述。刘家沂研究发现，中国海洋目前正受到环境威胁，海洋资源的有限性面临被人类不断利用的巨大压力。由海洋污染与海洋资源不合理开发造成的累积效应会逐步摧毁海洋生态系统未来为人类经济服务的能力。

3. 海洋资源安全

海洋资源安全也是海洋经济安全的重要部分。Robert O. Keohane 和 Joseph S. Nye 认为，海域和海洋资源巨大。技术发展不断提高人类对海洋的利用能力，进而产生资源匮乏，这让很多国家尽力扩大自己管辖的地域面积，防止他国攫取管辖区的资源。Mark J. Valencia 在回复 Robert Beckman 关于对南中国海共同开发的评论中指出，南中国海的安全形势日渐严峻，南海周边各国对能源和渔业资源的争夺愈加激烈，形势不明朗在很大程度上阻碍了地区的海洋经济发展。王秋实认为，海洋资源安全作为海洋事业中至关重要的一部分，应将海洋资源开发、利用与保护平衡起来，进而促进海洋资源持续、稳定地满足国民经济同社会发展的需要，最终得以有效维护我国海洋经济安全。

4. 海洋科技安全

海洋科技安全可以对海洋经济安全起到一定程度的支柱作用。2004 年加拿大政府出台《加拿大海洋行动计划》，表示增强海洋科学和技术的发展将作为该计划最为关键的部分，海洋技术与产业发展路线图的目标是促进技术创新和经济可持续发展。同时期，美国出台了《海洋行动计划》、欧盟制定了《海洋综合政策》、英国发布了《2025年海洋科技计划》等。总体而言，我国海洋科技发展水平与国外先进水平相比仍落后10~15年，在高新技术方面尤为突出。受制于海洋开发技术，我国海洋产业发展水平不高，海洋资源开发利用率偏低。周忠海认为，海洋勘探技术、卫星导航系统等海洋技术得到了迅速发展，对国家安全产生了严重威胁。

5. 海上通道安全

海上通道安全被认为是海洋经济安全的生命线。在2011年出台的全球海盗报告中，International Maritime Bureau 指出，2011年海盗劫持船只数量从2010年的445艘下降到439艘，在非洲东西部有关事件频发，其中索马里海盗劫持数量占比达到50%以上。许多国家参与的打击海盗行为取得的效果不理想，海上通道安全目前的保障程度仍然较低，国际贸易和运输受到很大影响。吴慧、张丹认为，海上通道安全问题在我国集中表现在以下几个方面：一是海上通道安全作为中国对外贸易重要生命线，在我国海洋安全中的地位日益关键，其状态与整个国家经济的发展密切相关；二是国际上对海洋战略通道的争夺有所加剧；三是海盗等不安全因素对海上通道安全的威胁上升。以上均对我国航运船舶和人员安全造成了巨大损害，同时危害到海洋经济的进步。

因此，海洋经济安全会受到海洋军事等上述有关因素的综合交叉影响。目前，国内外很多学者综合自身研究对海洋经济安全做出了探讨与研究，但是所进行的研究在方法上缺乏全面性。因此，对于未来关于经济安全研究的方法要实现多样化，并且能够体现创新理念。

三　中国海洋经济安全环境分析

（一）海洋经济安全国际环境

金融危机以来，世界各国都在寻找新的经济增长点，海洋成为诸多大国开发和利用的重要领域，由此导致世界各国在海洋开发与利用领域的矛盾激化，国家海洋经济安全面临多种威胁。世界主要沿海国家由此制定了相关战略规划以应对上述威胁，实现本国海洋经济的平稳运行和可持续发展，特别是美俄两个世界大国，都于 2004 年成立了本国制定海洋战略的政府部门，前者为海洋政策委员会，后者为政府海洋委员会，并指出与此相关的很多关键性海洋政策建议，例如俄罗斯"重返大洋"战略、美国的"重返亚太"计划等。周边国家如越南、菲律宾等国也相应出台一些海洋发展战略，在大力发展海洋经济的同时，也加强了海洋防卫战略和海洋政治战略。

随着中国国际地位与综合国力的提高，中国的一举一动都会受到世界各国的关注，特别是在海洋经济领域。近年来，中国的海洋经济安全不断受到来自国际社会的影响、威胁甚至破坏。在远洋经济方面，中国在开拓新航道、维护航洋航路安全以及扩展海外港口等相关事项上不断受到一些地缘政治问题的影响，甚至是一些国家刻意的阻挠和骚扰，如伊朗核问题导致伊朗威胁封锁霍尔木兹海峡；索马里海盗严重影响我国在相关海洋的航运安全、中国海军的远洋活动；海外军港建设受到美国等西方国家势力的无端谴责等。在近海经济方面，美国重返亚太的经济战略使西太平洋沿岸政治、经济、军事的不稳定性上升。东海问题上，中国与日本就钓鱼岛的主权争端不断升级，美国无视国际法，以《美日安保条约》为借口给予日本军事担保；台海问题上，美国插手我国内政，通过对台军售等不断滋生事端，严重影响地区的海洋经济安全。南海问题上，我国与一些周边国家在岛屿归属上存在争端，地区局势紧张，经济安全形势堪忧。除此之外，澳大利亚等国亦对中国的海洋经济扩张以及中国的海军建设等提出质疑与异议，对我国的东海识别区等做出过度解读和反应，造成对我国海洋经济安全不利的国际环境。

（二）海洋经济安全国内环境

随着海洋经济的不断发展，我国也不断提高对海洋经济安全的重视程度，海洋事务管理能力与管控能力不断加强，海军建设水平逐步提高，这些都成为我国海洋经济发展的坚强后盾。在政治方面，党的十八大提出，要提升海洋开发效用，实现海洋经济进步，维护海洋生态环境，坚决维护国家权益，建设海洋强国。"海洋强国"概念的提出，明确了当前国家大力发展海洋经济的政治决心，为海洋经济的发展提供了新鲜的血液，而其中对海洋安全中坚决维护国家海洋权益的描述，也体现了中国对海洋安全的重视以及维护海洋安全的意志与决心；在军事方面，中国不断加强海警及海军的建设，"海警 2901 号"的

海试意味着我国海警拥有了第二艘万吨级海警船，而且可以搭载重型直升机，这极大地提高了我国海警的综合执法能力。海军辽宁舰已经进入训练状态，中国的第二艘航母已经进入建造阶段，驱逐舰、潜艇等武器装备的创新发展，都成为保障中国海洋经济安全的坚强后盾。

（三）海洋经济安全区域环境

近年来，国家周边地区的安全形势逐步成为影响我国海洋经济安全的重要因素，总体表现较为和平，但局部地区不稳定因素较多，呈现复杂性、多变性、持续性的特点。黄渤海区域总体较为平稳，地区主要不稳定因素集中于朝鲜半岛。虽然，朝鲜半岛不稳定因素对我国海洋经济影响较小，但近年来朝鲜在核武器问题上活动频繁，仍需警惕地区突发事件引发紧张局势甚至局部战争的可能性，做好预案以确保我国海洋经济发展不受或者少受影响。东海区域的核心关注在钓鱼岛，钓鱼岛周边的海洋资源特别是渔业与石油资源十分丰富。近年来，钓鱼岛问题随着日本购岛事件逐渐发酵，美国的加入使之从一个单纯的地缘政治问题转变成了大国博弈的焦点。由于地区争议，我国的科考活动以及正常的渔业生产活动一直受到日本海上自卫队的无端干扰和阻挠，对我国的海洋经济安全造成较大影响。

南海区域的海洋安全形势不容乐观。因为存在历史遗留问题，中国与南海周边诸国在海岛归属上仍有争议。原本在我国"搁置争议，共同开发"的倡议下各国尚能正常进行海洋生产活动，然而美国重返亚太的影响巨大，地区形势逐渐陷入动荡局面。菲律宾、越南等国家先后采取单边行动，破坏地区稳定，在南海争议地区采取多种手段抢夺利益，建设军事设施，并组织反华势力，对我国海洋经济安全产生巨大威胁。

四　中国海洋经济安全形势分析

（一）中国海洋经济安全分析评估

海洋经济安全是一个系统性工程，需要综合考虑海洋资源、产业、科技、运输能力以及事务调控能力安全这五个因素。海洋经济安全评价本质上是指在国家海洋经济产业发展过程中，对实时的海洋经济指标变动进行准确监控与分析，对可能对我国海洋经济平稳运行造成影响的因素进行精准的预测预警。报告结合我国海洋经济产业的发展现状、海洋资源安全和生态环境可储蓄发展等相关理论，综合考察影响国家海洋经济安全的相关因素，并在此基础上构建海洋经济安全指标体系。体系设计海洋生态环境安全、海洋相关产业安全、海洋科技发展安全等相关因素，通过对我国海洋经济发展的整体态势进行研究判断，在探明我国海洋经济安全状况发展趋势的基础上，依据海洋经济安全体系的评估结果，制定对我国海洋经济安全行之有效的防范措施和解决方案。

（二）中国海洋经济安全指数测评

报告运用功效函数的方法对指标体系进行无量纲化处理，并结合当前我国海洋经济的发展，参考国际国内对海洋经济安全指标体系的设计，综合运用熵值法和德尔菲法计算得到指标体系中各级指标的权重。德尔菲法又称为专家打分法，这种方法具有较强的主观性，熵值法则是一种比较客观的测评方法，通过主观与客观方法的结合，可以较为全面地评估我国海洋经济安全形势。在熵值法中，"熵"是无序程序的亮度，也代表随机事件不确定性的信息量，必然事件的熵为 0。当运用多个不同指标对事物进行总体分析时，若某一指标的数值在不同个体之间不存在太大差别，则认为该指标基本对综合分析的结果没有影响，若某一指标的数值在不同个体之间存在较大差别，则被认为具有较大的离散程度，是综合分析的重要影响因素。所以，可根据熵值来确定指标的权数。

熵值法的步骤如下所示。

①指标的"同趋势化"。如果正向、适度及逆向指标同时存在，首先将逆向指标和适度指标都转化成正向指标。

②按照比重法将指标的实际值换算为评价值，公式为：

$$b_{ij} = \frac{x_{ij}}{\sum_{l=1}^{n} x_{ij}} \tag{1}$$

式中 x_{ij} 是第 i 个观测值的第 j 个指标。

③计算第 j 项指标的信息熵：

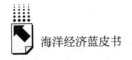
$$e_j = \left(-\frac{1}{n}\right) \sum_{i=1}^{n} b_{ij} \times lnb_{ij} \qquad (2)$$

④计算第 j 项指标的权数：

$$w_j = \frac{(1 - e_j)}{\sum_{l=1}^{n} (1 - e_i)} \qquad (3)$$

通过对海洋经济的相关数据的统计分析，结合模糊综合分析方法，得到海洋经济安全评价指标体系中各项指标的定性与定量评估标准，分析测算出我国海洋经济安全的得分，进而根据得分结果来评价中国海洋经济安全形势。

2015 年我国海洋经济安全指数及相关指标的测算结果，如表 1 所示。

表 1　2015 年中国海洋经济安全指数及相关指标测算结果

指数	得分	一级指标	得分	权重	二级指标	得分	权重
海洋经济安全指数	39.74	社会经济发展水平	55.45	0.216	沿海地区国民经济发展指标	73	0.40
					沿海地区投资水平指标	50	0.35
					沿海地区居民消费水平指标	35	0.25
		海洋资源承载力安全	32.60	0.306	人均资源储量指标	22	0.20
					人均可开发资源存量指标	21	0.20
					资源开发综合指标	40	0.60
		海洋事务调控能力安全	43.00	0.175	海洋生态安全指标	35	0.20
					抵御海洋灾害能力	60	0.20
					海洋事务调控能力	40	0.60
		海洋运输能力安全	26.01	0.108	国内承运能力指标	24	0.48
					国内承运份额指标	21	0.27
					对运输路线保障能力指标	45	0.15
					临时开辟航道能力指标	23	0.1
		海洋科技安全	29.47	0.101	海洋科技发展基础水平指标	23	0.19
					海洋科技投入指标	30	0.31
					海洋科技转化效率指标	25	0.28
					深远海技术支持能力指标	40	0.22
		海洋产业发展安全	47.67	0.094	海洋经济总体发展指标	43	0.21
					主要海洋产业发展指标	60	0.32
					相关海洋产业发展指标	45	0.28
					海洋科研管理教育服务业发展指标	36	0.19

2005~2015年我国海洋经济安全指数测算结果，如表2所示。

表2 2005~2015年中国海洋经济安全指数

年份	2005	2006	2007	2008	2009	2010	2011	2012	2013	2014	2015
海洋经济安全指数	39.34	40.25	41.10	36.40	35.42	40.31	37.35	36.62	39.81	38.80	39.74

从海洋经济安全指数评测结果可以看出，我国海洋经济安全形势严峻。图2用折线图更直观地展现了2005~2015年我国海洋经济安全指数的波动情况。我国海洋经济安全指数在2007~2009年经历较大下滑，这受2008年国际金融危机影响较大，由于海洋经济与进出口贸易等存在特殊联系，其在2007年就出现较大程度的下滑。第二个比较大的下滑出现在2010~2012年，主要是欧债危机影响范围的不断扩大导致大量的外贸订单被取消，同时我国还遭受到"梅花""南玛都"等超强台风，这些因素都对我国海洋经济的发展造成了极大的影响。2012年，中菲黄岩岛之争导致南海局势风云突变，特别是美国的介入，地区安全形势急转直下，从而使海洋安全指数处于阶段性低点。近年来，随着我国在海洋科技、文化等领域的不断发展以及海警、海军建设水平的不断提高，我国海洋事务管控能力得到增强，使我国的海洋经济安全指数得到一定程度的回升。

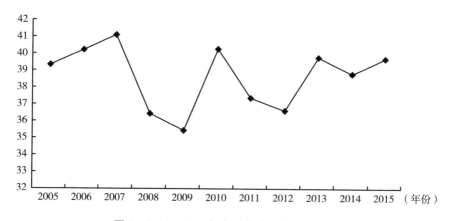

图2 2005~2015年中国海洋经济安全指数

综上所述，2009 年和 2012 年是我国海洋经济相对最不安全的两年，2008 年以来，我国海洋经济安全形势日趋严峻，海洋经济安全程度一直处在较低水平，这说明国内外经济形势严重影响我国海洋经济安全。从当前海洋经济安全指数的发展趋势来看，我国海洋经济安全形势在未来仍将继续处于较为严峻的境况，安全指数将在 35 ~ 41 波动，这反映了我国海洋经济将继续在风险和安全之间波动。因此，要加强对海洋经济安全的进一步维护，以期保障我国海洋在未来能够真正实现稳定、可持续的优良发展。

（三）中国海洋经济安全形势展望

从 2008 年金融危机开始，世界经济发展经历了复杂的变化。首先是美国、欧洲、日本等实行量化宽松政策，导致世界各国出现货币战争。近年来世界经济缓慢复苏，各经济体、国家之间经济恢复水平参差不齐。美国经济发展逐渐向好，2015 年第四季度美联储上调国内利息；欧洲经济仍不稳定，又深陷难民危机、恐怖主义威胁等问题；日本经济在安倍经济学初期取得一定成效，但当前显现一定的后劲不足；而我国周边地区也出现了诸如土俄冲突、ISIS 等不稳定因素。

当前，中国经济的发展进入一个新的阶段，在"新常态"理论的指引下，我国经济发展机遇与挑战并存，经济结构转型势在必行，海洋经济在国民经济中所占比重逐步提高并演变为国民经济的重要组成成分，也为国家经济发展提供了巨大的推动力。在海洋经济快速发展的同时，要高度重视对海洋经济安全造成威胁的各个方面，统筹发展海洋经济，保障我国海洋经济的健康稳定发展。

1. 海洋产业结构有待优化

我国海洋经济当前正处于快速发展时期，海洋经济实力进一步提升，但海洋产业结构仍有待改善。由表 1 可知，2015 年我国海洋产业发展安全得分为 47.67，主要海洋产业发展得分为 60，相关海洋产业发展得分为 45，海洋科研管理教育服务业得分仅为 36，表明当前我国海洋经济产业结构存在一定问题，而主要海洋产业、相关海洋产业以及海洋科研管理教育服务业的权重分别为 0.32、0.28 和 0.19，表明我国海洋经济发展受主要海洋产业的影响较大，而海洋经济安全又受到主要海洋经济发展安全较大的影响。

当前我国主要海洋产业增加值逐年增长，但增速逐年下降，表明我国主要海洋经济在经历了初期的快速发展之后，正在由快速增长时期进入平稳较快增长时期，从量向质转变，逐渐进行产业结构转型。从主要海洋产业中各具体产业的发展情况来看，传统海洋产业所占比例仍然偏高，正如前文所指出的那样，当前我国海洋新兴产业发展滞后，动力不足，虽然海洋科技发展与自主创新能力不断提高，但尚不能适应我国快速增长的海洋经济水平，且在一些领域存在科研成果转化率低下等问题，从而影响了我国海洋新兴产业的发展，导致海洋传统产业在主要海洋产业中占比始终偏高，海洋经济可持续发展能力较差。

选择合适的发展模式，能够有效地促进传统海洋产业结构的转型和海洋新兴产业的快速发展。针对目前海洋产业结构上展现的不足，要积极着力于科技创新，大力提高科技转化能力，寻求新的经济增长点，以科学技术的快速发展来带动海洋新兴产业的发展。同时，对海洋传统产业进行产业升级和结构优化，发展和创新生产模式，实现海洋传统产业的可持续发展，对传统的粗放发展模式进行转变，将产业由劳动力密集型转向资本以及技术密集型，提高产业的整体水平，最终实现产业的合理化布局。

2. 海洋开发方式亟须改善

即使目前我国海洋经济发展取得了突出的成就，但仍然不足以解决我国海洋开发利用方式存在的欠缺。由表1可知，虽然我国海洋资源丰富，但人均海洋资源水平较低，人均资源储量得分仅为22，人均可开发资源存量得分仅为21，资源开发综合指标得分为40，海洋资源承载力安全指标的得分仅为32.60，濒临警戒状态。此外，总体而言，我国海洋资源开发利用程度较低，对已探明资源的开发广度与深度不足，资源综合开发利用指标值不足4%，远低于世界平均水平5%，比世界先进水平落后十余年。

相对的是海洋资源过度开发与粗放利用问题。我国沿海部分地区在发展海洋经济的过程中，缺乏大局观念，出现了只顾本地区和本单位利益的现象，过度开发与利用海洋资源，导致其迅速枯竭、生态环境因此遭到破坏，严重影响了海洋经济的可持续发展，对海洋经济安全造成一定影响，特别体现在海洋渔业上，我国海洋渔业资源过度捕捞现象严重。在"十一五""十二五"等相关规划中对我国海洋渔业现阶段的发展和可持续发展给出了具体的规定与要求。

我国海洋资源人均占有值和开发利用率都远低于世界平均水平，为保证我国海洋经济发展的持续动力，有必要充分开发并合理利用我国的海洋资源。一方面，针对海洋资源人均占有量低和开发利用率低的特点，应大力提高我国海洋资源自主开发、利用新技术的能力，积极引进先进的生产设备和管理经验，提高我国海洋资源的开发利用能力，拓展海洋资源开发利用的广度和深度，进一步发挥海洋资源在海洋经济发展中的基础支撑作用。另一方面，针对我国海洋资源粗放利用、过度利用的问题，要进行产业结构转型，完善海洋资源开发利用的相关法规和条例，提高全社会保护海洋资源的意识，既可以保障海洋资源的高效利用，又能保护海洋资源不受破坏，从而实现我国海洋经济的可持续发展。

3. 海洋科技安全亟须加强

由表1可知，2015年我国海洋科技安全的得分为29.47，对海洋经济安全有一定的影响且处于较为危险的状态，其原因主要有三个方面：首先，我国海洋产业结构不尽合理，产业间发展不平衡，科技发展程度不平衡，技术转化率比较低；其次，我国海洋科技领域的研究主要靠财政拨款，投资渠道单一，且海洋高新技术产业普遍存在投资大、风险高、资本回笼时间长等特点，从而导致投资不足，后续动力不足；最后，我国海洋科技产业关键领域的研究实力不足，缺乏核心科技，在高精尖领域发展无法绕过一些外部因素的干扰，导致国内研发能力难以解决生产过程中存在的技术障碍。

因此，要提高我国的海洋科技安全水平，第一，要尽快转变我国的海洋产业结构，促进海洋产业发展及海洋科技研发水平的平衡。第二，在提高我国海洋科技和教育经费财政投入的同时，拓宽我国海洋科技领域的融资范围。各级政府可以出台配套的融资优惠措施，各级金融机构也可推出适当的金融产品来助力海洋科技的发展。科研机构也应该努力提高科技转化水平，从而通过实际行动来提高自身的融资能力。第三，要提高我国海洋科技在高精尖领域的研发能力，延伸海洋科技研究的深度广度，掌握核心技术，从而使我国海洋经济实现可持续发展。

4. 海洋事务管控能力亟须提高

海洋事务管控能力是保障我国海洋经济安全、平稳运行的重要保障。在表1中，我国海洋事务调控能力安全指标的得分为43，抵御海洋灾害能力的得分为 60，海洋事务调控能力得分为 40。当前我国海洋经济发展的周边环境较为复杂，我国与周边国家的海洋纠纷使我国海洋经济处于较为危险的状态。近年来，我国一方面加强对海洋灾害预报和预警的研究，并加强沿海地区海洋灾害防御的基础设施建设，另一方面积极加强海警和海军的建设，极大地提高了我国对自然灾害的防控能力、海上生产安全能力以及对周边地区局部冲突问题的管控能力。

为进一步提高海洋事务管控能力，我国要更加重视海洋事务综合管控能力，加强执法队伍的执法能力建设和海军的相关建设，改善执法领域存在的漏洞以及海防资金分配不均的问题，统筹发展并严格执行，不断提高海洋相关部门行政调控管理能力，实现海洋资源的最优配置，做到"合理用海，科学管海"。

参考文献

吴慧、张丹：《当前我国海洋安全形势》，《理论参考》2012 年第 4 期，第 19～20 页。

殷克东、涂永强：《海洋经济安全研究文献综述》，《中国渔业经济》2012 年第 2 期，第 166～172 页。

徐丛春：《中国海洋经济发展情况、问题与建议》，《海洋经济》2014 年第 2 期，第 1～6、37 页。

张耀：《新中国海洋安全观念的变迁和未来发展》，《山东工商学院学报》2014 年第 5 期，第 99～105 页。

李懿、张盈盈：《国外海洋经济发展实践与经验启示》，《国家治理》2017 年第 22 期，第 41～48 页。

韩增林等：《基于 CiteSpace 中国海洋经济研究的知识图谱分析》，《地理科学》2016 年第 5 期，第 643～652 页。

国家统计局：《中国统计年鉴》，中国统计出版社，2008～2014。

国家海洋局：《中国海洋统计年鉴》，海洋出版社，2001～2014。

《中国船舶工业年鉴》，北京理工大学出版社，2005～2014。

殷克东、方胜民、高金田：《中国海洋经济发展报告（2012）》，社会科学文献出版社，2012。

孙加韬：《中国海陆一体化发展的产业政策研究》，复旦大学博士学位论文，2011。

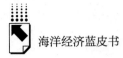

高爽：《天津市海洋经济运行综合评价与实证分析》，天津财经大学硕士学位论文，2014。

王元：《打破国外技术垄断　迈向海洋防腐高端》，《中国有色金属报》2016 年 10 月 29 日，第 7 版。

杨洁、黄硕琳：《日本海洋立法新发展及其对我国的影响》，《上海海洋大学报》2012 年第 2 期，第 265 ~ 271 页。

王端岚：《世行贷款对福建省沿海资源可持续开发的影响》，中国农业科学院硕士学位论文，2008。

殷克东、马景灏：《中国海洋经济波动监测预警技术研究》，《统计与决策》2010 年第 21 期，第 43 ~ 46 页。

蔡春根：《我国货币政策效应非对称性实证研究》，复旦大学硕士学位论文，2012。

孙林林、李同昇、吴涛：《我国沿海地区海洋产业结构及其竞争力的偏离份额分析》，《科技情报开发与经济》2013 年第 5 期，第 137 ~ 139，160 页。

B.7
中国海洋经济景气形势分析

李雪梅[*]

摘　要： 运用灰色关联等多种量化方法对海洋经济景气指标进行了分类，然后构建了基于多变量动态 Markov 转移因子的中国海洋经济景气指数模型用以测算中国海洋经济景气指数，进而对未来我国海洋经济景气形势进行分析，最后运用 VAR 模型对中国海洋经济景气与宏观经济景气进行关联分析，并对未来海洋经济景气发展提出展望。2014~2015 年，中国海洋经济景气指数处于上升态势，也就是处于扩张阶段。顺应周期，就可以把握海洋经济发展的历史机遇，取得历史性的成果。

关键词： 景气指标　动态马尔可夫转化因子　扩张阶段

随着统计数据的大规模、体系化的出现，宏观经济景气指数研究的不断深入，国内外关于经济运行景气指数研究的统计方法及统计体系不断发展完善，形成了多角度、全方位的经济景气评价体系。现代经济景气指标的设计，是一项复杂的系统工程，对指导判断未来我国经济走势以及经济发展具有重要意义。中国海洋经济运行景气指数指标体系的设计，主要针对中国海洋经济的波动与周期性规律，立体化分析海洋三大产业的时间序列数据，通过借鉴宏观经济运行景气指数的分析技术方法，运用时间序列分析、K－L 信息量法、灰色关联模型、网络神经技术和协整检验、格兰杰检验以及多元统计等传统与现代方法，从统计学、计量经济学等角度对经济运行景气指数指标进行筛选、分

---

* 李雪梅，中国海洋大学经济学院讲师，研究领域为海洋经济、灰色系统理论与应用、冲突分析。

类、设计与检验，选取并建立了中国海洋经济运行景气指数指标体系，并据此对当前中国海洋经济运行状态进行分析与展望，为中国海洋经济的良好运行提供研究参考。

一 中国海洋经济景气指标设计

（一）中国海洋经济景气指标选择

在海洋经济景气指标的选择上主要基于美国国家经济研究局给定的四个原则：一致性、重要性、灵敏性和稳定性。

（1）一致性。一致性是指单项指标与海洋经济总体运行具有一致的趋势，即在方向上变化一致，具体可分为正向的一致变化趋势与反向的一致变化趋势。一致性表现为三个方面：一是指标的变化与总体经济一致变化的阶段占整体经济变化的比重；二是在总体经济变化过程中，该指标的反常变化；三是指标变化与总体经济变化具有一致的幅度。

（2）重要性。重要性是指选取的指标能够全面地反映海洋经济运行过程中的总量、协调以及结构等特征，与海洋经济的发展具有高度的关联性，对海洋经济的运行能产生较为显著的影响。

（3）灵敏性。灵敏性是指当海洋经济状况发生波动时，能够在较短的时间内灵敏地反映实时情况。灵敏性主要衡量指标变动的滞后性，即各指标对海洋经济变化的滞后性。一般而言，由于月度数据其自身统计周期较季度数据和年度数据而言较短，所以灵敏度一般较高。

（4）稳定性。稳定性是指该指标具有稳定的划分标准，不仅表现在变化幅度上，而且体现在与其他指标的关联上。稳定性一方面体现出指标本身的特性，另一方面也规范了指标之间的相互影响关系。

海洋经济景气指数指标的选取主要基于 Michelle 和 Burns 提出的选择理想的景气指标的先决条件。考虑中国海洋经济相关统计数据的现实情况，现有的经济数据并不能完全满足该先决条件，所以在实际的中国海洋经济景气指数指标选取的过程中，主要根据我国海洋经济发展的实际情况，分析其发展阶段与发展程度，以 Michelle 和 Burns 的先决条件为基础，国内外相关研究成果为参考，以符合我国海洋经济发展为准则，提出了以下四条选取依据。

一是正确反映海洋经济的发展态势。海洋经济景气指数指标需要完整、准确地反映海洋经济的发展态势，包括海洋经济发展的广度以及相关经济产业发展的深度，比如海洋产业产值、海洋相关产业就业人数。这些指标的变动趋势与海洋经济的总体变动趋势之间具有密切的关联性，通过分析相关指标的变化过程以及未来趋势，可以对我国海洋经济的发展历程有一个较为全面的把握，能更加准确地判断未来海洋经济的发展。

二是准确反映海洋经济的发展趋势。海洋经济景气指数指标需要可以准确监测出现今海洋经济的总体发展水平，并且可以通过分析这些指标的发展趋势来综合判断未来中国海洋经济的总体发展趋势，特别是其中的先行指标，能够提前为海洋经济发展可能出现的波动、转折等做出较早的预警，并为未来可能出现的海洋经济发展趋势、海洋经济增长幅度、海洋产业发展方向的研判提供依据。

三是实时反映海洋经济的波动敏感性。海洋经济景气指数应该能够及时感知当前海洋经济运行状况的变化，及时反映当前海洋经济发展的热门领域和即将淘汰的领域，起到"指示器"和"警示器"的作用。通过分析海洋经济景气指数的变化，可以大致实现对未来海洋经济发展方向的判断，促进海洋产业结构调整，为适应新形势下的海洋经济发展提供行之有效的建议。

四是充分反映时间序列的平滑性。海洋经济景气指数指标体系数据应当是一组时间序列数据，具有变动的相对规则和较为明显的波动阶段，所以其变动方向也能够反映海洋经济发展的方向，对未来可能出现的海洋经济的发展、复苏或萧条做出预示。

（二）中国海洋经济景气指标分析

根据我国海洋经济的发展特点和现有的统计数据，将影响景气指数的因素分为：海洋经济总量指标、海洋经济结构指标、海洋产业发展水平、海洋经济效益指标、沿海地区经济发展水平以及海洋经济可持续发展指标等六大类，建立海洋经济景气指数指标体系。

海洋经济总量指标：全国海洋产业生产总值、全国海洋产业增加值、全国海洋三次产业产值和产值增长率、海洋科研教育管理服务业和主要海洋产业增

加值、科研机构从业人员、全国主要海洋产业就业人数等。

海洋经济结构指标：海洋三次产业占海洋经济的比重、海洋生产总值占国内生产总值的比重、主要海洋产业就业人数占全国就业人数比重、主要海洋产业进出口总额占全国进出口总额比重等。

海洋产业发展水平：海洋渔业增加值、海洋油气业增加值、海洋矿业增加值、海洋盐业与海洋化工业增加值、海洋生物医药业增加值、海洋电力业增加值、海洋船舶工业增加值、海洋交通运输业增加值、滨海旅游业增加值等。

海洋经济效益指标：传统海洋产业投入从与新兴海洋产业投入产出比、主要海洋产业增加值占固定资产投资总额比重、海洋全员劳动生产率等。

沿海地区经济发展水平：沿海地区生产总值与人均可支配收入水平、沿海地区物价水平与消费水平、沿海地区进出口总额、沿海地区三次产业占比、沿海地区固定资产投资密度、沿海地区本币存款余额等。

海洋经济可持续发展水平：海洋灾害防治投入总额、海洋灾害相关研究投入总额、海洋灾害研究从业人员人数、海洋灾害损失占海洋生产总值比重、沿海地区工业废水排放达标率、沿海地区海洋安全水平等。

（三）中国海洋经济景气指标检验

由于在海洋经济统计中相关指标的波动较为复杂，变化特点、趋势以及关联程度差异大，因此在构建海洋经济景气指数指标体系之前需要对不同的指标进行归类分析。通过对中国海洋经济的波动趋势分析以及中国海洋经济基准波动系数的计算，总结有关国内外相关研究关于确定基准日期的经验，选取2000年为中国海洋经济发展景气指数指标体系的基准日期。由于原始数据统计大多具有时间性趋势的特点，所以这一类指标的景气性质很难判断。所以，我们对所有的备选指标进行平稳性和关联性检验的操作，分析其结果并进行筛选，结果如表1所示。

通过分析总量指标与增速指标的平稳性检验结果，得出总量指标不平稳的，但其增速指标都是平稳的结果。因此，在筛选构建中国海洋经济发展景气指数指标体系时，对总量指标进行技术处理，以各总量指标对应的增速指标作为景气指数指标。中国海洋经济发展景气指数指标体系筛选结果如表2所示。

表 1　总量指标与增速指标的平稳性检验

总量指标	ADF	P 值	结论	增速指标	ADF	P 值	结论
全国生产总值	2.94	0.999	不平稳	全国生产总值增速	-5.14	0.002	平稳
沿海地区生产总值	1.29	0.996	不平稳	沿海地区生产总值增速	-3.52	0.099	平稳
海洋渔业增加值	-1.75	0.382	不平稳	海洋渔业增加值增速	-2.67	0.014	平稳
海洋交通运输业增加值	-0.03	0.940	不平稳	海洋交通运输业增加值增速	-4.38	0.022	平稳
滨海旅游业增加值	4.48	1.000	不平稳	滨海旅游业增加值增速	-3.50	0.082	平稳
科研机构从业人员	1.67	0.978	不平稳	科研机构从业人员增速	-4.32	0.035	平稳

表 2　中国海洋经济发展景气指数指标体系

一级指标	二级指标	指标代码	滞后期
海洋经济总量	全国生产总值增速	X_1	0
	主要海洋产业总产值增速	X_2	0
	科技机构从业人员增速	X_3	-2
	海洋产业进出口增速	X_4	+2
	海洋产业就业人数增速	X_5	0
海洋经济结构	海洋第一产业比重	X_6	-1
	海洋第二产业比重	X_7	-1
	海洋第三产业比重	X_8	-1
	海洋生产总值占沿海地区 GDP 比重	X_9	-1
	主要海洋产业就业人数占沿海地区就业人数比重	X_{10}	+3
	主要海洋产业增加值占沿海地区增加值比重	X_{11}	0
海洋产业发展水平	海洋渔业增加值	X_{12}	0
	海洋油气业增加值	X_{13}	-2
	海洋船舶工业增加值	X_{14}	0
	海洋工程建筑业增加值	X_{15}	+2
	海洋交通运输业增加值	X_{16}	+3
	滨海旅游业增加值	X_{17}	0
海洋经济效益	传统海洋产业投入产出比	X_{18}	-2
	新兴海洋产业投入产出比	X_{19}	-3
	海洋全员劳动生产率	X_{20}	-1
	主要海洋产业增加值占沿海地区固定资产投资比重	X_{21}	0

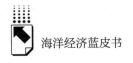

续表

一级指标	二级指标	指标代码	滞后期
沿海地区 经济发展水平	沿海地区生产总值增速	X_{22}	-4
	沿海地区物价水平	X_{23}	0
	沿海地区人均可支配收入水平	X_{24}	+2
	沿海地区进出口总额	X_{25}	+2
	沿海地区固定资产投资密度	X_{26}	-3
	沿海地区本币存款余额	X_{27}	+4
海洋经济 可持续发展水平	海洋灾害防治投入总额	X_{28}	+2
	海洋灾害损失占海洋生产总值比重	X_{29}	+4
	沿海地区工业废水排放达标率	X_{30}	-1

（四）中国海洋经济景气指标分类

当前可以将国内外指标分类的方法分为主要的两大类，其中传统的方法包括时差相关分析法、马扬法、峰谷法以及 K - L 信息量法等，现代的新方法包括模糊聚类分析法、灰色关联法以及 B - P 神经网络法等。一般将景气指数指标分为三大类：先行指标、同步指标和滞后指标。

（1）先行指标。这类指标是指高峰或低谷一般在海洋经济波动的高峰或低谷出现之前出现的指标，它可以预测未来可能出现的商业周期变化和未来经济状况的变化。根据先行指标在海洋经济波动之前波动的特性，可以准确及时地检测和预报未来的海洋经济发展趋势，从而在宏观结构调整中对海洋经济发展进行有针对性的调整。在实际的宏观经济中，通常认为订单数量、股票价格指数、存货数量等属于先行指标。

（2）同步指标。这类指标是指与经济活动同时到达谷底和顶峰的指标，它主要表现为波动的低谷和高峰与海洋经济波动的低谷和高峰同步出现，或者两者出现的时间比较一致。同步指标主要是为了描述海洋经济运行的总体状况，并且是通过其自身波动的高峰或者低谷来反映海洋经济波动的高峰或者低谷。在实际的宏观经济中，通常认为国内生产总值、工业总产值、个人收入等属于同步指标。

（3）滞后指标。这类指标是指其顶峰或者谷底一般在总体经济波动到达顶峰或者谷底之后出现的指标，它可以验证和确认海洋经济波动的状态，并且对波动周期的结束状态进行判断，同时还可以预测下一循环周期的变化趋势。在实际的宏观经济中，通常认为消费品价格指数、财政收支、固定资产投资等属于滞后指标。

课题研究选取了 2000～2015 年我国海洋领域的相关数据，由于缺乏月度统计数据，所以课题研究的相关数据均选取了年度数据，数据资料主要来源于《中国统计年鉴》《中国渔业统计年鉴》《中国海洋统计年鉴》等。

首先进行数据预处理，方法主要包括：标准化处理、奇异点处理、季节调整。

（1）标准化处理。如果不同数据的量纲不同，在分析的过程中不能直接进行比较，标准化处理可以消除数据不同量纲的问题。标准化处理有均值化、中值化和初值化等多种方法，本文选择的是初值化方法的标准化处理，具体表述如下：

$$x_{ij} = \frac{x_{ij}}{x_{1j}}, (i = 1, 2, \cdots, n; j = 1, 2, \cdots, p) \tag{1}$$

其中，x_{ij} 表示的是样本数列中的数据，x_{1j} 表示的是样本数列中的第一个数据。

（2）奇异点处理。奇异点是一种观测数据，这些数据表现为和绝大多数观测数据有很大差异，其前后变化不一致可能不是因为它们本身的波动；这类指标通常会比较严重地影响分析研究结论，因此需要对这些指标进行修正。

（3）季节调整。经济波动研究对周期性波动进行监测通常都是采用指标的不变价序列。季节调整是周期波动分析监测的基础，而进行季节调整的重要工具是乘法模型。目前，美国商务部 $X - 12$ 方法是经常使用的季节调整方法，它是一种以移动平均为基础的调整方法。

其次分别利用时差相关分析法、马扬法、峰谷法以及 K - L 信息量法等传统方法与模糊聚类分析法、灰色关联法以及 B - P 神经网络法等现代方法对景气指数指标进行分类分析，再次将得到的结果进行 Kendall 一致性检验并通过与基准指标之间的 Granger 因果分析调整分类不一致的指标，最后将这些指标分为先行指标、同步指标与滞后指标三大类，结果如表 3 所示。

表3　中国海洋经济运行景气指数先行指标、同步指标、滞后指标的划分

先行指标		同步指标		滞后指标	
代码	指标	代码	指标	代码	指标
X1	全国生产总值增速	T1	海洋生产总值占沿海地区 GDP 比重	Z1	主要海洋产业就业人数占沿海地区就业人数比重
X2	主要海洋产业总产值增速	T2	主要海洋产业增加值占沿海地区增加值比重	Z2	主要海洋产业增加值占沿海地区固定资产投资比重
X3	科技机构从业人员增速	T3	海洋渔业增加值	Z3	沿海地区本币存款余额
X4	海洋产业进出口增速	T4	海洋油气业增加值	Z4	海洋灾害防治投入总额
X5	海洋第一产业比重	T5	海洋船舶工业增加值	Z5	海洋灾害损失占海洋生产总值比重
X6	海洋第二产业比重	T6	海洋工程建筑业增加值	Z6	沿海地区工业废水排放达标率
X7	海洋第三产业比重	T7	海洋交通运输业增加值		
X8	传统海洋产业投入产出比	T8	滨海旅游业增加值		
X9	新兴海洋产业投入产出比	T9	海洋产业就业人数增速		
X10	海洋全员劳动生产率	T10	沿海地区物价水平		
X11	沿海地区生产总值增速				
X12	沿海地区人均可支配收入水平				
X13	沿海地区进出口总额				
X14	沿海地区固定资产投资密度				

二　中国海洋经济景气指数编制

随着现代数理统计方法的发展，如合成指数 CI 方法、扩散指数 DI 方法等传统的经济指数测定方法在客观判断与数据支撑方面显示出较大的局限性，随后出现了包括多变量动态 Markov 转移因子模型、多变量时间序列方差分解模型（MTV 模型）、状态空间和卡尔曼滤波模型、小波分析方法以及谱分析方法

等现代计量经济学方法。本文通过对五种方法的分析借鉴，构建了基于多变量动态 Markov 转移因子的中国海洋经济景气指数模型，从而用它来测算中国海洋经济景气指数。

（一）海洋经济景气指数测算方法

1. 多变量时间序列的方差分解模型（MTV 模型）

日本的经济学家刘屋武昭基于自回归移动平均模型（ARIMA）和主成分分析，提出了关于多变量时间序列的方差分解模型（MTV 模型），并且以此测算了经济景气指数。此模型的本质是 ARIMA 模型和主成分分析方法的结合，在形式上表现为主成分分析的时间序列化。未知参数太多以及模型难以识别都是传统 ARIMA 模型存在的缺陷，而 MTV 模型恰好可以弥补这点不足，在分析结构变动复杂性时的系统景气变动分析和预测等方面有着很高的应用价值。

MTV 模型的主要思想为假定有 p 个随机变量，在其相关性变动的背后，存在着 q（$q<p$）个不可观测的共同变动因子，分析和预测模型中数量较少的不可观测的共同变动因子，基于这些共同变动因子对原有的 p 个复杂随机变量进行反向分析和预测。

确切地说，假定的 p 个随机变量 y_{it}（$i=1, 2, \cdots, p$）满足以下的模型

$$
\begin{bmatrix} y_{1t} \\ y_{2t} \\ \cdots \\ y_{pt} \end{bmatrix} = \begin{bmatrix} u_{1t} \\ u_{2t} \\ \cdots \\ u_{pt} \end{bmatrix} + \begin{bmatrix} c_{11} & c_{12} & \cdots & c_{1p} \\ c_{21} & c_{22} & \cdots & c_{2p} \\ \cdots & \cdots & \cdots & \cdots \\ c_{p1} & c_{p2} & \cdots & c_{pp} \end{bmatrix} \begin{bmatrix} f_{1t} \\ f_{2t} \\ \cdots \\ f_{pt} \end{bmatrix} + \begin{bmatrix} \varepsilon_{1t} \\ \varepsilon_{2t} \\ \cdots \\ \varepsilon_{pt} \end{bmatrix} \tag{2}
$$

其中 $u_{it}=E$（y_{it}），f_{it} 代表的是 p 个随机变量的第 i 个共同变动因子，f_{it} 由主成分分析求得，矩阵 $C=$（c_{ij}）中元素 c_{ij} 反映的是第 j 个共同变动因子对第 i 个随机变量的影响系数。在此模型中还对共同变动因子 f_{it} 和系数矩阵做了如下的规定：

①对于系数矩阵 $C=$（c_{ij}），$C^T C=E$ 成立，即 C 为正交矩阵；

②f_{it} 是均值等于 0 的平稳随机过程或者差分平稳随机过程，服从 ARMA（m, n）模型；

③f_{it} 和 f_{jt}（$i \neq j$）互不相关。

因为不同的经济变量极有可能量纲不同，所以在实证分析中，为了确保结

果的正确性，首先要进行标准化处理。得到标准化处理的数据之后，再根据主成分分析法计算 MTV 模型的共同变动因素。

2.多变量动态 Markov 转移因子模型

（1）动态 Markov 转移模型

J. H. Stock 和 M. Watson 扩充了影响景气变动的因素，并且认为在经济景气的指标变动背后存在一个单一的、不能观测的、代表总经济状态的共同因素，其波动才是真正的景气波动，该因素称为 Stock-Waston 景气指数，简称为 SWI 景气指数，若模型中含有该不可观测因素，则称其为 *UC* 模型。状态空间的动态因子模型的形式如下：

$$y_{it} = (\varphi_{i0} + \varphi_{i1} \cdot L + \cdots + \varphi_{ir_i} \cdot L^{r_i}) \cdot \Delta c_t + z_{it}$$
$$\Delta c_t = \mu + \phi(1 - \phi_1 \cdot L - \cdots - \phi_p \cdot L^p)^{-1} \cdot \nu_t, \nu_t \sim i.i.d. N(0, \sigma^2)$$
$$\Delta y_{it} = \gamma_i(L) \Delta c_t + u_{it} \quad i = 1, 2, \cdots, n \tag{3}$$

$$\phi(L) \Delta c_t = \varepsilon_t \tag{4}$$

$$\Psi_i(L) u_{it} = \upsilon_{it} \tag{5}$$

其中，$\phi(L)$、$\gamma_i(L)$、$\Psi_i(L)$ 表示的是滞后算子多项式，Δy_{it} 表示第 i 个同步指标的差分序列与均值之差，即 $\Delta y_{it} = \Delta y - \Delta y_{it}$。

因为此模型包含不可观测变量 C_t，所以无法用普通的回归方程进行拟合，它适合利用状态空间的模型进行求解。状态空间模型一般由公式（3）、公式（4）和公式（5）的量测方程以及状态方程组成。根据 Kalman 滤波在 t 时刻的可观测信息，估计不可观测变量。由于每个指标不尽相同，u_{it} 作为状态变量，量测方程中并不包含随机扰动项。

（2）动态马尔可夫转移因子模型（DMSF）

随着时间的推移经济系统会表现收缩—扩张—再收缩的规律性变化。在动态因子模型中，经济的扩张和收缩这两种状态下 Δc_t 的生成机制随时都可能会变化，所以将公式（4）改成具有状态转移的时间序列模型形式：

$$\phi(L)(\Delta c_t - \mu_{s_t}) = \varepsilon_t \tag{6}$$

s_t 表示的是代表经济状态的离散变量，当 s_t 的值取 1 时，经济处于扩张状态；当 s_t 的值取 0 时，经济处于收缩状态。两种状态下的稳态值分别为 μ_1、μ_0，即：

$$u_{s_t} = u_0(1 - s_t) + u_1 s_t, u_0 < u_1 \tag{7}$$

所以这意味着 Δc_t 在不同状态下会呈现不同的特征，假设 μ_0 是经济系统收缩下的稳态值，μ_1 是经济扩张下的稳态值，则有 $\mu_0 < \mu_1$。

因为 s_t 不能由直接观测得出，所以 s_t 可由一阶 Markov Chain 描述：

$$P(s_t = 0 \mid s_{t-1} = 0) = p_{00}$$
$$P(s_t = 1 \mid s_{t-1} = 0) = p_{01}$$
$$P(s_t = 0 \mid s_{t-1} = 1) = p_{10}$$
$$P(s_t = 1 \mid s_{t-1} = 1) = p_{11}$$

状态转移概率的约束条件为：$p_{00} + p_{01} = p_{10} + p_{11} = 1$

用公式（6）代替公式（4），将其与公式（3）和公式（5）共同组成的模型，称为动态马尔可夫转移因子模型（DMSF 模型）。对此模型的估计，可以利用 Kalman 滤波对不可观测的共同成分 Δct 和特殊成分 uit 进行推断，对离散变量 st 进行推断。

（3）谱分析方法

1959 年，美国经济学家 Morgenstern 等人在普林斯顿大学的"经济计量研究项目"中，第一次把谱分析方法应用在经济时间序列分析中。谱分析方法认为，时间序列是根据互不相关的周期分量叠加而成的，其不同分量的频域结构和波动特征不相同。谱分析方法的主要思想是利用谱密度函数对剔除趋势项的时间序列进行估计，分离序列中的主要频率分量以及揭示序列的周期波动特征。20 世纪 60 ~ 70 年代，C. W. J. Granger 等人在《经济时间序列的谱分析》一书中将谱分析方法在经济学上的应用推向新的阶段。

（4）小波分析方法

法国物理学家 Morlet 首度提出小波的概念。因为小波具有紧支撑性和能够自由"变焦"的自适应窗口，所以将其应用在对金融和经济时间序列这种多分辨复杂系统的局部分析上。James B. Ramsey，Sharif Md. Raihan、Yi Wen 和 Bing Zeng 分别采用了小波分析进行经济周期的研究；国内的学者马昕田、刘金全利用多分辨率小波分析方法表示了中国宏观经济的"扩张"和"收缩"阶段。

小波分析法的本质是从时域和频域的角度对经济周期进行测度，通常来

说，利用较低的时间分辨率来测度低频情况，频率的分辨率可以得到提高；利用较低的频率分辨率来测度高频情况，时间分辨率会更加准确。小波分析能够有效地将时间序列的时域特征和频域特征相结合，解决了傅里叶变换无法解决的很多困难，渐渐成为测度经济周期性波动的主要方法。

因为我国海洋经济数据统计工作开展的时间并不长，大部分指标都是以年度为单位进行统计的，很少有季度数据和频率更高的统计数据，所以针对目前中国海洋经济周期波动和景气分析的研究，小波分析方法很难得到应用。

（二）中国海洋经济景气指数编制

1. 指标选取与预处理

建立中国海洋经济景气指数的动态 Markov 转移模型，第一步要做的是选出可以准确反映海洋经济运行态势的指标。根据景气指数模型和其假设条件，结合上文建立的中国海洋经济运行景气指数指标体系，遵循相互独立、系统全面、同步联动的原则，课题组从中国海洋经济运行景气指数指标体系中选取了具有代表性的 5 个指标：主要海洋产业总产值增速（$X2$）、沿海地区生产总值增速（$X11$）、主要海洋产业增加值占沿海地区增加值比重（$T2$）、海洋产业就业人数增速（$T9$）、海洋灾害损失占海洋生产总值比重（$Z5$）。中国海洋经济运行景气指数的动态 Markov 转移模型的指标数据分析如表 4 所示。

为剔除时间趋势项，对表 4 中的 5 个指标的原始数据进行 HP 滤波处理，得序列 $x2$、$x11$、$t2$、$t9$、$z5$，它们是剔除时间趋势项之后都得到的，进一步对序列 $x2$、$x11$、$t2$、$t9$、$z5$ 进行差分操作，得到一阶差分序列，然后分别对两个新序列进行 ADF 单位根检验，结果显示，这 5 个指标的一阶差分序列都是平稳的。

2. 景气指数模型构建

在参考国内外有关经济周期波动景气指数测算的相关理论的基础上，借鉴国内外有关文献，构建了中国海洋经济周期波动景气的多变量动态 Markov 转移因子模型。

（1）模型构建。在多变量动态 Markov 转移因子模型的基础上，本课题假定海洋经济景气指标之间存在联动变化的趋势成分，并将之称为公共因子。

表4　中国海洋经济运行景气指数动态 Markov 转移模型指标数据分析

年份	原始序列					剔除时间趋势序列					一阶差分序列				
	X2	X11	T2	T9	Z5	x2	x11	t2	t9	z5	Δx2	Δx11	Δt2	Δt9	Δz5
2000	8.3	2.47	2.88	15.0	2.90	-0.76	-0.59	-1.02	-9.16	1.09	—	—	—	—	—
2001	8.5	2.88	4.02	69.0	1.20	-0.97	-0.70	-0.31	46.63	-0.41	-0.21	-0.11	0.71	55.78	-1.50
2002	9.2	4.02	4.48	-41.6	0.70	-0.67	-0.07	-0.27	-62.18	-0.72	0.3	0.63	0.04	-108.80	-0.31
2003	9.4	4.48	6.07	12.8	0.75	-0.84	-0.10	0.92	-6.08	-0.49	-0.17	-0.03	1.19	56.10	0.22
2004	9.8	6.07	6.18	32.9	0.41	-0.77	1.03	0.68	15.62	-0.68	0.07	1.13	-0.25	21.70	-0.18
2005	12.2	6.18	6.24	50.8	1.97	1.37	0.73	0.43	35.36	1.03	2.14	-0.30	-0.25	19.74	1.71
2006	12.7	6.24	6.52	6.0	1.20	1.75	0.43	0.44	-7.18	0.40	0.38	-0.30	0.02	-42.54	-0.62
2007	15.1	6.52	6.55	6.8	0.35	4.17	0.40	0.25	-3.96	-0.30	2.42	-0.03	-0.19	3.22	-0.70
2008	10.4	6.55	6.49	2.0	0.65	-0.34	0.16	0.00	-6.15	0.15	-4.51	-0.24	-0.25	-2.19	0.45
2009	8.7	6.19	6.19	1.6	0.27	-1.73	-0.14	-0.46	-3.97	-0.09	-1.39	-0.30	-0.47	2.19	-0.23
2010	13.1	6.58	6.58	2.4	0.17	3.06	-0.66	-0.23	-0.62	-0.04	4.79	-0.52	0.23	3.35	0.05
2011	9.3	6.58	6.53	2.2	0.11	-0.25	-0.49	-0.43	1.69	0.05	-3.31	0.17	-0.20	2.31	0.09
2012	6.2	6.27	6.49	1.7	0.31	-2.82	-0.41	-0.13	-0.41	0.09	-2.57	0.08	0.3	-2.1	0.04
2013	6.7	6.78	6.55	1.8	0.30	-1.80	0.03	-0.09	0.99	0.14	1.02	0.44	0.04	1.4	0.05
2014	8.1	6.56	6.32	1.1	0.22	0.10	-0.23	-0.33	1.53	0.12	1.9	-0.26	-0.24	0.54	-0.02
2015	8	6.62	6.58	0.9	0.11	0.52	-0.22	-0.08	2.53	0.07	0.42	0.01	0.25	1	-0.05

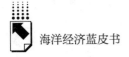
用 ΔY_{it} 表示第 i 个海洋经济景气指标的增长率在 $t \in \{1, \cdots, T\}$ 期的变动，用 Δy_{it} 表示 ΔY_{it} 对其均值的偏离，即 $\Delta y_{it} = \Delta Y_{it} - \overline{\Delta Y_{it}}$，用 Δc_t 和 z_{it} 分别表示第 i 个海洋经济景气指标的公共因子和异质因子，则第 i 个海洋经济景气指标可以描述为：

$$y_{it} = (\phi_{i0} + \phi_{i1} \cdot L + \cdots + \phi_{ir_i} \cdot L^{r_i}) \cdot \Delta c_t + z_{it} \tag{8}$$

$$\Delta c_t = \mu + \phi(1 - \phi_1 \cdot L - \cdots - \phi_p \cdot L^p)^{-1} \cdot \nu_t, \nu_t \sim i.i.d. N(0, \sigma^2) \tag{9}$$

$$z_{it} = (1 - \psi_{i1} \cdot L - \cdots - \psi_{iq_i} \cdot L^{q_i})^{-1} \cdot e_{it}, e_{it} \sim i.i.d. N(0, \sigma^2) \tag{10}$$

其中，L 为滞后算子。实质是将海洋经济景气指标用两个自回归过程来描述，分别称为公共因子和异质因子。由于存在不可观测变量 c_t，因此对模型的拟合无法利用普通的回归方程进行，而是适合利用状态空间模型求解。

（2）假设。公共因子中 μ 和 σ 的取值取决于不可观测的二值状态变量 $s_t \in \{0, 1\}$，用 s_t 的取值表示海洋经济景气在 t 期的状态，s_t 取值 0 和 1 分别表示当期的海洋经济景气处于收缩和扩张状态，于是不同景气状态下的 μ 和 σ 不同，分别用 μ_{s_t} 和 σ_{s_t} 表示，将（5）式改写为带有状态转移因子的形式：

$$\Delta c_t = \mu_{s_t} + \phi(L)^{-1} \cdot \nu_t, \nu_t \sim i.i.d. N(0, \sigma_{s_t}) \tag{11}$$

假设 s_t 服从一阶 Markov 过程，则状态转移概率 p_{ij} 就可表示为：

$$P(s_t = j | s_{t-1} = i) = p_{ij}, \sum_{k=0}^{1} p_{ik} = 1$$

如果各期的状态 $S^T = (s_1, \cdots, s_T)$ 已知，那么通过极大似然估计，利用 Kalman 滤波进行模型估计。然而因为 s_t 是不可观测的，只能通过 Hamilton 滤波并利用 y_t 信息的条件密度对 s_t 推断。课题研究采用 Kim 提出的 Kim 滤波进行处理，即将公式 11 改写为公式 12 的截距转移形式，再进行 Hamilton 滤波处理。

$$\phi(L) \cdot \Delta c_t = \mu_{s_t} + \nu_t, \nu_t \sim i.i.d. N(0, 1) \tag{12}$$

（3）分析。分析样本区间内得到的所有观测值和估计参数值，我们可以推断出在每个时点处于衰退状态的概率 $p(s_t = 0)$，如果 $p > 0.5$，则认为当前海洋经济状态位于收缩期，否则，认为当前海洋经济状态位于扩张期。利用多变量动态 Markov 转移因子模型，对我国海洋经济周期波动景气指数进行实证测算，并对我国海洋经济周期扩张收缩的区间和转折点进行分析。

3. 景气指数模型的参数选择

海洋经济动态 Markov 转移因子模型的延迟构造主要在于公式（8）、公式（10）、公式（12）中的 r、p 以及 q，确定 r、p 以及 q 主要是根据 BIC 准则，并参考 AIC 准则和对数似然函数值的大小来确定的。

$$BIC = -2\log L(f(r,p,q)) + n\log(nT) \qquad (13)$$

其中，n 是参数个数，T 是样本区间长度，$\log L[f(r,p,q)]$ 是参数 (r,p,q) 设定下的对数似然函数值。表 5 计算了不同参数 (r,p,q) 下模型的 BIC 准则大小，根据 BIC 最小的原则选定海洋经济动态 Markov 转移因子模型的参数 (r,p,q) 为 $(2,1,2)$。

表 5　模型不同延迟构造的 BIC 值

参数 (r,p,q)	(1,1,1)	(1,1,2)	(1,2,2)	(1,2,1)	(2,1,1)	(2,1,2)	(2,2,2)	(2,2,1)
BIC 值	-10.74	-26.82	-31.13	-16.86	-22.42	-40.38	-35.58	-27.98

根据上面构建的中国海洋经济多变量动态 Markov 转移因子模型原理和计算方法，结合中国海洋经济 2002～2015 年的时间序列数据，运用 Stata 软件编写中国海洋经济动态 Markov 转移因子模型求解程序，我们可以得到模型的参数拟合结果，如表 6、表 7。

表 6　中国海洋经济动态因子模型参数拟合结果

Sample：2002 - 2015　　　　　　　　　　　　　　　Number of obs　　= 13

Wald chi2(3) = 22.93

Log likelihood = 86.766516　　　　　　　　　　　　Prob > chi2 = 0.0001

	OIM				
	Coef.	Std. Err.	z	P > |z|	[95% Conf. Interval]
X2					
_cons	0.1505024	0.0190944	7.88	0.000.113078	0.1879267

续表

Sample:2002 – 2015				Number of obs = 13	
Wald chi2（3）= 22. 93					
Log likelihood = 86. 766516				Prob > chi2 = 0. 0001	

	OIM					
	Coef.	Std. Err.	z	P > |z|	［95% Conf.	Interval］
X11						
_cons	0. 1377819	0. 0150833	9. 13	0. 000	. 1082193	0. 1673446
T2						
_cons	0. 6282708	0. 0764817	8. 21	0. 000	. 4783694	0. 7781722
T9						
_cons	0. 0521664	0. 0234525	2. 22	0. 026	. 0062004	0. 0981325
Z5						
_cons	0. 0051509	0. 0015015	3. 43	0. 001	. 002208	0. 0080938
var(e. X2)	0. 0040106	0. 0017101	2. 35	0. 010	. 0006588	0. 0073623
var(e. X11)	0. 0025026	0. 0010671	2. 35	0. 010	. 0004111	0. 004594
var(e. T2)	0. 064344	0. 0274364	2. 35	0. 010	. 0105697	0. 1181182
var(e. T9)	0. 0060502	0. 0025798	2. 35	0. 010	. 0009939	0. 0111066
var(e. Z5)	0. 0000248	0. 0000106	2. 35	0. 010	4. 07e – 06	0. 0000455

注：方差对零的测试是单侧的，并且双侧置信区间被截断为零。

表7　中国海洋经济马尔可夫转移模型参数拟合结果

Sample：2002 – 2015　No. of obs = 14

x	Coef.	Std. Err.	z	P > z	［95% Conf.	Interval］
State1_cons	0. 3357094	0. 034393	9. 76	0. 000	0. 2683003	0. 4031185
State2_cons	0. 601092	0. 0570458	10. 54	0. 000	0. 4892843	0. 7128997
sigma	0. 1010543	0. 0206237			0. 0677386	0. 1507554
p11	0. 9261352	0. 0826169			0. 5403486	0. 9925777
p21	0. 1260777	0. 1656131			0. 0075241	0. 7330008

（三）中国海洋经济景气指数测算

中国海洋经济景气指数运算结果如表8和图1示。

表 8　中国海洋经济景气指数

年份	2002	2003	2004	2005	2006	2007	2008
景气指数	0	− 0.18779	− 0.17624	0.196205	0.001754	− 0.04012	− 0.02312
年份	2009	2010	2011	2012	2013	2014	2015
景气指数	0.140613	− 0.1912	− 0.02775	0.142579	− 0.02829	− 0.00439	0.147165

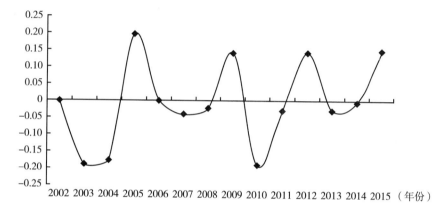

图 1　中国海洋经济景气指数曲线（基于动态 Markov 转移因子模型）

三　中国海洋经济景气形势分析

（一）中国海洋经济景气分析研判

分析图 1 中的基于动态 Markov 转移因子模型的中国海洋经济景气指数曲线，可以观察到在 2005 年、2009 年、2012 年和 2015 年出现了波峰，有 2 个波谷分别出现在 2003 年和 2010 年。该曲线显示了近 13 年来我国海洋经济景气指数波动状况。2003 ~ 2004 年、2007 ~ 2008 年、2011 年处于不景气状态，2005 年、2009 年、2012 年、2015 年则处于景气状态。

2000 年我国加入 WTO，对我国海洋经济的发展产生了巨大的推动作用。中国是世界上的海洋产业大国之一，在渔业、油气业、船舶业等领域的生产经营中获得了很多的机遇，与此同时，沿海地区的对外投资政策与环境也都得到了极大的改善。2001 年，联合国首次提出"21 世纪是海洋的世纪"，海洋经济的发展进入了新阶段，景气指数达到波峰位置；2003 年非典对国内经济影响和伊拉克战争的爆发对国际油价的冲击，使海洋经济景气指数回落到低谷。从其他方面来说，2003 年《全国海洋经济发展规划纲要》表明国内在海洋发展方面的工作进入新的发展阶段，海洋经济景气指数又出现上升。2006 年我国的"十一五"规划进入实施阶段，沿海各级人民政府持续进行海洋经济的发展，使海洋经济景气指数又到达顶点；2007～2009 年，由于金融危机的冲击，全球经济不景气，海洋经济景气指数持续下滑，在 2009 年下滑到最低点；2010 年"十二五"规划提出"发展海洋经济"的政策，提出强化海洋资源的利用、明确海洋产业的发展目标和发展方向，景气指数又产生了变化。2015 年 8 月 20 日，国务院印发《全国海洋主体功能区规划》，为了调整海洋产业格局，提高对海洋的资源利用效率，促进海洋科技的发展创新，维护国家的海洋正当权益，可以在很大程度上保证海洋强国的发展，建设好海洋生态文明，有力促进海洋经济的绿色、健康、可持续发展。

（二）中国海洋经济景气关联分析

中国海洋经济景气指数 SI（Marine Economic Sentiment Index）的样本区间是 2002～2015 年，数据来自前文的测定。中国宏观经济景气指数 CI（Macro-Economic Climate Index）的样本区间为 2002～2015 年，数据来自国家统计局公布的宏观经济景气指数的月度数据。我们在 Eviews 软件中首先对两个变量进行 ADF 平稳性检验，结果显示 SI 序列和 CI 序列都是平稳的，据此能建立一个向量自回归模型。

我们对中国海洋经济景气的关联效应展开分析是通过构建 VAR 模型的方式。我们可以采用 VAR 模型的方差分解法来更好地解释各变量之间的因果关系强度。由于 AIC 和 SC 的最小值均发生在滞后 2 期，所以此 VAR 模型的最优滞后期也为滞后 2 期。

我们可以在 VAR 模型的基础上应用脉冲响应函数（描述某一内生变量对所受冲击因子的反应的函数）来研究模型的动态特征。当 ζ_t 的取值发生改变时，每一个变量的当前值都会相应地改变，未来值也会发生改变。

1. 中国海洋经济与宏观经济景气关联的 VAR 模型检验

根据 VAR 模型的稳定性和景气关联效应的动态变化分析需求，中国海洋经济与宏观经济景气关联分析建立样本为 2002~2015 年的 VAR 模型。根据 AIC 和 SC 信息准则，发现在这两种情况下，滞后期 P 可以选择 1 或 2，但是我们经过试验发现，当选择滞后 1 期时，所建立的两个 VAR 模型均不具有稳定性。如图 2 所示，选择滞后 2 期建立 VAR 模型，发现其特征根均在单位圆内，因而所建立的 VAR 模型是平稳的，可以用于后面的脉冲响应分析和方差分解。

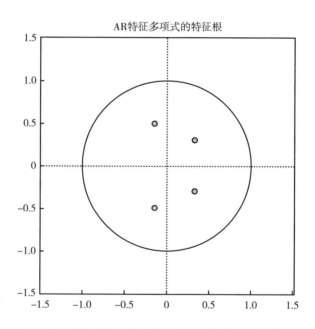

图 2 中国海洋经济景气关联 VAR 模型稳定性检验

VAR 模型主要分析系统中误差项受到某种冲击变化时系统的动态响应变化（脉冲响应），其前提假设是，受到冲击的内生变量的波动项发生改变，而其余的内生变量的波动项不发生改变。

假定第 t 期给 y_{jt} 一个冲击，则变量 y_{it} 的响应函数为：

$$y_{it} = \sum_{j=1}^{k} \left[a_{ij}^{(0)} \varepsilon_{jt} + a_{ij}^{(1)} \varepsilon_{jt-1} + a_{ij}^{(2)} \varepsilon_{jt-2} + a_{ij}^{(3)} \varepsilon_{jt-3} + L \right] \quad t = 1,2,\cdots,T \quad (14)$$

其中，各个误差项的系数 a_{ij} 代表变量 y_{it} 对变量 y_{jt} 冲击的响应。$a_{ij}^{(q)}$ 描述了

在时期 t 对 y_{jt} 施加一个冲击，其他变量和早期变量不变的情况下 $y_{i,t+q}$ 对 $y_{j,t}$ 的一个冲击的反应（类似于乘数效应）。

2. 中国海洋经济与宏观经济的景气关联分析

（1）中国海洋经济与中国宏观经济的景气关联响应。在 Eviews 中对中国海洋经济与中国宏观经济的景气关联脉冲响应，得到图 3。VAR 模型脉冲响应图表明，中国宏观经济对海洋经济的冲击影响持续了 4 个时期。中国海洋经济与中国宏观经济的景气关联响应特征在 VAR 模型中可以明显表现。

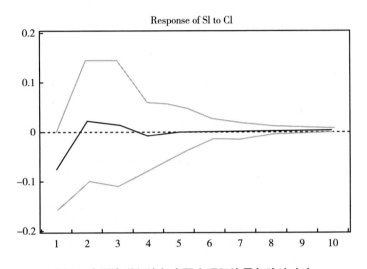

图 3　中国海洋经济与中国宏观经济景气脉冲响应

图 3 的脉冲响应表明，当在第 1 期给中国宏观经济景气指数施加一个正向冲击时，中国海洋经济景气指数的响应时间会持续 3 个时期，并在第 2 期到达响应的最高点，中国海洋经济（SI）对中国宏观经济（CI）的响应为 0.25。

（2）中国海洋经济的自主响应分析。中国海洋经济自身的内在脉冲响应，见图 4。从图中可以看出，2002～2015 年 VAR 模型的中国海洋经济自主响应特征十分明显。在开始时，中国海洋经济的自身内在脉冲响应很高，但紧接着迅速下滑，第 3 期的内在脉冲关联响应一步步变弱，直到最后消失。中国海洋经济的自身内在脉冲响应只存在了 2 期的时滞，这表示中国海洋经济不仅缺少自身发展内在动力的长期影响机制，而且本身可持续发展的能力很弱。海洋经济政策虽然可以产生的短期影响效果比较明显,但是产生的长期的效果比较差。

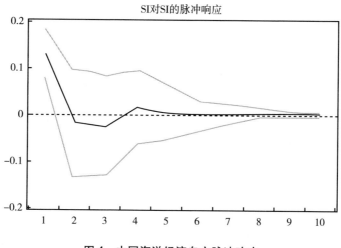

图 4   中国海洋经济自主脉冲响应

(3)中国海洋经济的方差分解分析

中国海洋经济与中国宏观经济景气关联的 VAR 模型方差分解结果如表 9 和图 5 所示,其中对中国海洋经济的波动做出最大贡献的是中国海洋经济自身内在的波动。

表 9   中国海洋经济景气关联 VAR 模型方差分解

Period	1	2	3	4	5	6	7	8	9	10
S. E.	0.15	00.152	0.155	0.156	0.156	0.156	0.156	0.156	0.156	0.156
CI	27.414	28.219	27.951	28.115	28.112	28.116	28.117	28.117	28.117	28.117
SI	72.586	71.781	72.04	71.885	71.888	71.884	71.883	71.883	71.883	71.883

当前中国宏观经济景气波动对中国海洋经济景气冲击比较小,其波动的最主要原因是内在冲击,在第 2 期中国宏观经济景气波动的冲击增加,从第 3 期开始,其影响逐渐稳定下来,72% 的海洋经济波动可以从其自身解释,其余的 28% 可以由中国宏观经济来解释。据此,我们可以得出结论:中国的宏观经济

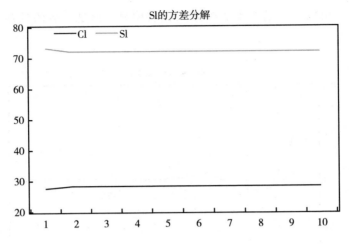

图5 中国海洋经济景气关联 VAR 模型方差分解

景气和中国海洋经济有很大关联性，中国海洋经济受到的外来冲击比较小，海洋经济运行相对安全稳定。

（三）中国海洋经济景气形势展望

2016 年 3 月 17 日，新华社授权发布《国民经济和社会发展第十三个五年规划纲要》，与之前的对比，发现传统四大板块中开始注重开放发展，对老少边穷地区的发展更加重视，增加推进区域经济发展，促进长江经济带、海洋经济发展的相关内容。近几年，全球经济进入衰退期。中国经济增长也出现明显下滑趋势，传统制造业的优势不再突出，中国经济正处于产业结构调整与升级的重要阶段。在这一阶段，海洋经济对国内生产总值的贡献不断上升，由此可见海洋经济可以成为中国经济增长的新引擎。

由景气指数图也可以发现，2014～2015 年中国海洋经济景气指数处于上升态势，也就是处于扩张阶段。顺应周期，就可以把握海洋经济发展的历史机遇，取得历史性的成果。笔者认为未来中国的任务是不断提高海洋经济产值、增速，优化产业结构；提倡"科技兴海""依法治海"，推动海洋经济可持续发展；不仅要提高海洋资源的开发能力，而且要注重科学合理开发，从数量型转变为质量型，统筹陆海协同发展，进一步优化海洋产业结构布局；重视海洋科技创新，培养优质海洋创新人才，体现海洋科技的引领作用；在海洋资源开发的同时，不能忽视海洋环境的保护，推动海洋开发的方式向更绿色、循环利用的方向转变。

参考文献

孙林林、李同昇、吴涛：《我国沿海地区海洋产业结构及其竞争力的偏离份额分析》，《科技情报开发与经济》2013 年第 5 期，第 137 ~ 139、160 页。

国家统计局：《中国统计年鉴》，中国统计出版社，2008 ~ 2014。

国家海洋局：《中国海洋统计年鉴》，海洋出版社，2001 ~ 2014。

中国船舶工业年鉴编辑委员会：《中国船舶工业年鉴》，2005 ~ 2014。

殷克东、方胜民、高金田：《中国海洋经济发展报告（2012）》，社会科学文献出版社，2012。

李晓明：《山东半岛蓝色经济区海洋经济创新发展问题研究》，山东财经大学硕士学位论文，2015。

叶冬娜：《构建基于马克思恩格斯生态思想的海洋生态文化》，福建师范大学硕士学位论文，2015。

殷克东、马景灏：《中国海洋经济波动监测预警技术研究》，《统计与决策》2010 年第 21 期，第 43 ~ 46 页。

宗和：《畅谈区域合作研讨海洋发展》，《中国海洋报》2016 年 11 月 22 日（002）。

蔡明玉：《适应新常态抢抓新机遇推动海洋事业发展再上新台阶》，《海洋开发与管理》2016 年第 S1 期，第 75 ~ 79 页。

程丽：《山东半岛蓝色经济区海洋经济发展现状及战略研究》，中国海洋大学硕士学位论文，2014。

白福臣：《灰色 GM（1，N）模型在广东海洋经济预测中的应用》，《技术经济与管理研究》2009 年第 2 期，第 9 ~ 11 页。

殷克东：《中国海洋经济周期波动监测预警研究》，人民出版社，2016 年。

B.8
沿海地区海洋经济发展水平分析

金 雪*

摘 要: 最近几年，中国的海洋经济展现蓬勃发展态势，海洋产业持续改善优化、海洋经济对地区经济贡献度保持增长。但是，我国海洋经济发展水平与世界其他海洋强国之间还有比较大的差距。通过综合分析沿海地区海洋经济发展规模、发展结构以及存在的问题，构建沿海地区海洋经济发展水平测评指标体系，设计海洋经济总量指数、海洋经济结构指数、海洋经济推动力指数，测度海洋经济发展个体指数、海洋经济发展总体指数。选取北部、东部、南部三大海洋经济圈典型沿海地区，从海洋经济总量、海洋经济结构、海洋经济推动力三个方面对海洋经济发展水平进行测评，客观、科学地分析中国海洋经济的发展状况，明晰各沿海地区海洋事业发展的优势和不足，为沿海地区的海洋经济发展提供参考。

关键词: 海洋经济规模 海洋经济结构 海洋经济推动力 海洋经济发展指数

---

* 金雪，中国海洋大学经济学院博士后，研究领域为海洋经济。

一 沿海地区海洋经济发展现状分析

（一）沿海地区海洋经济规模分析

1. 人均海洋生产总值

图 1 反映的是环渤海地区各省份的人均海洋生产总值情况。2006 年以来，天津市人均海洋生产总值逐步提升，在环渤海地区中长期处于领先地位。2014 年天津市人均海洋生产总值达到 33172.05 元，在全国沿海 11 个省市中居于首位。这源于天津市对海洋经济发展的重视，2009 年国务院批复同意天津市设立滨海新区，同时通过政策优惠、财政支持、融资扩展等方式引进企业，为天津市海洋产业的发展提供财力以及政策支持，提升了天津海洋经济的发展水平。河北省人均海洋生产总值受 2008 年国际金融危机影响，2009 年开始下降，2009 年以后得到一定程度的改善。辽宁省人均海洋生产总值也表现为增长态势，2014 年辽宁省人均海洋生产总值 8920.52 元，对比 2013 年增长缓慢；究其原因是辽宁省海洋经济总量中超过 60% 由海洋渔业、海洋船舶工业等传统行业组成，考虑到 2012 年全球航运市场形势严峻，辽宁省船舶业不同程度地出现接单难、盈利难等难题，制约了海洋生产总值增速。

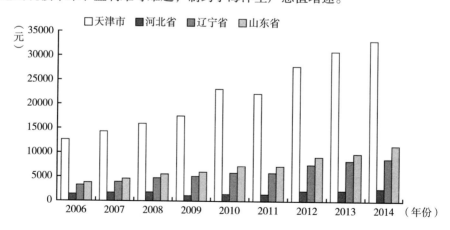

图 1　2006～2014 年环渤海地区人均海洋生产总值

注：人均海洋生产总值＝地区海洋生产总值/地区人口总数。
资料来源：《中国海洋统计年鉴》（2007～2015），《中国统计年鉴》（2007～2015）。

图 2 展示了长三角地区各省份人均海洋生产总值的状况，从图中可以发现上海人均海洋生产总值在长三角地区保持领先水平，即使上海市人均海洋生产总值在 2007～2014 年出现波动，受国际金融危机的影响，上海市人均海洋生产总值在 2009 年出现下降，这种趋势在 2010 年出现改观。2014 年上海市人均海洋生产总值达到 25758.45 元，整体水平在全国沿海 11 个省市中处于第二。主要是因为 2010 年世博会之后，上海市城市基础设施建设尚处在建设初期，滨海旅游业能够高速扩展；上海国际航运中心建设稳步推进，这为上海市海洋交通运输业的进一步发展奠定了基础性作用。江苏省人均海洋生产总值在 2007 年以后呈现增长趋势，2014 年人均海洋生产总值更是达到 7022.86 元；浙江省人均海洋生产总值逐年增长，2014 年人均海洋生产总值为 9872.37 元，在全国沿海 11 个省市中处在第七位，和上海市存在差距。目前浙江省海洋经济发展自身问题是主要因素，海洋科技人才匮乏、要素配置不合理、海洋科技对海洋经济贡献率低等从不同程度上影响了浙江省海洋经济的持续发展。

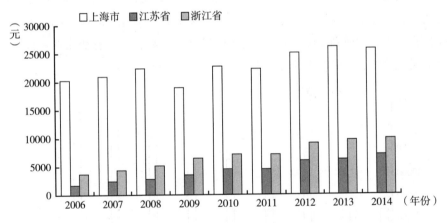

图 2　2006～2014 年长三角地区人均海洋生产总值

资料来源：《中国海洋统计年鉴》（2007～2015）。

图 3 是珠三角地区各省份人均海洋生产总值情况。从图中看出，福建省人均海洋生产总值在珠三角地区中保持领先，人均海洋生产总值稳定升高，2014 年福建省人均海洋生产总值为 15712.56 元。2006 年以来，广东省人均

海洋生产总值整体表现良好，保持增长，2014 年广东省人均海洋生产总值达到 12336.63 元，在全国沿海 11 个省市中排名第四位；但同时因为人口总数较多，即使在 2006～2014 年广东省海洋产业增加值一直居于全国首位，其人均海洋生产总值排名一直低于上海市、天津市、福建省等地区。2014 年广西人均海洋生产总值为 2148.09 元；相比较而言，2014 年海南省海洋人均生产总值 9990.03 元，但 2006 年以来海南省海洋生产总值在全国沿海 11 个省市一直排在末端，这要归因于海南省海洋经济发展暴露的海洋综合管理和协调机制有待完善等问题，另外海洋渔业等相关传统产业的粗放型发展模式，科技引入速度有待提升，海洋新兴产业短缺都阻碍海南省海洋经济的长远发展。

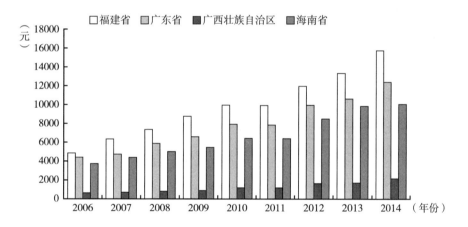

图 3　2006～2014 年珠三角地区人均海洋生产总值

资料来源：《中国海洋统计年鉴》(2007～2015)。

2. 涉海就业人员分析

图 4 是环渤海地区各省份涉海就业人员占全国涉海就业人员比重情况，图 5 是环渤海地区各省份涉海就业人员占其地区就业人员比重情况。从图中可以看出，山东省涉海就业人员占全国涉海就业人员比重处于领先水平，远远超出其他各个省份；但是山东省人口众多，其涉海就业人员占其地区就业人员比重在环渤海地区处于较低水平。2014 年山东省涉海就业人员达到 539.4 万人，占全国涉海就业人员的 15.18%，处于全国第二位，占山东省就业人数的

8.16%。河北省的涉海就业人员占全国涉海就业人员比重和地区就业人员比重在环渤海地区中都排名末位。2014年河北省涉海就业人员占全国涉海就业人员以及其地区就业人员比重均处于沿海11个省市末位，这也使河北省海洋经济总量水平较低。天津市涉海就业人员占全国涉海就业人员比重较低，2014年天津市涉海就业人员占全国涉海就业人员的比重是5.05%，其涉海就业人员占地区就业人员的比重却处在前列，2014年天津市涉海就业人员占地区就业人员的比重为20.45%，居于全国第二位。

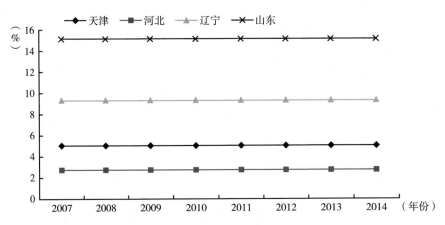

图4　2007~2014年环渤海地区涉海就业人员占全国涉海就业人员比重

资料来源：《中国海洋统计年鉴》（2008~2015）。

图6是长三角地区各省份涉海就业人员占全国涉海就业人员比重情况，图7是长三角地区各省份涉海就业人员占其地区就业人员比重情况。图6反映浙江省涉海就业人员占全国涉海就业人员的比重相对较大，该比重明显高于长三角地区中的其他省份。2014年浙江省涉海就业人员432.3万人，占全国涉海就业人员的12.16%，居全国第四位。而在涉海就业人员占其地区就业人员的比重方面，上海市从2007~2012年一直居于全国第三的水平，2013年以后下滑至第四位。2014年上海市涉海就业人员占其地区就业人员比重为15.74%。江苏省涉海就业人员占全国涉海就业人员和其地区就业人员比重两个方面上都处于长三角地区末位。2014年江苏省涉海就业人员占全国涉海就业人员比重为5.55%，涉海就业人员占其地区就业人员比重为4.14%。

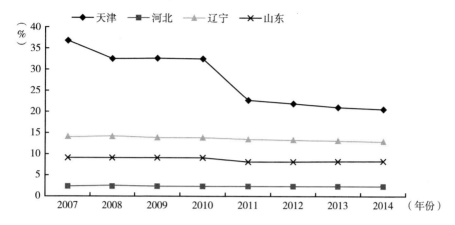

图5　2007~2014年环渤海地区涉海就业人员占地区就业人员比重

资料来源：《中国海洋统计年鉴》（2008~2015）。

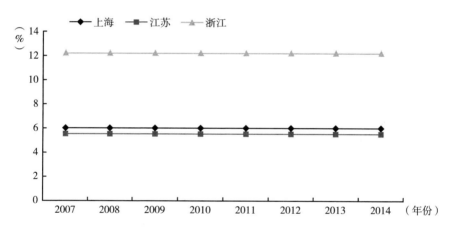

图6　2007~2014年长三角地区各省份涉海就业人员占全国涉海就业人员比重

资料来源：《中国海洋统计年鉴》（2008~2015）。

图8是珠三角地区各省份涉海就业人员占全国涉海就业人员比重情况，图9是珠三角地区各省份涉海就业人员占其地区就业人员比重情况。从图8中能够发现，广东省涉海就业人员占全国涉海就业人员的比重在珠三角地区排名领先，并且保持稳定状态。2014年广东省涉海就业人员为852.0万人，占全国涉海就业人员的23.98%，居于全国第一位，占广东省就业人数的13.78%，广东省海洋经济的强劲综合实力，也推动了全国海洋经济的发展。从图9中看

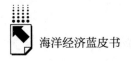

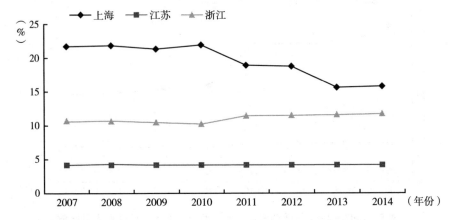

图7 2007～2014年长三角地区各省份涉海就业人员占其地区就业人员比重

资料来源：《中国海洋统计年鉴》（2008～2015）。

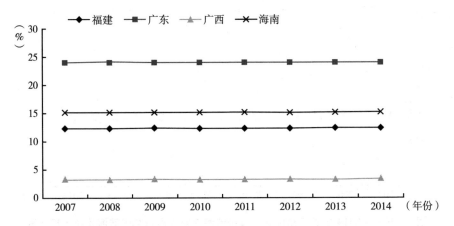

图8 2007～2014年珠三角地区各省份涉海就业人员占全国涉海就业人员比重

资料来源：《中国海洋统计年鉴》（2008～2015）。

出，海南省涉海就业人员占其地区就业人员比重相对于珠三角地区其他省份处于较高水平。2014年，海南省涉海就业人员占其地区就业人员比重高达25.02%，这是由于海南省海洋产业在海南经济发展中占有举足轻重的地位。而广西壮族自治区无论涉海就业人员占全国涉海就业人员比重还是占其地区就业人员比重在珠三角地区中均处于末位，2014年广西壮族自治区涉海就业人

员占全国涉海就业人员以及涉海就业人员占其地区就业人员比重在全国沿海
11 省市中排名靠后，表明广西壮族自治区海洋经济水平较低。

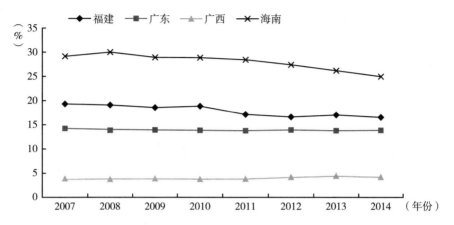

图 9　2007～2014 年珠三角地区各省份涉海就业人员占其地区就业人员比重

资料来源：《中国海洋统计年鉴》（2008～2015）。

（二）沿海地区海洋经济结构分析

1. 环渤海地区海洋经济产业结构调整分析

图 10 是环渤海地区海洋第一、二、三产业结构图。从图中可以看出，环
渤海地区海洋三次产业增加值在 2007～2014 年的比例变化不大，其中 2014 年
第一、第二、第三产业增加值分别达到 1303 亿元、10635.6 亿元和 10350.4 亿
元。从产业结构来看，环渤海地区在 2007～2014 年一直呈现"二、三、一"
的产业格局，且产业格局比例变动不大。2014 年，环渤海地区海洋第一产业
占北部海洋经济圈产业生产总值的 5.84%，海洋第二产业占北部海洋经济圈
产业生产总值的 47.7%，海洋第三产业占北部海洋经济圈产业生产总值的
46.4%。

图 11 是天津市海洋第一产业、第二产业、第三产业增加值变化图。从图
中可以看出，天津市 2007～2014 年海洋第一产业增加值微乎其微，2014 年天
津市海洋第一产业增加值仅为 14.6 亿元。海洋第二产业增加值最大，2014 年
天津市第二产业增加值为 3127.3 亿元。海洋第三产业增加值也不断增长，
2014 年天津市第三产业增加值为 1890.4 亿元。

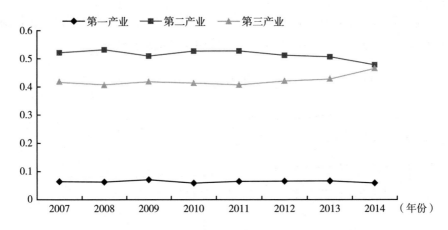

图10　2007～2014年环渤海地区海洋第一、二、三产业结构

资料来源：《中国海洋统计年鉴》（2008～2015）。

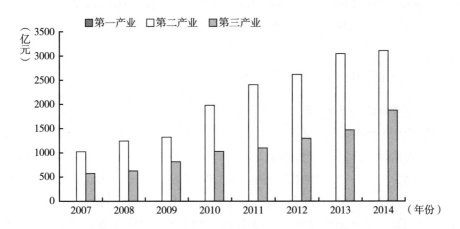

图11　2007～2014年天津市海洋第一产业、第二产业、第三产业增加值

注：第一产业数值较小，图中不明显。

资料来源：《中国海洋统计年鉴》（2008～2015）。

图12是河北省海洋第一产业、第二产业、第三产业增加值变化图。从图中可以看出，河北省海洋第二产业增加值最大，第三产业次之，第一产业最小。受2008年金融危机的影响，2009年河北省海洋三次产业增加值均有所下降。2014年河北省海洋第二产业增加值为1008.3亿元，海洋第三产业增加值为968.2亿元。

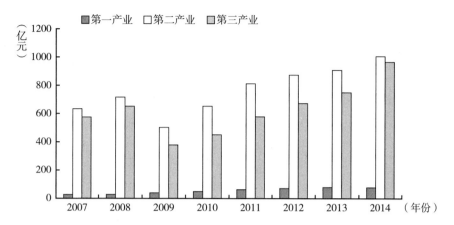

图 12　2007～2014 年河北省海洋第一产业、第二产业、第三产业增加值

资料来源:《中国海洋统计年鉴》(2008～2015)。

图 13 是辽宁省海洋第一产业、第二产业、第三产业增加值变化图。从图中可以看出,辽宁省 2007～2014 年海洋三次产业增加值均不断增加,且以第二产业为主。2014 年辽宁省海洋第一、第二产业增加值分别是 418.7 亿元和 1411 亿元,第三产业为主要产业,增加值为 2087.3 亿元。

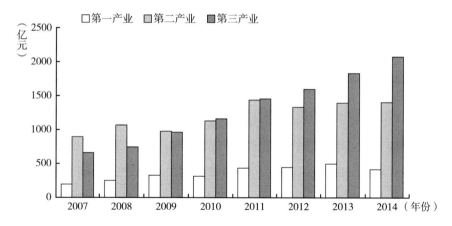

图 13　2007～2014 年辽宁省海洋第一产业、第二产业、第三产业增加值

资料来源:《中国海洋统计年鉴》(2008～2015)。

图 14 是山东省海洋第一产业、第二产业、第三产业增加值变化图。从图中可以看出,山东省 2007～2014 年海洋三次产业增加值不断增长。2014 年山

东省海洋第一产业增加值为794.5亿元，海洋第二产业增加值为5089亿元，海洋第三产业增加值为5404.5亿元。受2008年金融危机的影响，各个省市均进行海洋产业结构调整，山东省的海洋渔业、海洋工程制造业、滨海旅游业发展势头较好，包括青岛港、烟台港在内的众多港口和新兴产业在山东半岛沿岸等区域形成了一个较为稳定的体系，抗金融危机能力强。

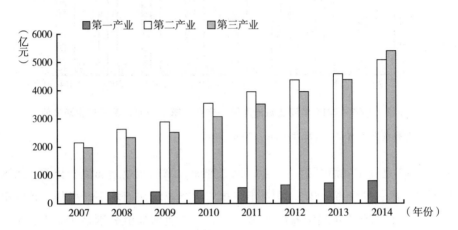

图14　2007～2014年山东省海洋第一产业、第二产业、第三产业增加值

资料来源：《中国海洋统计年鉴》（2008～2015）。

2. 长三角地区产业结构调整分析

长三角地区拥有良好的港口航运体系，海洋经济外向型程度高。图15是长三角地区海洋第一产业、第二产业、第三产业结构情况，海洋三次产业呈现"三、二、一"的特点，产业结构布局合理。在绝对规模方面，长三角地区三次产业增加值逐步上升，在2014年分别达到748.1亿元、7177.6亿元和9351.2亿元。从相对规模来看，长三角地区海洋三次产业之中，第一产业比重维持稳定，第二产业比重从2010年开始逐渐下降，而第三产业比重呈上升趋势。

图16是上海市海洋第一产业、第二产业、第三产业增加值变化图。从图中可以看出，上海市海洋产业呈现明显的"三、二、一"的特点，第三产业比重逐渐加大，第一产业增加值很小。2014年上海市海洋第一产业增加值仅4.3亿元，第二产业增加值为2278.4亿元，第三产业增加值最大，达到3966.2亿元。

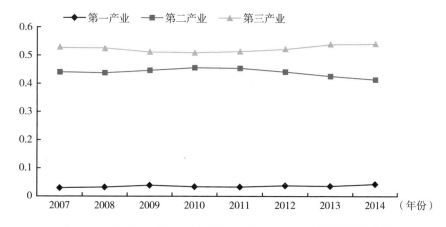

图 15　2007～2014 年长三角地区海洋第一、二、三产业结构占比

资料来源：《中国海洋统计年鉴》（2008～2015）。

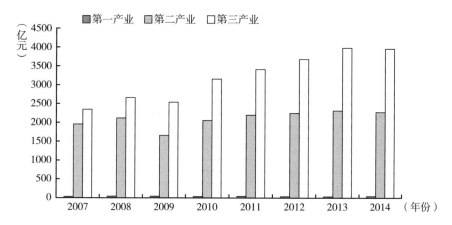

图 16　2007～2014 年上海市海洋第一产业、第二产业、第三产业增加值

资料来源：《中国海洋统计年鉴》（2008～2015）。

图 17 是江苏省海洋第一产业、第二产业、第三产业增加值变化图。从图中可以看出，2009 年以前，江苏省海洋经济主要以第三产业为主，2009 年以后第二产业不断发展，成为江苏省的主要产业。2014 年江苏省海洋第一产业增加值为 316.2 亿元，第二产业增加值最大，为 2894.7 亿元，第三产业增加值为 2379.3 亿元。

图 18 是浙江省海洋第一产业、第二产业、第三产业增加值变化图。从图

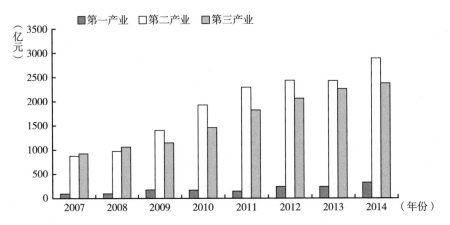

图17　2007～2014年江苏省海洋第一产业、第二产业、第三产业增加值

资料来源：《中国海洋统计年鉴》（2008～2015）。

中可以看出，浙江省第二产业、第三产业所占比重较大。2014年浙江省海洋第一产业增加值为427.6亿元，第二产业增加值为2004.5亿元，第三产业增加值为3005.7亿元。受2008年金融危机的影响，各个省市均进行海洋产业结构调整，而浙江省的海洋渔业、海洋工程制造业、滨海旅游业发展良好，新兴产业发展较为完善，在东部海洋经济圈形成了一个相对稳定的体系，受金融危机影响较小。

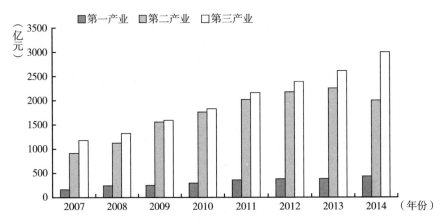

图18　2007～2014年浙江省海洋第一产业、第二产业、第三产业增加值

资料来源：《中国海洋统计年鉴》（2008～2015）。

3. 珠三角地区产业结构调整分析

珠三角地区作为在经济全球化背景下发展起来的战略区域，其制造业和服务业发展有一定优势，对外开放程度高。从绝对规模来看，珠三角地区海洋经济三次产业规模不断上升，2014 年海洋第一、第二、第三产业增加值分别达到 1058.5 亿元、8846.8 亿元和 11228 亿元。图 19 是 2007～2014 年珠三角地区海洋三次产业占比情况，从相对规模来看，三次产业比重变化不大，2007～2014 年海洋第二产业、第三产业比重基本稳定，第一产业比重略有下降。目前珠三角地区海洋三次产业结构呈现"三、二、一"特点，产业结构趋于完善。

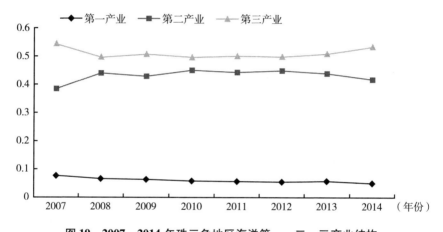

图 19　2007～2014 年珠三角地区海洋第一、二、三产业结构

资料来源：《中国海洋统计年鉴》（2008～2015）。

图 20 是福建省海洋第一产业、第二产业、第三产业增加值变化图。从图中可以看出，福建省 2007～2014 年海洋三次产业增加值不断增长。2014 年福建省海洋第一产业增加值为 480.8 亿元，第二产业增加值为 2299.3 亿元，第三产业增加值最大，为 3200.2 亿元。

图 21 是广东省海洋第一产业、第二产业、第三产业增加值变化图。从图中可以看出，广东省 2007～2014 年海洋第二产业、第三产业发展迅速，第一产业增加值基本保持不变。2014 年广东省海洋第一产业增加值仅 201 亿元，第二产业增加值为 5993.9 亿元，第三产业增加值最大，为 7034.9 亿元。受 2008 年金融危机的影响，各个省市均进行海洋产业结构调整，广

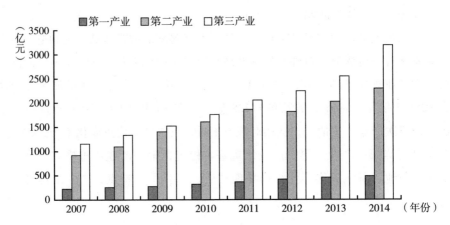

图 20　2007～2014 年福建省海洋第一产业、第二产业、第三产业增加值

资料来源:《中国海洋统计年鉴》(2008～2015)。

东省 2008 年之前海洋经济快速发展,海洋渔业、海洋工程制造业、滨海旅游业发展良好,在南部海洋经济圈形成了一个相对稳定的体系,受金融危机影响较小。

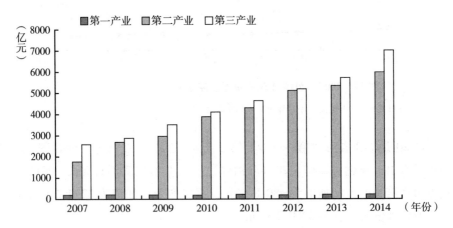

图 21　2007～2014 年广东省海洋第一产业、第二产业、第三产业增加值

资料来源:《中国海洋统计年鉴》(2008～2015)。

图 22 是广西壮族自治区海洋第一产业、第二产业、第三产业增加值变化图。2007～2014 年海洋三次产业增加值不断增长。2014 年广西壮族自治区海

洋第一产业增加值为 175.9 亿元，第二、三产业增加分别为 373.5 亿元和 471.7 亿元，第一产业、第三产业增加值在南部海洋经济圈均处于较低水平，并且和福建省、广东省存在较大差距。

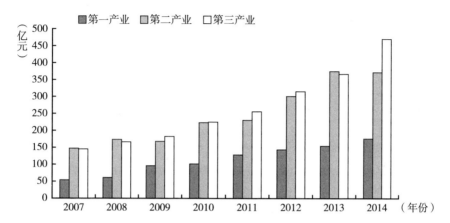

图 22　2007～2014 年广西壮族自治区海洋第一产业、第二产业、第三产业增加值

资料来源：《中国海洋统计年鉴》（2008～2015）。

图 23 是海南省海洋第一产业、第二产业、第三产业增加值变化图。从图中可以看出，海南省 2007～2014 年海洋第三产业发展迅速，第一产业、第二产业发展缓慢。2014 年海南省海洋第一产业增加值为 200.8 亿元，第二产业

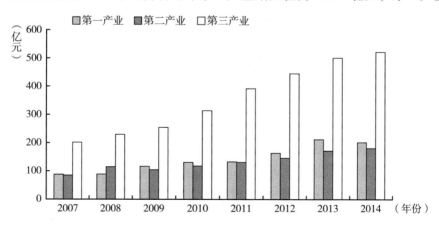

图 23　2007～2014 年海南省第一产业、第二产业、第三产业增加值

资料来源：《中国海洋统计年鉴》（2008～2015）。

增加值为 180.1 亿元，并且第二产业增加值在全国主要沿海城市中处于最低水平，第三产业增加值为 521.2 亿元。海南省海洋第三产业占比较大，这其中以滨海旅游业为主要发展对象。综观近几年的产业结构变化可以发现，海南省海洋产业结构调整程度较小，这与金融危机以及不景气的外部环境存在一定的关系。

（三）沿海地区海洋经济发展问题分析

近几年沿海地区经济蓬勃发展，但部分地区在发展过程中仍存在问题，一定程度上制约了海洋经济水平的进一步提升，正视并客观分析这些问题对海洋经济的发展影响巨大。

1. 海洋经济结构层次较低

部分地区海洋自然资源和海洋科技资源优势突出，然而在转换经济优势的过程中发挥的效果并不显著，从而使丰富的海洋资源利用程度仍然较低，进而不能更快地促进产业结构合理化。具有技术含量水平低等特点的海洋水、盐业等第一产业占比相对较大，相反滨海旅游业等第二、三产业比重较小，经济结构层次偏低。因此，地区海洋经济发展需要考虑当前环境与形势，结合地区独有优势，发展潜力大、势头良好的产业，以较快的速度形成一定规模，促进区域海洋产业结构和布局不断优化。

2. 海洋环境问题严重

海洋经济结构的不合理布局，较长时间的粗放型经济增长模式，淡薄的海洋环保意识直接造成了海洋经济问题的日益突出。沿海区域的不适当开发利用使周边生态环境不断破坏，污染程度愈发严重。加上陆域污染治理的水平不高、海上污染源控制能力不足、赤潮灾害多次爆发、海岸侵蚀程度加剧、沿岸土地盐碱化，这些问题危害海洋产业的蓝色持续发展。改善上述问题需要建立健全海洋环境测评体系，提升海洋环境的监管能力，加大海洋环境治理的执法强度。

3. 海洋科技创新力欠缺

目前沿海地区科技纵然有较明显的进步，在某些技术领域获得突出成就，使综合竞争力有所提高，但不可否认仍然存在科研成果转化为实际应用的效率偏低这一问题。涉海企业产品竞争力呈现低水平，海洋科技创新体系建立慢，同时海洋产业人才的相关实践平台及科技成果转化平台也存在不足。不断促进沿海经济又好又快发展需要把海洋经济发展与科技创新牢固结合在一起，不断提升海洋科技创新能力，才能更好地解决科技成果转化率偏低的问题。

4. 地区海洋经济发展不均衡

根据以上分析，我们可以发现无论是在人均 GDP、涉海就业人员还是经济结构方面上，地区之间都存在差异性，这不单是海洋经济发展历程不同的结果，也是地理位置、资源等条件不同所造成的。因此，要针对海洋产业展开合理有效布局，将改革创新作为核心点进行全面协同发展，推进区域间协调共享发展；进而形成全面协调体系，构建以决策层、协调层、执行层共同组成的多区域合作机制，以产业的梯次布局以及区域间内部分工，来完善海洋产业由发达地区转移至欠发达地区的工作，不断推动海洋经济的全面演进。

二 沿海地区海洋经济发展指数分析

（一）沿海地区海洋经济发展指标设计

依据指标选取的原则和方法，结合定量分析和定性分析、规范分析和实证分析的要求，同时考虑不同省份之间同一指标的可比性等因素，构建沿海地区海洋经济综合实力测评指标体系，其中包括海洋经济总量指标、海洋经济结构指标、海洋经济推动力指标在内的 3 个一级指标，以及人均海洋生产总值，第二产业、第三产业增加值占其地区海洋 GDP 的比重，沿海地区固定资产投资密度，沿海地区实际利用外资额占全国份额在内的 16 个二级指标。构建的沿海地区海洋经济发展水平指标体系如表 1 所示。

表 1 沿海地区海洋经济发展水平测评指标体系

一级指标	二级指标
海洋经济总量指标	海洋产业增加值占全国比重
	人均海洋生产总值
	海洋产业固定资产投资占全国比重
	涉海就业人员占全国涉海就业人员比重
	涉海就业人员占其地区就业人员比重

一级指标	二级指标
海洋经济结构指标	海洋第二产业增加值占其地区海洋 GDP 的比重
	海洋第三产业增加值占其地区海洋 GDP 的比重
	海洋第二产业增长率对其地区海洋 GDP 增长率弹性系数
	海洋第三产业增长率对其地区海洋 GDP 增长率弹性系数
	海洋产业结构变化值指数
海洋经济推动指标	海洋产业增加值占全国海洋 GDP 的比重
	海洋产业增加值占其地区 GDP 的比重
	沿海地区固定资产投资密度
	沿海地区实际利用外资额占全国份额
	全国海洋 GDP 增长对地区海洋产业增长弹性系数
	地区 GDP 增长对地区海洋产业增长弹性系数

（二）沿海地区海洋经济发展指数设计

1. 海洋经济总量指数

海洋经济总量、海洋经济结构和海洋经济推动力构成了沿海地区海洋经济发展水平的三个方面。其中，海洋经济总量由海洋产业增加值占全国比重、人均海洋生产总值、海洋产业固定资产投资占全国比重、涉海就业人员占全国涉海就业人员比重和涉海就业人员占其地区就业人员比重构成，衡量了沿海地区海洋经济发展的总水平，可以直观地反映沿海地区海洋经济发展水平。

2. 海洋经济结构指数

沿海地区海洋经济结构衡量了沿海地区海洋经济产业结构是否合理，由海洋第二、三产业增加值占其地区海洋 GDP 的比例，海洋第二、三产业增长率对其地区海洋 GDP 增长率弹性系数以及海洋产业结构变化值指数构成；同时衡量了沿海地区海洋经济的产业结构是否有利于海洋经济的长久、稳定发展。通过对海洋产业结构各个指标进行实证分析，衡量了以第二产业和第三产业为主的海洋产业在海洋经济发展中的地位，同时考察了海洋产业结构调整对海洋经济发展的推动作用。

3. 海洋经济推动力指数

海洋经济推动力主要表现为海洋经济系统与陆域经济系统相互促进发展的

力量。海洋经济推动力主要包含了地区海洋经济对全国海洋经济的推动作用衡量指标，经济要素对地区海洋经济发展的推动指标两类，其中包括沿海地区实际利用外资额占全国份额、全国海洋 GDP 增长对地区海洋产业增长弹性系数等。海洋经济发展潜力由海洋经济推动力反映。

（三）沿海地区海洋经济发展指数测评

1. 海洋经济发展个体指数测评

通过德尔菲法以及熵值法确定指标的权重，利用算数加权合成模型对海洋经济综合实力个体指数进行测算，利用指数功效函数无量纲化方法处理原始数据，按照公式（1）计算得到沿海省市 2007 ~ 2014 年的海洋经济总量指数、海洋经济结构指数和海洋经济推动力指数（见表 2、表 3、表 4）。

$$I_j = \frac{\sum_{i=1}^{n} Z_{ij} W_{ij}}{\sum_{i=1}^{n} W_{ij}} (j = 1,2,3) \tag{1}$$

其中，I 表示某省（市）在某一年的海洋经济总量指数、海洋经济结构指数或海洋经济推动力指数；Z_{ij} 代表经过无量纲化处理的数据值；W_{ij} 代表权重。

表 2　2007 ~ 2014 年沿海地区海洋经济总量指数

省份＼年份	2007	2008	2009	2010	2011	2012	2013	2014
天　津	75.90	75.51	76.57	77.71	69.61	77.74	77.64	78.13
河　北	64.79	67.07	65.49	65.56	66.17	63.65	63.65	63.49
辽　宁	65.42	71.83	71.96	71.96	71.13	72.37	72.39	72.12
上　海	80.48	80.08	78.48	78.54	73.32	76.76	76.35	74.44
江　苏	71.91	71.03	72.78	73.24	74.89	69.70	69.56	70.03
浙　江	73.27	72.37	72.87	72.21	71.16	73.07	73.17	73.62
福　建	73.75	73.68	73.70	73.60	70.96	74.93	75.49	76.40
山　东	80.86	80.53	80.33	80.54	81.08	79.39	79.51	80.36
广　东	85.19	85.40	85.61	85.57	82.98	85.82	85.95	86.78
广　西	62.43	61.52	61.72	61.86	63.81	61.84	61.45	62.11
海　南	68.79	69.77	69.26	69.18	70.73	72.23	72.34	72.11

表3 2007～2014年沿海地区海洋经济结构指数

省份＼年份	2007	2008	2009	2010	2011	2012	2013	2014
天 津	71.53	66.41	68.41	77.69	68.19	75.11	68.37	86.86
河 北	69.98	68.43	67.67	67.07	69.93	77.09	79.64	81.06
辽 宁	72.98	67.91	71.31	69.16	69.08	90.22	83.10	82.41
上 海	79.43	93.22	87.17	92.61	93.68	74.08	74.44	70.46
江 苏	73.94	70.49	71.42	68.46	73.62	79.30	88.01	77.90
浙 江	71.11	71.62	71.53	67.04	70.05	68.24	77.53	91.23
福 建	69.27	68.94	69.88	67.20	70.58	84.86	67.80	76.53
山 东	70.69	68.26	71.42	67.72	69.62	68.10	73.77	75.49
广 东	80.51	70.94	82.92	69.80	70.63	77.47	78.00	75.11
广 西	66.99	67.43	70.67	68.22	66.77	76.32	85.67	85.25
海 南	88.55	70.84	71.17	67.38	71.94	72.58	89.63	73.41

表4 2007～2014年沿海地区海洋经济推动力指数

省份＼年份	2007	2008	2009	2010	2011	2012	2013	2014
天 津	73.00	76.19	79.54	70.06	67.70	76.28	77.54	88.70
河 北	67.12	69.39	63.45	68.20	61.83	62.73	65.05	69.48
辽 宁	68.84	71.47	78.25	80.04	81.54	80.08	72.45	79.36
上 海	92.39	88.99	79.60	84.41	91.76	82.33	85.05	80.58
江 苏	71.19	79.63	77.20	71.64	75.30	73.21	83.77	80.43
浙 江	69.33	68.34	72.13	73.44	69.43	68.52	72.31	77.15
福 建	68.47	70.13	73.47	73.71	70.58	68.25	67.71	74.64
山 东	72.85	72.52	79.24	69.80	73.99	71.09	74.23	79.68
广 东	81.49	73.36	81.14	82.88	79.87	74.08	78.03	84.00
广 西	69.39	65.85	69.32	69.17	66.16	60.09	60.12	67.31
海 南	67.10	71.25	75.10	71.90	67.57	66.05	65.83	76.51

2. 海洋经济发展指数测评

根据沿海11省市2007～2014年海洋经济总量指数、海洋经济结构指数、海洋经济推动力指数以及海洋经济竞争力指数，利用算术加权平均的方法，按照公式（2）求得沿海11省市2007～2014年的海洋经济发展指数，计算结果见表5。

$$I = \frac{\sum_{j=1}^{n} I_j W_j}{\sum_{j=1}^{n} W_j} (j = 1,2,3) \qquad （2）$$

其中，W_1、W_2、W_3分别表示海洋经济总量、海洋经济结构和海洋经济推动力的权重，I_1、I_2、I_3分别表示某省（市）在某一年的海洋经济总量指数、海洋经济结构指数和海洋经济推动力指数，I表示海洋经济发展指数值。

表5　2007～2014年沿海地区海洋经济发展指数

年份 省份	2007	2008	2009	2010	2011	2012	2013	2014
天　津	73.48	72.7	74.84	75.15	74.60	76.38	74.52	84.56
河　北	67.30	68.3	65.54	66.94	65.98	67.83	69.45	71.35
辽　宁	69.08	70.4	73.84	73.72	73.92	80.89	75.98	77.96
上　海	84.10	87.43	81.75	85.19	86.25	77.73	78.61	75.16
江　苏	72.35	70.92	72.35	71.50	70.71	74.07	80.45	76.12
浙　江	71.24	73.72	73.80	71.11	70.21	69.94	74.34	80.67
福　建	70.50	70.78	72.18	70.9	70.08	76.01	70.33	75.86
山　东	74.80	73.77	77.00	72.69	74.90	72.86	75.84	78.51
广　东	82.40	76.57	83.22	79.42	77.83	79.13	80.66	81.96
广　西	66.27	64.93	67.24	66.42	65.58	66.08	69.08	71.56
海　南	74.81	70.62	71.84	69.49	68.47	70.29	75.94	74.01

由图24可以看出，上海市和广东省的海洋经济发展指数一直很高，并且在2007～2014年稳中有增。上海的海洋经济发展指数在2012年之前明显高于其他省（市）。陆域经济的发展提升了广东省和上海市的海洋经济发展，因此相对于其他省（市）的这两个地区海洋经济表现了强大的发展优势。上海市和广东省经济综合实力排名前列，陆域经济对海洋经济形成有效的支撑和推动作用。

由图25可以看出，山东和江苏近几年海洋经济发展指数也居于前列。2014年山东省海洋生产总值为11288亿元，比上年增长16.4%。2007～2013年江苏省的海洋经济综合实力持续提升，海洋经济发展速度较快，加上陆域经济实力强劲，随着不断增强对海洋经济发展的重视以及投入力度，其在未来建设成海洋经济强省的潜力巨大。

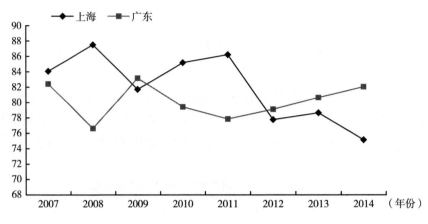

图 24　上海市和广东省海洋经济发展指数变化趋势

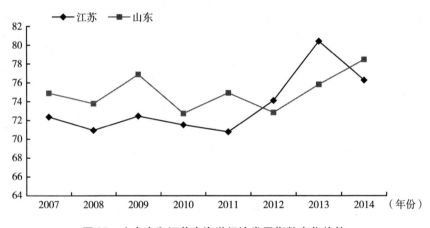

图 25　山东省和江苏省海洋经济发展指数变化趋势

由图 26 和图 24 可以看出，虽然天津在综合经济实力上与上海存在一定差距，但是其海洋经济发展指数一直保持增长，由 2007 年的 73.48 上升至 2014 年的 84.56。一方面，天津海洋经济区域定位精准、海洋产业发展较快、海洋资源丰富、相关海洋基础设施配备完善、海洋经济实力显著增强，其海洋经济具有巨大的发展潜力。2014 年天津海洋经济生产总值突破 5032.2 亿元，较上年提升 10.5%。另一方面，自然条件不足、环境面临压力、产业矛盾升级、能耗水平居高不下等问题凸显，制约了天津市海洋经济的进步，使天津市与上海、广东等海洋经济大省之间存在较大差距。

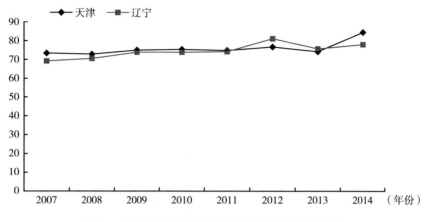

图26 天津市和辽宁省海洋经济发展指数变化趋势

2007年以前，辽宁省的海洋经济基础较为薄弱，海洋经济发展指数仅为69.08，但是其海洋自然资源条件优良、海洋资源开发潜力较大、海洋科技构筑的整体比较完善、城市功能较为完备，经过几年的发展，辽宁省的海洋综合实力明显的提高，到2014年海洋经济发展指数上升至77.96；然而仍与其他海洋大省存在明显差距，首先是海洋产业结构有待优化，传统海洋产业依旧超过海洋经济总量的2/3，海洋生物医药等新兴高新技术海洋产业尚未实现规模化，海洋综合开发仍然处于初步阶段；其次是地区海洋经济发展不全面，存在不平衡现象，大连市的先导地位过于突出。

由图27可以看出，海南省与浙江省的海洋经济综合实力波动较大。2011年受海洋风暴潮等自然灾害的影响严重，经济损失达到19.94亿元，海洋经济发展指数降到历史最低点。浙江省是资源和陆域小省，却是经济大省，2014年浙江省海洋生产总值达到5437.7亿元，居于第五位。但是由于只是在特定的海洋产业上有比较优势，在海洋科技方面处于劣势，并且受风暴潮影响较大，浙江省的海洋发展指数产生波动。2011年国务院正式批复《浙江海洋经济发展示范区规划》，将浙江省海洋经济发展示范区建设提升至国家战略层面，由此浙江省海洋经济发展指数长期保持上升态势。

综合分析发现，我国沿海各省市海洋经济发展指数普遍不高，说明我国海洋经济发展还处于初步阶段，但是我国沿海大部分地区海洋经济发展指数呈上升趋势。

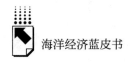

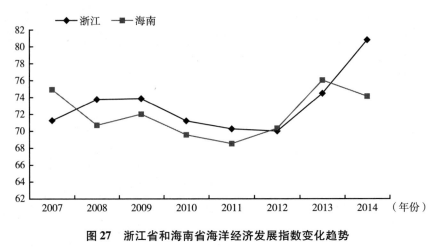

图27　浙江省和海南省海洋经济发展指数变化趋势

三　沿海典型地区海洋经济发展水平分析

我国沿海地区的海洋经济发展迅速，产业布局逐渐优化，沿海地区的各个省市均表现良好的发展态势。海洋经济发展的具体情况因各个省市的区域优势和政策优势不同而呈现迥然不同的面貌。本部分在对沿海各个省市海洋经济进行综合测评的基础上，根据海洋经济综合实力的变化情况，分别选取了三大经济圈中比较有代表性的3个省市（广东省、上海市和河北省），从海洋经济总量、海洋经济结构、海洋经济推动力三个方面对其进行具体分析，对各个省市海洋经济发展提供一定参考。

（一）沿海典型地区海洋经济总量分析

海洋经济总量是分析一个地区海洋经济综合实力的一项关键指标，海洋经济总产值、增加值是海洋经济总量的衡量标准。

从表6中可以看出，在海洋经济总量的测评上，广东省、山东省、上海市、天津市在沿海11省市中排名居于前列，较长时间处于前四位，因此其海洋经济总量之和对沿海地区海洋经济圈海洋经济总量的贡献突出。而河北省、广西壮族自治区在排行中居于末位，两者对海洋经济圈海洋经济总量的贡献较小。

表6　2007~2014年海洋经济总量指数11个省份排名

地区/年份	2007	2008	2009	2010	2011	2012	2013	2014
天津市	4	4	4	4	9	3	3	3
河北省	10	10	10	10	10	10	10	10
辽宁省	9	7	8	8	6	7	7	7
山东省	2	2	2	2	2	2	2	2
上海市	3	3	3	3	4	4	4	5
江苏省	7	8	7	6	3	9	9	9
浙江省	6	6	6	7	5	6	6	6
福建省	5	5	5	5	7	5	5	4
广东省	1	1	1	1	1	1	1	1
广西壮族自治区	11	11	11	11	11	11	11	11
海南省	8	9	9	9	8	8	8	8

1. 广东省海洋经济总量分析

广东省在2015年提升了海洋强省建设的速度，在新常态下将海洋经济的发展稳定在一定水平之上。广东省海洋生产总值为15200亿元，是其GDP的18.9%，占全国海洋生产总值的比重为21.3%，居全国首位长达21年。

对2007~2014年广东省海洋经济总量各项指标排序的变化情况进行分析，如表7所示。

表7　2007~2014年广东省海洋经济总量指标排序

指标＼年份	2007	2008	2009	2010	2011	2012	2013	2014
海洋产业增加值占全国比重	1	1	1	1	1	1	1	1
人均海洋生产总值	3	6	7	6	6	4	4	4
海洋产业固定资产投资占全国比重	3	3	2	3	3	5	5	4
涉海就业人员占全国涉海就业人员比重	1	1	1	2	2	1	1	1
涉海就业人员占其地区就业人员比重	5	6	6	6	5	4	5	5
海洋经济总量排序	1	1	1	1	1	1	1	1

资料来源：《中国海洋统计年鉴》（2008~2015）；《广东省国民经济和社会发展统计公报》（2007~2014）。

图 28 是 2007～2015 年广东省海洋 GDP 及人均海洋生产总值的统计变化示意，由于统计时间滞后，参考相关公报，其中 2014 年和 2015 年海洋 GDP 的值为约数。从数据中看出九年内广东省海洋 GDP 增长了三倍多，虽然增长速度不算最快，但是仍然每年处于全国首位，每年的海洋产业增加值占全国海洋产业增加值的比重都能达到 20%，这足以说明广东省海洋产业发展规模的不断扩大。人均海洋生产总值和涉海就业人员占其地区就业人员比重两个指标排名靠后，降低了海洋经济总体实力，因此广东省整体海洋产出效率仍需进一步加强与提高。

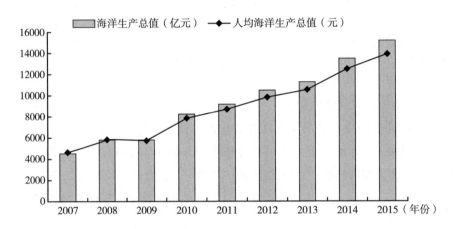

图 28 2007～2015 年广东省海洋 GDP 及人均海洋生产总值

资料来源：《中国海洋统计年鉴》（2008～2014）；广东海洋渔业局网站。

2.上海市海洋经济总量分析

上海市处于长江三角洲前缘，三面分别是东海、杭州湾、长江入海口，是一个优质的近海港口。面积达到 6340.5 平方千米，包括水域面积 121.85 平方千米。江海岸线长达 449.66 千米，其中大陆岸线 172.31 千米，岛屿岸线 277.35 千米。海洋资源中港口资源、滩涂资源、海洋水产资源、淡水资源一直优势强劲。

上海市海洋生产总值多年维持稳定上升态势，总量在 2010 年开始的四年内由 5224 亿元增长到 6249 亿元。2011 年上海市海洋生产总值达到 5224.5 亿元，自 2007 年以来连续位居全国第三，海洋经济成为促进上海经济发展的新领域。

对 2007～2014 年上海市海洋经济总量各项指标排序的变化情况进行分析，如表 8 所示。

表 8　2007～2014 年上海市海洋经济总量指标排序

指　标　＼　年　份	2007	2008	2009	2010	2011	2012	2013	2014
海洋产业增加值占全国比重	3	3	3	3	3	3	3	3
人均海洋生产总值	1	1	1	1	1	2	2	2
海洋产业固定资产投资占全国比重	7	7	8	9	10	10	10	10
涉海就业人员占全国涉海就业人员比重	5	6	6	6	6	6	6	6
涉海就业人员占其地区就业人员比重	3	3	3	3	8	3	3	4
海洋经济总量排序	3	3	3	3	4	4	4	5

资料来源：《中国海洋统计年鉴》（2008～2015）；《上海市国民经济和社会发展统计公报》（2007～2014）。

图 29 是 2007～2015 年上海市海洋 GDP 及人均海洋生产总值的统计变化示意，由图可以看出 2007～2015 年上海市海洋经济总量呈现阶梯式增长态势。2008 年全球范围的金融危机使海洋生产总值下降。上海市海洋生产总值由 2007 年的 4321.4 亿元增长到 2015 年的 6513 亿元。上海市虽受到地理位置与

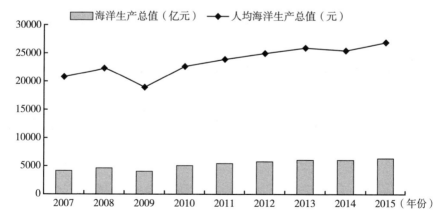

图 29　2007～2015 年上海市海洋 GDP 及人均海洋生产总值

资料来源：《中国海洋统计年鉴》（2008～2014）；上海市海洋局网站。

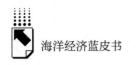

空间的限制，但其海洋经济产出具有显著的高效性，虽没有广阔的海洋经济发展空间以及巨大的人口资源优势，但创造出来的数量十分惊人。2014年，上海市海洋生产总值仅次于山东与广东，这样的高水平产出使上海市海洋经济总量实力保持在较高水平。

3. 河北省海洋经济总量分析

河北省的大陆海岸线长度达到487公里，拥有包括132个岛屿的7200多平方千米海域面积，有秦皇岛、唐山、黄骅3大港口，年吞吐能力突破10亿吨，在全国排名第三位，海洋经济的发展具有明朗态势。

河北省海洋生产总值在2014年增长到2051.7亿元，进一步提升了海洋经济在国民经济中所占比重。"十二五"期间，河北省海洋生产总值年均增长速度为13%，领先整个河北省生产总值年均增长速度5.2个百分点。

对2007～2014年河北省海洋经济总量各项指标排序的变化情况进行分析，如表9所示。

表9 2007～2014年河北省海洋经济总量指标排序

指标＼年份	2007	2008	2009	2010	2011	2012	2013	2014
海洋产业增加值占全国比重	9	9	9	9	9	9	9	9
人均海洋生产总值	9	2	5	5	5	10	10	10
海洋产业固定资产投资占全国比重	6	6	6	4	5	4	4	2
涉海就业人员占全国涉海就业人员比重	10	11	11	11	11	11	11	10
涉海就业人员占其地区就业人员比重	10	11	11	11	11	8	9	11
海洋经济总量排序	10	10	10	10	10	10	10	10

资料来源：《中国海洋统计年鉴》（2008～2015）；《河北省国民经济和社会发展统计公报》（2007～2014）。

图30是河北省2007～2015年的海洋生产总值以及人均海洋生产总值变化示意。结合前文海洋经济总量的排序，河北省海洋经济综合实力处于较低水平。海洋生产总值偏小以及涉海从业人员偏少决定了河北省海洋经济发展缓慢，总量在沿海地区中居于末位。

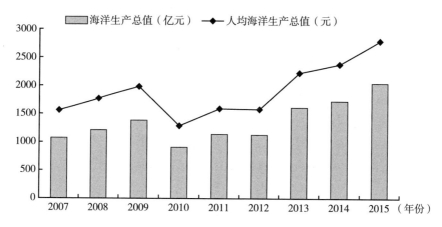

图30　2007～2015年河北省海洋GDP及人均海洋生产总值

资料来源：《中国海洋统计年鉴》（2008～2015）。

（二）沿海典型地区海洋经济结构分析

产业结构与经济增长两者关系密不可分。相关产业结构的优化可以加快经济总量的提升，经济总量的增长反之也将提升产业结构的不断优化，这已经经多个国家的实际发展情况所验证。海洋经济结构和海洋经济发展存在密切联系，海洋经济结构成为海洋经济综合实力的重要体现之一。

表10描述了2007～2014年全国沿海11个省市的海洋经济结构指数排名情况。从中可以看出，上海市、广东省的海洋经济结构指数排名居于前列，说明上海市、广东省的海洋产业结构趋于合理化，而浙江省、海南省、广西壮族自治区海洋产业结构有待优化。2008年国际金融危机，产业结构受到冲击，海洋经济结构指数在2009年均有一定程度的下降，经过不断调整，2013年以后海洋经济圈海洋经济结构指数逐渐恢复并呈现上升势头。

1. 广东省海洋经济结构分析

在海洋产业结构调整方面广东省成就显著，传统海洋产业和新兴海洋产业分别得到了优化与发展，海洋三次产业比例为1.6∶43.5∶55，海洋第三产业所占份额也不断提升，广东省海洋经济逐步演化为其经济发展的重要组成部分。除此之外，在海洋经济的区域协调发展以及金融支持方面的探索也成为重要环节，广东省正在不断谋求各方面的协调平衡发展。

表10 2007~2014年海洋经济结构指数11个省份排名

省份/年份	2007	2008	2009	2010	2011	2012	2013	2014
天 津	6	11	10	2	10	7	10	2
河 北	9	7	11	10	7	5	5	5
辽 宁	5	9	6	4	9	1	4	4
山 东	3	1	1	1	1	8	8	11
上 海	4	5	4	5	2	3	2	6
江 苏	7	2	3	11	6	10	7	1
浙 江	10	6	9	9	5	2	11	7
福 建	8	8	5	7	8	11	9	8
广 东	2	3	2	3	4	4	6	9
广 西	11	10	8	6	11	6	3	3
海 南	1	4	7	8	3	9	1	10

图31是2007~2014年广东省海洋产业结构变化情况。从中可以看出，在8年时间里，广东省的产业结构实现了持续的优化升级，海洋第一产业占比保持下降态势，而海洋第二、三产业比重则总体上升。

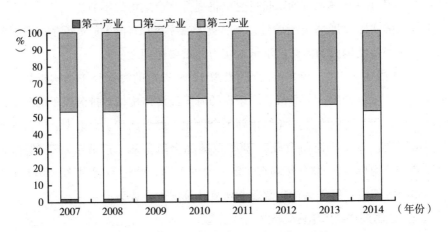

图31 2007~2014年广东省海洋产业结构

资料来源：《中国海洋统计年鉴》（2008~2015）。

2. 上海市海洋经济结构分析

图32是2007~2014年上海市海洋产业结构变化情况。上海市海洋产业

148

结构具有如下较为突出的特征：①相对于海洋第二、三次产业，第一产业的产值所占比重处在0.1%的低水平上，这与其他沿海区域相差甚远，海洋非农产业占据着重要的位置；②对于海洋非农产业来说，海洋第二产业以海洋制造业为主要部分，但实力较弱，所占比重也很小；相比来说，第三产业发展有明显优势，尤其以海洋运输业和滨海旅游业最为显著，上海市海洋第三产业发展水平长期处于沿海11省（市、区）的第一位；③上海市当前的产业结构中还是以传统海洋产业为主体，起支撑作用的三大海洋产业分别是滨海旅游业、海洋交通运输业以及海洋船舶制造业；但海洋生物医药业等战略性新兴产业的发展水平不高，2010年增加值占全国的比重仅分别为0.06%和1.18%。

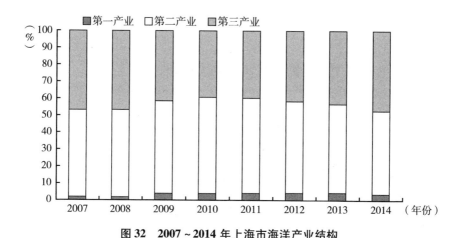

图32 2007~2014年上海市海洋产业结构

资料来源：《中国海洋统计年鉴》（2008~2015）。

3. 河北省海洋经济结构分析

河北省虽然海洋经济总量水平比较低，但是海洋经济结构方面处于中游。图33展示了河北省2007~2014年海洋三次产业结构。

从图33来看，2007~2014年河北省海洋第一产业占比有所增长，并在近几年出现一定程度的回落；第二、三产业占比变化微小，第三产业占比有不断增长趋势。河北省海洋经济工业化进程有所加快，这是由其海洋经济自身的特点决定的，特殊的地理位置形成了河北省发展海洋经济的重点是以化工和交通运输业为代表的二、三产业。

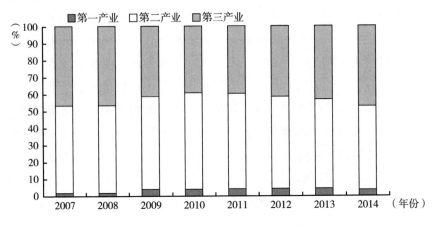

图33　2007～2014年河北省海洋产业结构

资料来源：《中国海洋统计年鉴》（2008～2015）。

（三）沿海典型地区海洋经济推动力分析

海洋经济推动力主要指海洋经济的发展预期与潜力因素，主要从供给、需求以及对海洋经济的预期等多个角度来表现地区海洋经济发展的推动力。

表11是11个省份海洋经济推动力指数的排名情况。从中可以看出，山东省、广东省、天津市海洋经济推动力指数居于前列。这是由于其海洋产业增加值对全国海洋生产总值贡献较大，且实际利用外资额领跑全国；并且固定资产投资密度也居于前列。而海南省、河北省、广西壮族自治区的海洋经济总量偏小、海洋产业结构层次较低、科技贡献度较低等，制约其海洋经济推动力，海洋产业规模较小，外资利用较少，固定资产投资比重较低，所以海南省、河北省、广西壮族自治区的海洋经济发展潜力较小，海洋经济推动力指数在11个省份的排名居于末位。

1. 广东省海洋经济推动力分析

广东省作为我国的经济强省，地处珠江三角洲地带，紧靠港澳，区位优势显著。优势条件使广东省的海洋经济推动力始终高居第二位，仅次于天津市。

表 11 2007～2014 年海洋经济推动力指数 11 个省份排名

省份\年份	2007	2008	2009	2010	2011	2012	2013	2014
天　津	3	3	3	8	8	3	4	1
河　北	10	9	11	11	11	10	10	10
辽　宁	8	6	5	3	2	2	6	6
山　东	1	1	2	1	1	1	1	3
上　海	5	2	6	7	4	5	2	4
江　苏	7	10	9	5	7	7	7	7
浙　江	9	8	8	4	6	8	8	9
福　建	4	5	4	9	5	6	5	5
广　东	2	4	1	2	3	4	3	2
广　西	6	11	10	10	10	11	11	11
海　南	11	7	7	6	9	9	9	8

　　图 34 是广东省实际利用外资额与海洋产业增加值全国占比统计。作为经济实力较强的省份,其海洋经济推动力作用也较为突出。该图显示了广东省海洋产业增加值占全国海洋生产总值的比重长期以来较高,2014 年这一比值则达到了 22.52%,因此广东省海洋经济对全国的海洋经济来说推动作用巨大。广东省海洋经济占地区经济的比重愈加增大,说明其海洋经济对地区经济发展

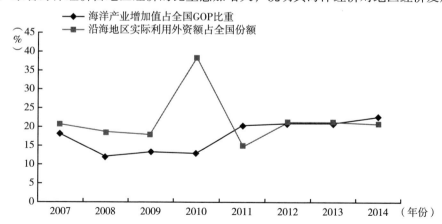

图 34 2007～2014 年广东省实际利用外资额与海洋产业增加值全国占比

资料来源:《中国海洋统计年鉴》(2008～2015)。

的推动效果愈加增强。反过来,陆域经济作用于海洋经济的推动能力也会很大。据统计,广东省的实际利用外资额在沿海地区处于上游水平,体现了广东省对于外资的重视程度。

2. 上海市海洋经济推动力分析

上海市是我国经济发展的前沿地区,稳定保持经济的龙头地位,发达的经济实力使其海洋经济推动力一直稳居首位,无可替代。

图 35 是上海市 2007 年以来实际利用外资额与海洋产业增加值全国占比情况。海洋经济的综合实力一直维持较高水平使其具有强大的海洋经济推动力。从以上分析可知,陆域经济能够有效推动和支持海洋经济发展。上海市海洋经济对全市经济的推动作用逐渐显著,主要体现在海洋经济产值占其地区生产总值的比重不断增高。上海市陆域经济与海洋经济的协同发展已经具有强大的关联与支撑的良性循环,不断促进着地区发展。

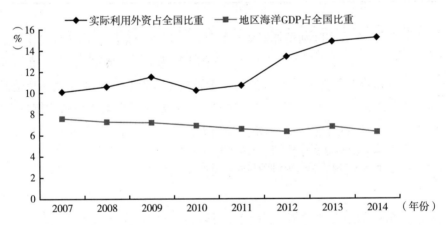

图 35　2007～2014 年上海市实际利用外资额与海洋产业增加值全国占比

资料来源:《中国海洋统计年鉴》(2008～2015)。

3. 河北省海洋经济推动力分析

河北省经济推动力测评结果显示其海洋经济推动力处于全国沿海城市末尾水平。2016 年,河北省省长张庆伟在政府工作报告中总结了"十二五"期间经济社会发展情况,明确提出河北省将进一步开拓海洋经济新空间,加速培育全新的经济增长点,预计未来河北省海洋经济推动力情况会有明显改善。

图 36 是河北省 2007 年以来实际利用外资额与海洋产业增加值全国占比统

计情况。从中我们可以看出，河北省海洋产业增加值在全国海洋生产总值中占比长期处于较低水平，说明其海洋经济对全国海洋经济甚至对于地区整体经济的发展推动效果小；而其实际利用外资的水平也有待提升，陆域经济对海洋经济的推动作用效果甚微。这两方面存在的薄弱性使河北省海洋经济推动力水平十分有限。

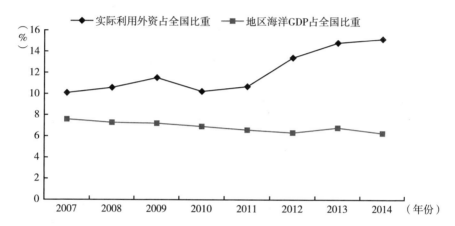

图 36　2007～2014 年河北省实际利用外资额与海洋产业增加值全国占比

资料来源：《中国海洋统计年鉴》（2008～2015）。

参考文献

白福臣：《灰色 GM（1，N）模型在广东海洋经济预测中的应用》，《技术经济与管理研究》2009 年第 2 期，第 9～11 页。

宗和：《畅谈区域合作　研讨海洋发展》，《中国海洋报》2016 年 11 月 22 日，第 2 版。

蔡明玉：《适应新常态抢抓新机遇推动海洋事业发展再上新台阶》，《海洋开发与管理》2016 年第 S1 期，第 75～79 页。

国家统计局：《中国统计年鉴》，中国统计出版社，2008～2014。

国家海洋局：《中国海洋统计年鉴》，海洋出版社，2001～2014。

《中国船舶工业年鉴》，北京理工大学出版社，2005～2014。

殷克东、方胜民、高金田：《中国海洋经济发展报告（2012）》，社会科学文献出版

社，2012。

《青岛海洋生产总值破 2500 亿元大关》，青岛新闻网，2017 年 2 月 15 日，http：//news. qingdaon。

《青岛到底有多蓝？万亿 GDP 超四分之一是蓝色经济》，山东新闻 2017 年 2 月 16 日，http：//sd. dzwww. com/。

王瑜：《扬帆破浪，追逐蓝色梦想》，《青岛日报》2017 年 2 月 15 日，http：//epaper. dailyqd. com/。

王晶：《青岛："蓝色 GDP"占比超四成》，《中国海洋报》2017 年 2 月 16 日，第 2 版。

孟雯雯：《产教融合——O2O 社区电商项目》，《科技展望》2017 年第 21 期，第 252 页。

王瑜：《去年海洋生产总值 2515 亿占全市 GDP 比重超四分之一》，《青岛日报》2017 年 2 月 15 日，第 1 版。

殷克东：《中国沿海地区海洋强省综合实力评估》，人民出版社，2013 年。

B.9
沿海地区蓝色经济领军城市发展形势分析

徐　胜*

摘　要： 本报告首先分析了宁波、上海、天津、大连、青岛等沿海蓝色经济领军城市的蓝色经济发展现状，其次针对蓝色经济领军城市现状设计了发展水平评估指标体系，并对宁波、上海等城市做出评价；最后，就评价结果对青岛与其他沿海蓝色经济领军城市的发展制约因素进行辨析，并提出相关建议。

关键词： 蓝色经济　指标体系　制约因素

蓝色经济领军城市是指发挥自身的海洋资源优势、区位优势和产业基础优势，紧抓蓝色经济发展新机遇，高效开发、利用海洋资源，统筹兼顾海陆经济协调发展，构建海洋生态文明并实现可持续发展的城市。在全球重视发展海洋经济和我国建设海洋强国战略的背景下，建设蓝色经济领军城市具有重大战略意义。

一　国内典型城市蓝色经济发展现状分析

（一）宁波市

浙江海洋经济发展上升为国家战略以来，海洋局经济工作的领域和范围都发生了巨大的变化。其中，宁波市海洋经济发展水平比较高，2016 年宁波市海

---

* 徐胜，中国海洋大学经济学院教授，硕士生导师，研究领域为海洋经济结构转型与可持续发展。

洋经济增加值（海洋生产总值）达 1336.71 亿元，占宁波市地区生产总值的比重达 15.7%。从三次产业来看，2016 年宁波市海洋第一、二、三产业分别实现增加值 107.82 亿元、600.80 亿元和 628.09 亿元，三次产业比重为 8.1∶44.9∶47.0。从具体行业看，2016 年宁波市涉海产品及材料制造业、海水利用业、涉海服务业、海洋交通运输业和海洋旅游业构成了海洋经济的主体，分别实现增加值 196.97 亿元、176.34 亿元、159.35 亿元、145.34 亿元和 141.40 亿元，此五大行业增加值占海洋生产总值的 61.3%。同时，宁波市海洋渔业总产值 179.90 亿元，同比增长 3.3%，水产品总产量达 106.1 万吨，增长 2.7%。

目前，为响应国家海洋战略，宁波围绕"三位一体"、港航物流、临港产业、海洋新兴产业、海岛开发四大重点，开展了一系列深化完善、细化落实的课题和规划研究，并在此基础上形成了现代海洋体系。

（二）上海市

上海市位于我国东部海岸线的中间地带，是"黄金水道"长江和东海的交汇点，良好的区位优势使上海市海洋经济发展迅速。2001～2016 年，上海市海洋经济生产总值由 624.93 亿元增长至 7311 亿元，年均增长率近 20%。2016 年海洋经济生产总值仅次于广东省和山东省。上海市海洋生产总值占其区域内生产总值的比重由 2002 年的 13.35% 上升到 2016 年的 26.6%，由此也可以看出上海市海洋经济发展在上海市经济增长中举足轻重。[1]

由图 1 所示，上海市的海洋第三产业比重逐步上升，转变为三、二、一产业发展模式。2005 年，上海市海洋第一、二、三产业比重约为 1∶8∶91，2008 年则达到 0.68∶15.03∶84.29，到 2014 年已变为 0.1∶36.5∶63.5，产业结构趋于合理，逐渐接近国际海洋城市合理水平。单就第一产业所占比重相对较低，不能够很好地发挥其基础作用。近年来，随着海洋运输、安全需求的大幅增长，上海市以海洋船舶工业为发展龙头，大力扶持相关实力强劲的船舶企业，为海洋船舶工业的发展提供稳固的技术支持与人才储备，助力其海洋第二产业发展。至 2014 年，上海市海洋船舶工业总产值占全国船舶工业总产值约 20%，对全国海洋船舶业发展具有至关重要的作用。

---

[1] 数据来源：上海市海洋局。

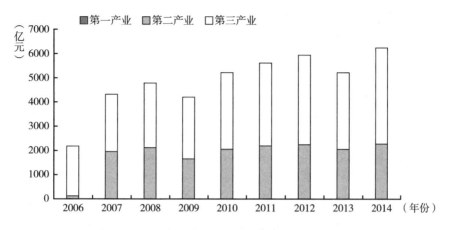

图1 2006～2014年上海市海洋经济三大产业比较

注：第一产业数值较小，在图中显示不明显。

数据来源：《中国海洋经济统计年鉴》（2007～2015）。

上海市在发展第三产业的过程中，着重于旅游业、交通运输业等传统产业，2016年共实现总产值2849.97亿元，其中，旅游业是上海市当之无愧的支柱产业，占上海市GDP的6.1%。上海市共拥有97个A级旅游景点，34个的红色旅游基地，旅游资源丰富。仅2016年，上海市接待国内旅游人数达29620.60万人次，而国际入境旅游人数亦达854.37万人次（见图2）。上海市政府加大对海洋生物制药，海底资源、地热、潮汐等新能源开发的扶持力

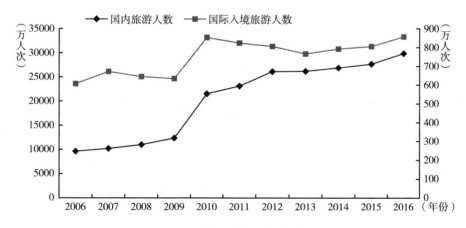

图2 2006～2016年上海市接待境内外旅客人数

数据来源：《上海市国民经济和社会发展统计公报》（2006～2016）。

度，优先发展海洋油气勘探、海洋生物技术和海洋监测等海洋高新技术产业。

（三）天津市

依托显著的区位优势，天津市海洋经济发展迅速。2010～2015年，天津市海洋生产总值从3021.5亿元增加至5506亿元，年均增速达到12.75%，占全市生产总值的33.3%。海洋产业结构和布局不断优化，三次产业结构由2010年的0.2:65.5:34.3调整优化为2015年的0.3:62.6:37.1（见表1）。

如图3所示，近年来，天津市海洋第二产业在其海洋经济中占据主导地位，概因于其海洋产业主要集中在滨海新区。无论是三大产业的发展还是原盐等产品的生产，天津市海滨新区均处于全国前列。针对天津市目前的发展情况来说，其产业结构仍存在极大的优化空间。

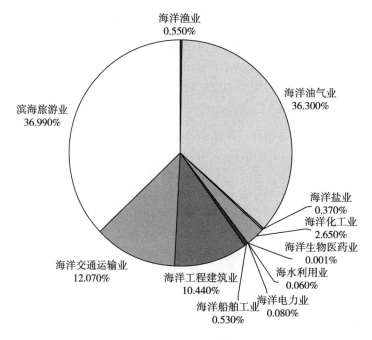

图3　2006～2014年天津市海洋经济三大产业产值比较

资料来源：《中国海洋经济统计年鉴》（2007～2015）。

表1　2006~2015年天津市海洋三次产业占比

单位：%

年份	2006	2007	2008	2009	2010	2011	2012	2013	2014	2015
海洋第一产业	0.26	0.31	0.23	0.24	0.20	0.20	0.20	0.19	0.26	0.3
海洋第二产业	65.81	64.43	66.44	61.60	65.52	68.49	66.66	67.32	63.4	62.6
海洋第三产业	33.94	35.25	33.33	38.16	34.28	31.30	33.14	32.50	36.34	37.1

数据来源：《中国海洋经济统计年鉴》（2006~2015）及天津市政府公告。

如图4所示，滨海旅游、海洋油气和海洋交通运输是天津市海洋经济的三大核心产业。其中，尤以滨海旅游业发展势头迅猛，被誉为天津市发展前景最好的产业，其产值在2014年就达到1004亿元。与此同时，港口航运业也是天津市海洋经济第三产业的领头行业，港口吞吐量位居全国前列。天津市依仗天津港，利用广阔的经济腹地的区位优势，实现码头、航道等与铁路、公路无缝对接，扩大港口运输服务辐射范围，推动天津市成为亚欧海上运输新起点。同时，天津市大力推动以海水利用业为代表的高新技术产业的发展。

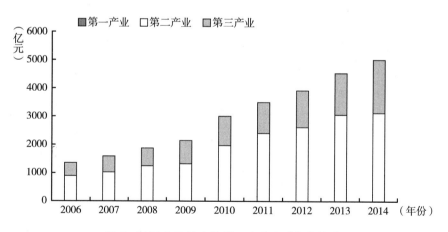

图4　2014年天津市海洋三次产业增加值构成

注：第一产业数值较小，图中显示不明显。
资料来源：根据天津市渔业与海洋局网站以及网络资料整理。

（四）大连市

大连市海洋经济保持持续快速增长，2016年海洋生产总值达到2728亿元，增长 6.8%。海洋生产总值在大连市 GDP 中举足轻重，对于地区 GDP 的贡献率稳定在 30% 左右。同时，2016 年大连市渔业经济总产值达 792.8 亿元，同比增长 7%；渔业总产量 251 万吨，同比增长 4.5%。全市海洋与渔业经济继续保持稳步增长。大连市主要以海洋捕捞业、港口航运业和海盐业等海洋产业为主。

大连市的海洋第二产业产值比重较小，以船舶制造业为主。目前，大连市造船重工有限责任公司不仅是我国最大的出口船舶企业，而且是我国最强大的现代化大型船舶总装厂以及海军大型舰船的建造基地，被称为"海军舰艇的摇篮"。

在大连市海洋经济第三产业中，滨海旅游业和航海运输业是相对成熟的产业，同时海洋信息、技术服务等服务业也进入了高速发展阶段。依托绵长的海岸线和良好的城市形象，大连市的滨海旅游业发展越来越快。如图 5 所示，2016 年大连市共接待了 7738 万人次的游客，同比增长 11.74%。

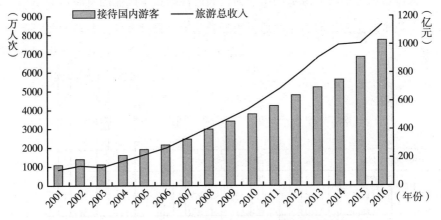

图 5　2001～2016 年大连市接待游客总数与旅游总收入

数据来源：《大连市国民经济和社会发展统计公报》（2001～2016）。

（五）青岛市

青岛是山东对外开放的城市，区位优势明显、口岸功能强大。2016 年，青岛市实现海洋生产总值 2515 亿元，是 2011 年的 1.3 倍，年均增长 238 亿元，年均增速 16%，高于 GDP 年均增速 7.1 个百分点，海洋生产总值占 GDP

比重达 25.1%。

为大力拓展"蓝色粮仓"发展空间,青岛市积极落实国家"一带一路"倡议,其中远洋渔业发展迅猛。2013~2016 年,青岛市在册远洋渔业公司已由原来的 1 家增加到 31 家;已获批准远洋渔船由 10 艘发展到 171 艘,其中包括世界最大拖网加工船"明星"轮。2016 年,青岛市实现远洋渔业捕捞量 14.1 万吨,产值 13.8 亿元,产量、产值再提升。

滨海旅游业是青岛海洋经济的支柱产业之一。2016 年青岛市共接待游客总人数逾 8000 万人次,同比增长 7%;实现旅游消费总额 1500 亿元,同比增长 13%。全年滨海旅游业增加值达 477 亿元,占海洋生产总值的比重达 19%,位于海洋生产总值各行业之首。

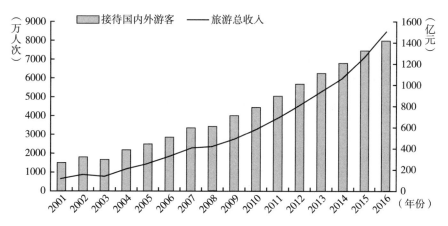

图 6 青岛市接待国内外游客总数与旅游总收入 (2001~2016)

资料来源:《青岛市国民经济和社会发展统计公报》(2001~2016)。

二 沿海地区蓝色经济领军城市发展水平评估

(一)蓝色经济领军城市评价指标设计

蓝色经济领军城市评价指标综合海洋经济综合实力、海洋产业竞争力、海洋科技竞争力和城市发展竞争力等指标,设计构建了蓝色经济领军城市竞争力评价指标体系,共计 4 个二级指标,23 个三级指标,指标体系如表 2 所示。

表2　蓝色经济领军城市评价指标体系

一级指标	二级指标	三级指标
蓝色经济领军城市竞争力	海洋经济综合实力	海洋生产总值GOP(亿元)
		海洋第一产业占海洋总产值比重(%)
		海洋第二产业占海洋总产值比重(%)
		海洋第三产业占海洋总产值比重(%)
		海洋生产总值占全国GDP的比重(%)
	海洋产业竞争力	港口吞吐量(亿吨)
		集装箱吞吐量(万标箱)
		旅游总收入(亿元)
		接待游客总数(万人次)
		污水处理能力(万吨/日)
	海洋科技竞争力	海洋科研机构数量(个)
		海洋科研从业人员(人)
		海洋科技经费投入(万元)
		专利授权数量(件)
		普通高等院校在校人数(万人)
	城市发展竞争力	地区GDP(亿元)
		固定资产投资(亿元)
		社会商品零售总额(亿元)
		货物进出口总额(亿元)
		国民储蓄余额(亿元)
		财政收支差额(亿元)
		年末总人口(万人)
		在岗职工平均工资(元)

（二）蓝色经济领军城市领军指数设计

1. 分类指数

分类指数由海洋经济综合实力、海洋产业竞争力、海洋科技竞争力和城市发展竞争力等4个二级类别指标和23个三级指标组成。首先消除数据量纲不同所产生的影响，其次将同类指标按照贡献率的大小赋予权重，最后将同一类指标无量纲化后的数值及其权重按以下公式计算得出分类指数。该分类指数最大的优点是可将所研究系统内的同一类对象，根据其权重进行"分类"计算，得出系统内每一类对象的发展状况，为决策者提供更加清晰的经济系统不同层面的发展的状况。

$$I_i = \frac{\sum Z_j W_j}{\sum W_j}$$

其中，当指标为正向指标时，公式为 $Z_j = \dfrac{X_i - X_i^{\min}}{X_i^{\max} - X_i^{\min}}$。

当指标为负向指标时，公式为 $Z_j = \dfrac{X_i^{\max} - X_i}{X_i^{\max} - X_i^{\min}}$；W 指各个指标所占权重。

2. 综合发展指数

综合发展指数是指对两个总量指标实施对比所形成的指数。假设总量指标存在两个或者两个以上的因素，我们保持其他因素不变，然后观察被研究因素的变动。具体方法是：（1）引入同度量因素；（2）固定同度量因素；（3）将所有加权数与权重之和进行对比，得出综合指数：

$$I = \frac{\sum_{i=1}^{23} Z_i W_i}{\sum_{i=1}^{23} W_i}$$

3. 蓝色经济领军城市评价标准制定

为保证蓝色经济领军城市评价标准的公正客观性，报告将从定性和定量两个角度进行蓝色经济领军城市标准设计。

（1）蓝色经济领军城市定性评价标准

在参考借鉴国外评价标准的基础上，坚持科学发展观，结合自身发展优势实现蓝色跨越，促进沿海地区蓝色领军城市建设快速发展。沿海城市发展区位优势各异、资源禀赋、政策措施亦有较大区别，以青岛市为例，具体将从以下四个阶段开展蓝色经济领军城市建设。

①海洋与渔业经济增长超过预期，主要海洋产业总产值同比增长9%；水产品产量和产值同比分别增长5.4%和5%，达到了122.7万吨和152亿元。

②到2020年，努力建成以北连接京津冀、以南连接长三角的创新开放的海洋经济新区。在空间布局上，规划建设西海岸中心区和董家口经济区、国际经济合作区、保税功能拓展区等功能区。加强在西海岸经济新区的海洋装备制

造等优势产业建设，培育航空等新兴产业。

③"十三五"期间，加快推进"两个建设"（国家级海洋生态文明示范区建设、蓝色粮仓建设），努力提升"三个能力"（海洋管理基础支撑力、现代渔业核心竞争力、护海兴渔科学管控力），全力保障"三个安全"（海洋生态安全、渔业生产安全、水产品质量安全），推进青岛市海洋经济率先发展。

④2021～2030年，蓝色硅谷的建成以及科技、人才的大量聚集，产业培育能力的大幅提高，使青岛逐渐成为国际一流的海洋科技研发和人才集聚中心、海洋科技成果孵化中心、海洋高技术产业培育中心，点燃蓝色经济创新引擎，抢占中国蓝色经济发展制高点。

（2）蓝色经济领军城市静态评价标准

选取青岛、上海、天津、大连和宁波等5个国内蓝色经济比较发达的城市作为研究对象，以5个城市2010～2014年的相关指标水平为参考。将5个城市每个指标排名前三位的数值选出，求出其平均值及标准差（排名前三位的指标的平均值代表目前发展比较好的水平，标准差是各数据偏离平均数的距离的平均数，反映了各项指标的变动程度）。静态标准计算结果如表3所示。

表3　蓝色经济领军城市评价静态标准

指标	指标排名前三位数值			平均值	标准差
海洋生产总值GOP（亿元）	6305.70	5946.30	5618.50	3634.40	1458.39
海洋第一产业占海洋总产值比重（%）	6.69	6.45	6.43	3.26	2.49
海洋第二产业占海洋总产值比重（%）	67.32	66.99	65.52	51.07	8.94
海洋第三产业占海洋总产值比重（%）	63.18	62.12	60.83	45.49	9.35
海洋生产总值占全国GDP的比重（%）	13.20	12.35	11.88	7.85	3.07
港口吞吐量（亿吨）	7.76	7.56	7.36	4.87	1.35
集装箱吞吐量（万标箱）	3528.53	3361.68	3252.94	1653.83	874.42
旅游总收入（亿元）	2506.19	2156.22	1805.65	1142.04	495.49

续表

指标	指标排名前三位数值			平均值	标准差
接待游客总数(万人次)	27609.41	26748.08	25894.09	10786.36	8007.27
污水处理能力(万吨/日)	786.55	784.30	701.05	263.50	240.76
海洋科研机构数量(个)	19.00	18.00	18.00	14.56	2.14
海洋科研从业人员(人)	4893.00	4539.00	3987.00	2745.64	936.42
海洋科技经费投入(万元)	3257643.00	3095782.00	2968643.00	1954966.80	657774.00
专利授权数量(件)	83600.00	68500.00	59175.00	30042.20	24731.40
普通高等院校在校人数(万人)	50.58	49.00	47.31	28.88	10.75
地区GDP(亿元)	23567.70	21818.15	20181.72	10718.72	5699.60
固定资产投资(亿元)	11654.09	10121.20	8871.31	5477.05	2290.56
社会商品零售总额(亿元)	4738.70	4470.40	3921.40	2664.03	820.70
货物进出口总额(亿元)	160846.57	128528.20	115622.80	82236.40	26102.40
国民储蓄余额(亿元)	7916.90	7612.31	7055.40	4558.16	1336.88
财政收支差额(亿元)	−69.81	−79.78	−83.81	−191.08	122.02
年末总人口(万人)	1438.69	1432.34	1426.93	872.86	322.43
在岗职工平均工资(元)	100623.00	91477.00	80191.00	61605.64	15270.30

根据蓝色经济发展的阶段性特征,将蓝色领军城市分为三个等级:具有明显迹象的蓝色经济领军城市、基本建设成为蓝色经济领军城市和全面建设成为蓝色经济领军城市。具有明显迹象的蓝色经济领军城市标准为表3中各指标的平均值与标准差的差;基本建设成为蓝色经济领军城市的标准为表3中的平均值;全面建设成为蓝色经济领军城市的标准为表3中各指标的平均值与标准差的和,最后确定蓝色领军的阶段性评价标准如表4所示。

表4 蓝色经济领军城市阶段性评价标准

指标	有明显迹象的蓝色经济领军城市标准	基本建设成为蓝色经济领军城市的标准	全面建设成为蓝色经济领军城市的标准
海洋生产总值GDP(亿元)	2176.01	3634.40	5092.79
海洋第一产业占海洋总产值比重(%)	0.77	3.26	5.75
海洋第二产业占海洋总产值比重(%)	42.13	51.07	60.01
海洋第三产业占海洋总产值比重(%)	36.14	45.49	54.84
海洋生产总值占全国GDP的比重(%)	4.78	7.85	10.92
港口吞吐量(亿吨)	3.52	4.87	6.22

续表

指标	有明显迹象的蓝色经济领军城市标准	基本建设成为蓝色经济领军城市的标准	全面建设成为蓝色经济领军城市的标准
集装箱吞吐量(万标箱)	779.41	1653.83	2528.25
旅游总收入(亿元)	646.55	1142.04	1637.53
接待游客总数(万人次)	2779.09	10786.36	18793.63
污水处理能力(万吨/日)	22.74	263.50	504.26
海洋科研机构数量(个)	12.42	14.56	16.70
海洋科研从业人员(人)	1809.22	2745.64	3682.06
海洋科技经费投入(万元)	1297193.00	1954966.76	2612741.00
专利授权数量(件)	5310.77	30042.20	54773.63
普通高等院校在校人数(万人)	18.13	28.88	39.63
地区GDP(亿元)	5019.12	10718.72	16418.32
固定资产投资(亿元)	3186.49	5477.05	7767.61
社会商品零售总额(亿元)	1843.33	2664.03	3484.73
货物进出口总额(亿元)	56134.05	82236.41	108338.80
国民储蓄余额(亿元)	3221.28	4558.16	5895.04
财政收支差额(亿元)	-313.10	-191.08	-69.06
年末总人口(万人)	550.43	872.86	1195.29
在岗职工平均工资(元)	46335.31	61605.64	76875.97

(三)蓝色经济领军城市动态评价标准

报告采用变系数法、移动平均法和发展速度法对各指标进行预测,时间跨度为2016～2030年。根据预测的结果,选取2020年和2030年两个时点的预测数据,将上海、天津、大连、青岛和宁波5个城市的预测数据进行排列,选取中位数作为指标的动态标准,结果如表5所示。

表5　蓝色经济领军城市发展动态标准

指标	2020年发展标准	2030年发展标准
海洋生产总值GDP(亿元)	6318.70	7043.80
海洋第一产业占海洋总产值比重(%)	4.32	3.22
海洋第二产业占海洋总产值比重(%)	45.66	40.34
海洋第三产业占海洋总产值比重(%)	50.02	56.44

指标	2020 年发展标准	2030 年发展标准
海洋生产总值占全国 GOP 的比重(%)	15.67	18.53
港口吞吐量(亿吨)	9.04	10.32
集装箱吞吐量(万标箱)	3986.54	4356.43
旅游总收入(亿元)	2858.45	3589.36
接待游客总数(万人次)	30443.64	39683.43
污水处理能力(万吨/日)	834.40	904.30
海洋科研机构数量(个)	23.00	30.00
海洋科研从业人员(人)	5976.00	6753.00
海洋科技经费投入(万元)	3965456.00	4765326.00
专利授权数量(件)	76845.00	85432.00
普通高等院校在校人数(万人)	67.00	91.00
地区 GDP(亿元)	30542.34	45678.23
固定资产投资(亿元)	17539.70	28564.30
社会商品零售总额(亿元)	5863.80	63467.70
货物进出口总额(亿元)	189265.23	286547.21
国民储蓄余额(亿元)	8536.57	9342.89
财政收支差额(亿元)	−69.07	−62.07
年末总人口(万人)	1954.45	2743.03
在岗职工平均工资(元)	95453.00	100459.00

（四）沿海地区蓝色经济领军城市指数测评

目前，多指标综合评价方法主要有主成分分析法、层次分析法、熵值法、灰色关联评价法、模糊综合评价法、神经网络评价法和小波网络多属性综合评价等。蓝色经济领军城市标准设计过程中将涉及众多指标，且海洋产业数据统计工作相对不完善，因而考虑数据的完整性、可得性以及可靠性，报告采用主客观相结合的方法，构建"四维一体"联合测度模型，以充分利用主客观评价方法优势互补的特点，避免单个方法评价的局限性，力求标准设计科学准确。

1. 基于 AHP 的指数测评

依据层次分析法的基本原理，对沿海地区海洋经济发展水平进行测试评分，结果如表6所示。

表6 基于层次分析法的沿海地区海洋经济发展指数测评

年份 \ 城市		天津	上海	大连	青岛	宁波
2013	得分	0.22	0.31	0.10	0.25	0.12
	排序	3	1	5	2	4
2014	得分	0.23	0.33	0.08	0.27	0.09
	排序	3	1	5	2	4

从表6中可知，各个地区的测评结果在2013年和2014年存在波动，但总体相对稳定。从沿海地区海洋经济发展指数测评结果来看，上海和青岛分别居前两位，而天津、宁波和大连排名靠后。

2.基于熵值法的指数测评

根据熵值法的基本原理，在剔除弹性指标对测评结果的影响之后，得出基于熵值法的沿海地区海洋经济发展指数结果如表7所示。

表7 基于熵值法的沿海地区海洋经济发展指数测评

年份 \ 城市		天津	上海	大连	青岛	宁波
2013	得分	51183.84	74474.48	35041.41	52424.49	38997.32
	排序	3	1	5	2	4
2014	得分	64833.31	90637.35	42476.07	73146.75	44322.15
	排序	3	1	5	2	4

从表7可以看出，2013～2014年上海市和青岛市分别位居第一、第二，天津市和宁波市分别为第三和第四位，大连市位居第五位。

3.基于灰色关联的指数测评

依照灰色关联分析基本原理，在排除了弹性指标对测评结果的影响之后，得出基于灰色关联分析的沿海地区海洋经济发展指数结果如表8所示。

表8 基于灰色关联分析的沿海地区海洋经济发展指数测评

年份 \ 城市		天津	上海	大连	青岛	宁波
2013	得分	0.989	0.995	0.966	0.993	0.986
	排序	3	1	5	2	4

年份\城市		天津	上海	大连	青岛	宁波
2014	得分	0.988	0.997	0.967	0.995	0.986
	排序	3	1	5	2	4

依据灰色关联分析法的测评结果，2013~2014 年，上海市和青岛市分别为第一、第二位，天津市和宁波市分别居于第三和第四位，大连市居第五位。

4. 基于主成分分析法的指数测评

凭据主成分分析法的基本原理，对发展指数进行测评，结果如表 9 所示。

表 9　基于主成分分析法的沿海地区海洋经济发展指数测评

年份\城市		天津	上海	大连	青岛	宁波
2013	得分	5.4917	5.5237	0.0908	1.6461	0.7089
	排序	2	1	5	3	4
2014	得分	3.1796	4.1697	0.1130	0.7805	0.6514
	排序	2	1	5	3	4

根据主成分分析法的测评结果，2013~2014 年上海市是第一位，天津市和青岛市紧随其后，宁波市和大连市分别处于第四、第五位。

5. Kendall 协同系数一致检验

因层次分析法未通过一致性检验，接下来对熵值法、灰色关联法、主成分分析法三种方法进行一致性检验。报告采用 Kendall 协同系数法进行一致性检验（结果见表10），若能够通过检验，说明三种方法的测评结果基本一致，再对三种方法的测评结果加总求和，得出最终的测评结果。

表 10　Kendall 协同系数检验结果

系数	2013 年	2014 年
Kendall′w	0.956	0.956
Chi-Square	11.467	11.467
Asymp. Sig.	0.02	0.02

Kendall′w 为 Kendall 协同系数，如果 Kendall′w 大于 0.9 或者 Chi-Square 大于 9.488 或者 Asymp. Sig. 小于 0.05，则认为检验具有一致性，根据检验结果可知，三种方法测评结果具有一致性。

6. 蓝色经济领军城市发展分析

在五个城市的海洋经济发展水平中，对于已通过一致性检验的三种方法进行综合排名分析，结果如表 11 所示。

表 11　2013～2014 年沿海地区海洋经济发展水平

年份 \ 城市		天津	上海	大连	青岛	宁波
2013	得分	0.2705	0.3025	0.1139	0.1772	0.1358
	排序	2	1	5	3	4
2014	得分	0.2544	0.3194	0.1145	0.1738	0.1379
	排序	2	1	5	3	4

在以上数据的基础上进行横向对比分析，研究五个城市之间的海洋经济发展水平之间的关系（见表 12）。

表 12　2013～2014 年沿海地区海洋经济发展水平排名测评

年份 \ 地区	天津	上海	大连	青岛	宁波
2013	2	1	5	3	4
2014	2	1	5	3	4

从表 12 中可以看出，在运用三种方法进行排序后得到的综合排名中，上海市、天津市和青岛市排名比较靠前，而宁波市和大连市的排名比较靠后。这个排名情况与我们对五个城市的海洋经济发展水平的认识吻合，符合实际情况。

三　沿海地区蓝色经济领军城市发展形势分析

蓝色经济领军城市建设过程中，首先，必须始终坚持经济可持续发展，抵制以破坏海陆环境、生态平衡为代价的行为，凭借科技进步和管理水平提升来摊薄经济增长的环境成本；其次，要深入挖掘海陆产业的伴生关系，充分发挥海陆产业时空上的共存性以及产业链的交互性、联动性，推动涉海经济及区域经济的进步；最后，建立人才自主培养与引进平台，锻造符合要求的蓝色人才梯队，构筑全国乃至世界的蓝色人才新领域，同时，在教育业、旅游业及高科技制造业中树立具备蓝色经济特色的典型企业形象和企业文化，以打造专属的、国际一流的蓝色经济品牌群。在全国海洋经济建设过程中，蓝色经济领军城市的发展与建设对其他沿海城市经济发展应起到模范带头作用。

（一）国内主要沿海城市蓝色经济发展水平

1. 上海

（1）区位特点

上海市位于我国大陆海岸线中部，北接江苏、南临浙江，处于长江入海口和东海的交汇处，区位优势明显。全市海域面积逾8000平方公里；江海岸线总长763公里，其中大陆岸线长186公里，岛屿岸线为577公里，含岛屿16个，其中崇明岛乃是我国的第三大岛，拥有港口航道、湿地滩涂、渔业、滨海旅游、风能潮汐能等海洋资源，为发展海洋经济提供了良好的基础条件。

（2）政府蓝色经济项目工程

上海市政府投入大量资金，启动了一系列支持蓝色经济发展的项目工程。

①2000年，崇明岛越江通道开通，并兴建长兴岛和崇明岛的造船工业基地等。

②2005年10月，全面建成洋山深水港一期工程，该工程主要包括港区工程、东海大桥、沪芦高速公路和芦潮港陆域配套工程等四部分。

③2006年，为继续加强渔业资源和环境保护工作，上海市区两级财政投入增值放流经费达1000多万元；出台救生设备更新的补贴政策，为40000名渔民配置充气式救生衣，为300艘海洋渔船配备气胀式救生筏；完成1.46万公顷养殖水面的档案渔业管理，对渔业实行档案跟踪和网上动态管理；出台《标准化生态型水产养殖场建设规范》，组织开展"农业科技入户行动"等。

（3）海洋产业产值方面

2016年，上海市海洋生产总值达7311亿元，在上海市生产总值中占比近三成，已初步形成以洋山深水港为核心，临港新城和崇明三岛为依托，江、浙

沿江沿海地区为两翼的长三角滨江临海产业带。

（4）海洋科教文化方面

上海市拥有近2000名海洋科技专业人才，中科院上海分院、东海水产研究所、复旦大学、同济大学、上海海洋大学、上海海事大学等20余个与海洋相关的高等院校、科研机构和产业部门，2016年海洋科研经费投入全国排名第二。

所涉学科门类齐全，包括海洋、航道、地质、水利、河口海岸、海洋工程、深水技术等学科和专业，其中水下工程和深水技术研究在全国居领先地位，在极地研究、船舶研究等领域的专业性科研机构具有较强的科技开发能力，在海洋工程及装备制造、大型船舶和船用大功率低速柴油机制造、海底管道铺设检测维修、深海钻探、海洋生物基因研究等方面，取得了重要进展。

目前，上海已拥有一批具备先进技术和生产能力的涉海企业，并积极推动产学研一体化发展，为海洋经济的可持续发展提供了有力支撑。

（5）海洋生态方面

通过实施两轮"环保三年行动计划"，加强了对陆域污染物入海、船舶污染控制和向海洋倾倒废弃物的管理，使上海近岸海域尤其是污水排放口附近海域的水质有所改善。

①严格控制和监督涉海工程对海洋环境的影响，海洋环境调查、监测、监视和评价体系初步形成，海洋生态状况得到有效监控。

②严格执行禁渔期制度，增殖放流渔业资源，努力保护和修复渔业资源及其生态环境，新建长江口中华鲟保护区；崇明东滩鸟类自然保护区和浦东九段沙湿地自然保护区已创建成为国家级自然保护区，填补了上海国家级自然保护区的空白。

（6）海洋政策方面

建立了由市领导负责、综合部门牵头和各涉海部门参加的海洋经济发展联席会议制度，对海洋资源开发利用和保护、海洋经济发展规划、重大项目、重大政策、重要规定等进行综合协调。

实施了《上海市海域使用管理办法》，修订了《上海市海洋功能区划》，促进了海域的综合有序开发和海洋资源的有效保护。颁布实施了九段沙湿地、崇明东滩鸟类、长江口中华鲟等自然保护区的管理办法，初步形成了地方性海洋法规框架。加强海洋行政执法队伍建设，重点围绕海域使用、海洋环境保护和国家海洋权益维护，加强海洋执法。会同交通部、国家海洋局等中央部门成功举办郑和航海暨国际海洋博览会，努力普及海洋知识，提高海洋意识，创造开发利用海洋的良好社会环境①。

2. 天津

（1）区位特点

天津市地处环渤海中心，依托"三北"，面向东北亚，是首都北京重要的海上门户，其区位优势无与伦比。天津拥有海岸线长度 153 公里，海域面积约 300 平方公里，可供开发利用的滩涂面积约 343 平方公里，有丰富的海洋生物资源。

（2）资源禀赋

天津周边海域蕴藏有丰富的石油、天然气资源，渤海海域已探明石油储量超 1.9 亿吨，天然气储量 638 亿立方米，为天津滨海新区石油化工和海洋化工的发展提供了资源保障；滨海新区的建设日臻完善，是天津经济的最大亮点和增长点；拥有我国最大的人工港——天津港，拥有万吨级以上泊位 119 个，货物吞吐量居全球第四位，航运条件十分优越；临近的渤海湾海域渔业资源种类有 80 多种，主要渔获种类有 30 多种②。

（3）海洋产业产值方面

2015 年天津市海洋生产总值 5506 亿元，年均增速达到 12.75%（现价）。海洋生产总值占全国海洋生产总值的 8.5%，占地区生产总值的 33.3%。海洋油气、海洋化工等传统产业占比较大，海洋战略性新兴产业占全市海洋经济总量的 10.5%。2015 年天津市单位岸线产出规模达 35 亿元，居全国沿海省区市前列。

（4）海洋科技文化方面

天津市海洋科技实力雄厚，拥有国家级和省部级海洋科研院所 27 家，省部级以上海洋重点实验室 15 个，是国家海洋高技术产业基地试点城市。海洋工程、海水淡化、海上平台等技术在国内处于领先地位。

---

① 上海市人民政府关于印发《上海海洋经济发展"十一五"规划》的通知。

② 数据来源：《天津市人民政府关于印发天津市海洋主体功能区规划的通知》。

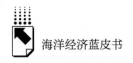

（5）海洋政策方面

2012 年 5 月 1 日，《天津市海洋环境保护条例》开始正式实施，2013 年天津市又计划推进多个项目加强海洋生态保护和修复。

天津市作为全国海洋经济发展试点地区，2012 年市政府编制完成并上报了《天津海洋经济科学发展示范区规划》和《天津市海洋经济发展试点工作方案》。天津市海洋经济运行监测与评估系统建设稳步推进，顺利通过国家海洋局中期检查。

同时，天津市海洋局大力实施国家科技兴海战略和《天津市建设海洋强市行动计划（2016～2020 年）》，围绕海洋经济发展需求，组织科技攻关，提高自主创新能力，培育新兴产业，提升传统产业，以创新驱动发展为动力，以建设创新型海洋强市为总目标，围绕提高海洋经济综合实力、加强海洋生态文明建设、提升海洋科技与人才支持水平、加强海洋文化与社会民生建设、完善海洋依法行政与治理等重点领域，实施一批重点工程，促进优势海洋产业加快发展，全面推动海洋强市建设。

3. 大连

（1）区位特点

大连市西北濒临渤海，东南面向黄海，南与山东半岛隔海相望，与日本、韩国、朝鲜和俄罗斯远东地区相邻，是东北地区的海上门户。大连市三面环海，黄渤两海海岸线达 2211 公里，管辖海域超过 2.9 万平方公里，是全市陆地面积的 2 倍多，海洋生物资源十分丰富。

（2）政府蓝色经济项目工程

大连市政协十一届五次会议将《关于全力推进大连市加快发展海洋经济的提案》确定为 2012 年政协"一号提案"。

大连市政府编制并实施了《大连市海洋与渔业"十三五"规划》《大连市海洋生态文明建设行动计划（2016～2020 年）》等海洋产业专项规划，明确了今后 5～10 年全市海洋资源保护开发的总体要求和海洋经济的发展目标、政策举措。

①海域管理方面，严格禁止围填海项目占用基岩和砂质岸线，确保 2020 年自然岸线保有率达到 35%，实行海洋生态红线管控，加强海岛管理以及海域使用动态监管。

②海洋生态环境保护方面，加强海洋环境监管和保护，推进海洋生态整治修复，优良海水（一、二类海水水质）面积比例达到 82% 以上，海岸线整治修复长度不少于 80 公里，典型海湾环境质量得到改善，全市 80% 的有居民海岛固体废弃物和污水得到有效处置。

③海水养殖方面，新建省级以上原良种场 5 个，水产良种覆盖率达到 80% 以上，引进贝类、鱼类、虾类新品种 2~3 个，改良地产品种 5 个，推广海水抗风浪网箱升级改造 100 个。

④海洋牧场方面，重点建设海洋牧场示范区 50 处，年新建人工鱼礁区 10 万亩，年增殖放流地域性优质水产苗种 30 亿尾（头）。

⑤休闲渔业增值方面，建设国家级休闲渔业示范基地 10 处、省市级休闲渔业示范基地 100 处，建设长山群岛海域、市区南部海域人工垂钓区 5 处，建造休闲垂钓船 200 艘，打造长海县小长山"中国垂钓第一岛"。

（3）海洋产业产值方面

在海洋经济方面，2016 年大连市实现海洋经济总产值 2728 亿元、海洋经济增加值 1172 亿元，分别同比增长 6.8% 和 7.7%。实现渔业经济总产值 792.8 亿元、渔业经济增加值 398.8 亿元，渔业总产量 251 万吨，大连市海洋和渔业经济持续保持稳步增长。[①]

（4）海洋科教文化方面

在海洋科技上，大连坚持科技兴海、依法管海、合理开发、科学保护的原则，以提高竞争力和现代化水平为核心，以调整海洋产业布局结构和转变增长方式为导向，以高新技术为手段，重点发展海洋装备制造、海洋工程、海洋化工等国家战略产业。

①加快改造和提升海洋船舶制造业、海洋交通运输业、海洋渔业、滨海旅游业、盐业及盐化工等传统产业。

②大力发展海水综合利用、海洋生物工程及医药开发、海洋服务业等新兴产业，不断扩大海洋经济规模，提升海洋经济发展质量，努力构建服务于北方沿海、服务于全国海洋事业、服务于东北亚的海洋综合开发基地，专门成立了大连市科技兴海专家委员会，为海洋经济发展提供可靠的智力支持。

---

① 数据来源：大连市海洋与渔业工作会议。

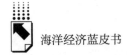

③着力建立健全海珍品苗种培育体系，积极鼓励支持引导企业与高等院校、科研院所开展产学研联合，抓好引进技术的消化、吸收、创新，加快海水养殖原种、良种引进和本地种提纯复壮。目前，全市已建成海参、鲍鱼等海珍品良种繁育场 38 个，其中省级水产品良种场 25 个，国家级 13 个，启动了"药源生物活性物质产业化应用关键技术的研究与示范"等 6 个国家海洋公益科研专项。

（5）海洋生态方面

大连市积极发展以生态渔业为基础的外向型渔业和高效渔业，逐步达到渔业生产标准化、经营产业化、发展国际化。

大连市严格控制污染物排放，进一步加强对工业园区及高污染、高排放企业直排海排污口的排查，从严控制陆源污染物排海总量。严格执行海洋工程环评核准制度，对 13 项投入运营和试运营的海洋工程依法依规开展环保设施验收，确保污染物排放达标。先后实施了老虎滩、大小长山岛和海洋岛等 6 个海洋生态整治修复示范工程项目，部分岸线、海岛和海域的生态环境明显改善。

（6）政府资金投入方面

2016 年，大连市争取国家资金 4.66 亿元，重点建设了集水产养殖、病害防治、水产技术推广、渔业信息与市场、水产品质量与安全、海洋与渔业环境监测"五位一体"的渔业发展支撑体系。先后建立起总面积 170 万亩的 148 个无公害水产品产地，在 130 多个水产品加工企业推行了国际质量标准认证，占国内同行业的 1/3。

4. 宁波

（1）区位特点

宁波市是浙江省海洋经济发展示范区的核心，位于长三角城市群核心区，紧邻亚太国际主航道，是长三角地区与海峡西岸经济区的联结纽带、东北亚的重要国际门户。

（2）资源禀赋

宁波港口岸线总长为 1562 公里，占全省的 30% 以上，其中可用岸线 872 公里，深水岸线 170 公里。现有生产性泊位 300 多座，其中万吨级以上深水泊位 60 多座，已与世界 100 多个国家和地区 600 多个港口通航。港口岸线资源既是宁波经济社会发展的战略性、龙头性资源，也是浙江省发展海洋经济、打造"海上浙江"最为独特的优势和载体。

①油气储量丰富，春晓油气田探明天然气储量达 700 多亿立方公尺，开发利用潜力巨大。

②渔业资源优良，紧邻中国四大渔场之一的舟山渔场，象山港是具有国家级意义的大渔池。

③岛屿资源良好，共有 500 平方米以上海岛 516 个，约占全省的 1/5，岛屿面积 524 平方公里，岛屿岸线长 758 公里。滩涂资源充裕，拥有可围滩涂资源约 140 万亩，占全省滩涂总面积的 34%，主要分布在杭州湾、大目洋和三门湾北岸等，围垦开发条件良好。

（3）蓝色经济发展目标

宁波市政府制订了《宁波市海洋经济发展规划》，发展的总体目标是：到 2015 年，基本建设成为我国海洋经济发展的核心示范区，海洋经济实力较强、辐射服务功能突出、空间资源配置合理、科教文化体系完善、海洋生态环境良好、体制机制灵活，对浙江海洋经济发展发挥先行示范和龙头带动作用。到 2020 年，全市海洋生产总值达到 4500 亿元，海洋三次产业结构进一步优化，形成特色明显、竞争力强的现代海洋产业体系，海洋经济科技贡献率达 80% 左右，海洋战略性新兴产业增加值达 40% 左右。全面建成海洋经济强市和浙江海洋经济发展示范区的核心区，对全省海洋经济发展的龙头带动作用进一步发挥。

（4）海洋产业产值方面

2016 年，宁波市实现海洋经济总产值约 4408 亿元，占全市 GDP 的 16%，海洋第一、第二、第三产业增加值比例为 8∶45∶47，呈现"三、二、一"发展格局。在港口服务业方面，舟山港 2016 年完成货物吞吐量 9.22 亿吨，已连续多年位居全球第一，完成集装箱吞吐量 2156 万标箱，增长 4.5%，居世界第四位，增幅位居全球前五大港口之首。①

（5）海洋科教文化方面

海洋科技工作人员达 2000 余人，在航海航运、海洋养殖、海洋生物等领域取得一批关键技术成果；有宁波大学海洋学院、生命科学与生物工程学院、宁波市海洋与渔业研究院等 9 家拥有海洋与渔业领域重点实验室的科研机构。

---

① 数据来源：宁波环球航运中心。

同时，《宁波海洋经济发展规划》做了详细部署：与国家海洋局战略合作，强化海洋生物工程、船舶与海洋工程等若干重点学科建设，共建海洋科技人才创新体系；加大涉海类教师的培养力度，在甬江学者特聘教授、高校中青年学科、专业带头人培养、青年教师资助等方面给予重点支持；扶持在甬高校海洋经济相关专业、学科，发展港口物流、航运航海、海洋生物、现代养殖、物联网、智慧城市等专业，争取在涉海类博士后流动站、国家级重点学科、本科重点专业、重点实验室等的建设方面实现零突破；加大海洋教育设施和研究设备的投入，提高办学质量。

《宁波海洋经济发展规划》对加大涉海人才培养力度也做了详细部署：探索在海洋经济和专业领域的定向招生制度，进一步扩大面向中职学生的招生比例；探索校地联合培养，提高人才培养能力；促进高校与社会、企业合作，探索建立政府、企业共同参与的高校管理体制，推动产学研合作深入开展；发展海洋类继续教育，深入开展岗位培训、预备劳动力培训等教育培训；加强渔民职业技能和职务船员培训。

（6）海洋生态方面

宁波市对海洋经济发展规划进行环评，特别对布局密集、规模庞大的炼油、化工、钢铁、火电项目进行科学论证，以确保海洋经济可持续发展。

①合理有序利用滩涂资源：建立滩涂围垦红线制度，对滩涂围垦规划和滩涂围垦项目进行严格的海洋生态环境影响评估。

②加大污染防治和执法力度：明确海洋、环保、海事、水利、林业、交通等各涉海部门在保护海洋生态环境中的职责，实现海洋生态环境共建共保共享。

③加强涉海产业的污染管理：加强涉海工程的建设监督管理，严格执行环境影响评价和环保设施"三同时"制度，至2020年末象山港主要入海河流、水闸排污通量削减20%。

④加强海洋污染处置和海洋救灾应急机制建设：建立健全跨区域、跨部门海洋污染和灾害处置队伍。

⑤重视海洋生态环境修复，充分利用现有的大学和海洋科研院所，建立省级和国家级重点涉海研究室、实验室，增强宁波海洋科研力量，至2020年末完成海岸线整治修复70公里以上，在大型河流入海口、重点排污口邻近海域设置投放6个在线监测浮标，完成1个市级海洋污染应急监测实验室建设。

⑥加强海洋湿地和生态保护区的保护，在已有基础上，建立象山港海岸湿地自然保护区和象山港国家级海洋生态公园，至 2020 年末新建 1 个国家级海洋保护区、2 个省级经济鱼类产卵场保护区。

⑦加强象山港渔业资源的保护，降低海底"荒漠化"程度，科学合理进行海水养殖，象山港有计划地减少网箱养殖，扩大近海深水网箱养殖规模，减少养殖自身污染，至 2020 年末新建海洋牧场建设区 50~100 平方公里、人工鱼礁区 4000 亩以上、藻场 1000 亩以上，增殖放流苗种 25 亿尾（粒）以上。

（二）青岛市与国内主要沿海城市蓝色经济发展制约因素辨析

青岛市在蓝色经济的建设过程中，利用自身优势，顺应全国海洋经济发展大局，海洋开发突飞猛进，但是环顾其他国家和省份的沿海地区蓝色经济发展现状，距离蓝色经济领军城市标准还有很长的路要走，以下通过蓝色经济领军城市竞争力指标与其他沿海地区蓝色经济对比，得出制约青岛市成为蓝色经济领军城市的因素。

以下数据来源于《青岛市统计年鉴》、《上海市统计年鉴》、《大连市统计年鉴》、《天津市统计年鉴》、《宁波市统计年鉴》、《中国统计年鉴》、《中国海洋统计年鉴》。

1. 区位、资源禀赋竞争力

通过青岛与其他沿海地区区位特点的横向比较，分析青岛具备的区位竞争力。

表 13　国内五大城市区位特点

城市	区　位　特　点
青岛	位处中日韩经济纽带的前沿，与日韩隔海相望，与天津相比距离更近，且拥有得天独厚的深水岸线和港口，海域面积约 1.22 万平方公里，海岸线长度为 816.98 公里，青岛市共有 A 级旅游景区 66 家。2016 年青岛港货物吞吐量稳居全球第七位，达 5.0036 亿吨
上海	处于长江入海口和东海的交汇处，海域面积超过 8000 平方公里；江海岸线总长 763 公里，其中大陆岸线 186 公里，岛屿岸线 577 公里，岛屿 16 个，其中崇明岛是我国的第三大岛，拥有港口航道、湿地滩涂、渔业、滨海旅游、风能潮汐能等海洋资源
大连	黄渤两海海岸线达 2211 公里，管辖海域超过 2.9 万平方公里，是全市陆地面积的 2 倍多，海洋生物资源十分丰富

续表

城市	区 位 特 点
天津	依托"三北",面向东北亚,是首都北京重要的海上门户,拥有海岸线长度153公里,海域面积约3000平方公里,可供开发利用的滩涂面积约343平方公里,已探明石油储量超1.9亿吨,天然气储量638亿立方米,拥有万吨级以上泊位119个,货物吞吐量居全球第四;临近的渤海湾海域渔业资源种类有80多种,主要渔获种类有30多种
宁波	浙江省海洋经济发展示范区的核心,位于长三角城市群核心区,紧邻亚太国际主航道,是长三角地区与海峡西岸经济区的联结纽带、东北亚的重要国际门户,港口岸线总长为1562公里,其中可用岸线872公里,深水岸线170公里。现有生产性泊位300多座,其中万吨级以上深水泊位60多座,舟山港全球吞吐量第一,探明天然气储量达700多亿立方公尺

由表 13 可知,在沿海地区中,青岛在海岸线及岛屿面积资源方面不占优势,港口货物吞吐量低于天津与宁波,优势不足,石油、天然气等矿物储量方面,青岛更是处于劣势,但青岛滨海旅游资源丰富,A 级旅游景区众多,这是青岛区位优势所在,可通过加强旅游资源开发利用,增强竞争实力。

2. 人力资源竞争力

本部分将青岛市 2004~2016 年全市人口数、每万人在校学生数、从业人员数三个指标与其他沿海地区进行对比。

（1）全市人口数

表 14　2004~2016 年国内五大城市全市人口数

单位：万人

城市	2004	2005	2006	2007	2008	2009	2010
青岛	731.12	740.91	749.38	757.99	761.56	762.91	763.64
上海	1834.98	1890.26	1964.11	2063.58	2140.65	2210.28	2302.66
大连	601.5	565.3	572.1	608	613	617	586.4
天津	1023.67	1043	1075	1115	1176	1228.16	1293.8
宁波	207.01	211.17	215.03	218.768	221.48	222.46	222.98

城市	2011	2012	2013	2014	2015	2016
青岛	766.36	769.56	773.67	780.64	783.00	—
上海	2347.46	2380.43	2415.15	2425.68	2415.27	2419.70
大连	588.5	590.3	591.4	594.3	593.6	—
天津	1354.58	1413.15	1472.21	1516.81	1546.95	1562.12
宁波	224.79	226.1	227.6	229.6	232.1	284.2

数据来源：2004~2016 年各市统计年鉴及国民经济和社会发展统计公报。

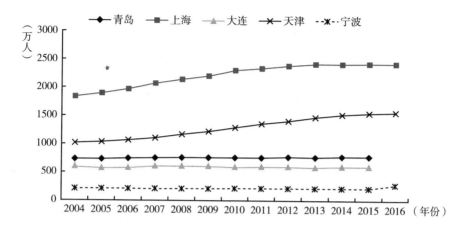

图7 2004~2016年青岛、上海、大连、天津、宁波的全市人口

通过图7可以看出，在国内四个涉海城市中，上海市的全市人口数最高，而且2004~2016年增长很快，到2016年已经达到2419.70万人；全市人口数排在第二位的是天津市，在最近13年一直在1000万人以上；而青岛市排在第三位，2004~2015年都维持在700万人以上，虽然每年都在增加，但是和上海市相比人口增长速度较为缓慢，11年间全市只增长了大约52万人，而上海市13年间增长了将近700万人，可见差距之大。所以从全市人口来看，青岛市在人力资源竞争力方面暂时落后于上海和天津。

（2）每万人在校学生数

表15 2004~2016年国内五大城市每万人在校学生数

单位：人

城市	2004	2005	2006	2007	2008	2009	2010
青岛	1723	1551	1547	1547	1563	1527	1465
上海	1048	996	941	873	856	861	834
大连	628	648	700	750	326	291	419
天津	1579	1554	1478	1434	1348	1258	1182
宁波	1788	1809	1814	1803	1799	1755	1757

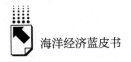

城市	2011	2012	2013	2014	2015	2016
青岛	1454	1453	1445	1459	1724	1745
上海	825	822	821	813	819	1092
大连	559	567	403	538	698	—
天津	1162	1128	1101	1087	1081	1327
宁波	1754	1871	1728	1689	1673	1657

数据来源：2004～2016年各市统计年鉴及国民经济和社会发展统计公报。

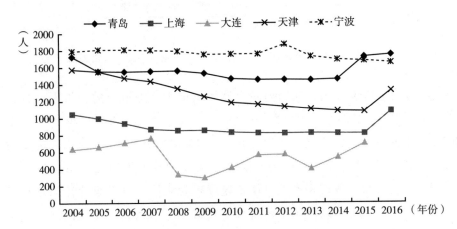

图8 2004～2016年青岛、上海、大连、天津、宁波每万人在校学生数

图8和表17以每万人在校学生数衡量人力资源竞争力，根据我们得到的数据，2014年之前排在第一位的是宁波市，每万人在校学生数达到1600以上，而且随着时间推移呈现先增后减的趋势，2012年达到峰值1871；2015年青岛超过宁波排在第一位，2016年达到1745人，而其他沿海城市的每万人在校学生数都低于青岛，说明青岛市的教育状况和升学率相对较高，随着青岛市政府对教育的重视程度和人们学习观念的提高，相信未来会有更大的增长潜力。

（3）从业人员数

表16和图9以从业人员数来衡量人力资源竞争力，从中发现从业人员数最多的是上海市，而且2004～2016年上海市的从业人口数从836.87万人上升

表16　2004~2016年国内五大城市从业人员数

单位：万人

城市	2004	2005	2006	2007	2008	2009	2010
青岛	458.81	471.03	490.1	505.8	513.8	525.71	540.34
上海	836.87	863.32	885.51	909.8	1053.24	1064.42	1090.76
大连	218.2	221.9	227.5	230.1	237.1	234.1	238.6
天津	530.2	538	562.92	613.93	647.32	677.13	728.70
宁波	395.5	395.5	415.1	429.8	437.8	443.86	476.51

城市	2011	2012	2013	2014	2015	2016
青岛	551.18	559.88	571.47	588.97	595.44	644.44
上海	1104.33	1115.50	1137.35	1265.63	1361.51	1421.44
大连	252.6	218.2	262.81	242.57	227.37	—
天津	763.16	803.14	847.46	877.21	896.80	902.42
宁波	493.8	501.58	503.36	511.50	509.50	529.35

数据来源：2004~2016各市统计年鉴及国民经济和社会发展统计公报。

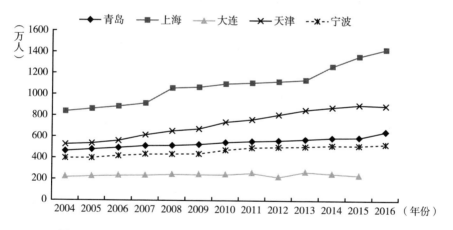

图9　2004~2016年青岛、上海、大连、天津、宁波从业人员数

到1421.44万人，增幅很大，这部分得益于快速增长的全市人口数。排在第二位的是天津市，且天津市就业人口数最突出的优势是增长速度很快，13年几乎翻了一倍，而青岛市虽然总量在所有的涉海城市中具有一定的优势，但是增长速度远远落后于天津市。宁波市从业人员数较少，大连最差。

综合上述对比，我们发现上海市在人力资源竞争力方面总体占有优势，而青岛市排名相对靠前，大多数的指标都在前三位，表明青岛市离领军城市的距

离只有一步之遥，人才资源是第一资源。综合考虑各方面，得到以下制约因素。

首先，海洋人才结构明显不合理。尽管青岛市的海洋人才数量在全国占有绝对优势，但是人才结构不合理是导致蓝色经济发展迟缓的主要原因。在全市的海洋人才中80%以上是从事基础性研究，从事高新技术行业的占比不足10%，尤其是海洋工程专业人才和实用型、技能型人才不足，与快速发展的海洋事业和打造蓝色经济领军城市对海洋人才的需求还存在较大差距，具体体现在以下三个方面。①海洋管理知识层次单一型人员多，复合型高层次人才不足，培养海洋管理型人才是发展海洋经济的重要环节，现有的海洋管理人员知识面较为单一且知识陈旧亟须更新，人员素质也面临着转型挑战，海洋类综合管理的高素质人才缺口非常大。②传统型专业技术人员多，高新技术人才不足，人才的观念守旧导致科技的滞后和创新缺乏，在高水平科学研究和高层次创新型人才队伍建设等方面，与蓝色经济领军城市的地位还不相称，尤其是缺少海洋新兴产业高尖端人才、科研领军人物。现有人才主要集中在海洋基础科学和传统涉海专业，一些涉海高新技术产业如海洋生物、海洋药物的人才缺乏，特别是船舶设计制造、浅海油气勘探与开发、深海矿产开发、海水综合利用等，高新技术产业方面的研发型、创业型人才匮乏。③普通理论型人员多，实用型、技能型人才不足。目前，青岛市还没有一所用于培养海洋类专业技术人才的省级职业技能专职教育学校，导致海洋理论知识丰富但海洋产业的实用型、技能型人才少，不能满足海洋产业，特别是海洋能源、海水综合利用等海洋新兴产业快速发展的需要。

其次，海洋人才培养模式不合理。大量的海洋类毕业生就业难，学非所用，显性和隐性失业严重，科研课题重复研究和成果转化率不高的问题比较突出，造成人才不足与人才浪费现象并存；因此，有必要实施"人才强海"战略，打造国内一流的海洋科技创新团队，推进海洋科技产业化，建立国内海洋科技联席会机制，加强协作、促进资源整合、积极组织国际海洋科技高层论坛等国际性学术交流组织，加强国内外海洋科技的交流合作。

3. 资源环境可持续发展能力

本部分通过将青岛市2001～2012年工业废水排放达标率、单位GDP能耗、城市生活垃圾无害化处理能力三个指标与其他沿海地区进行对比来衡量资源环境可持续发展能力。

（1）工业废水排放达标率

表17　2001～2012年国内五大城市工业废水排放达标率

单位：%

城市	2001	2002	2003	2004	2005	2006
青岛	98.82	99.93	99.92	99.92	99.92	98.74
上海	95.4	94.9	94.9	96.3	97.1	97.5
大连	95.1	95	98	97.9	98.3	97
天津	99.1	99	99.84	98.8	99.6	99.77
宁波	97.75	96.55	95.58	95.04	91.65	88.56
城市	2007	2008	2009	2010	2011	2012
青岛	98.72	99.77	99.89	98.06	98.78	—
上海	97.7	93.8	98.8	98	—	—
大连	98.6	97	95.3	95.1	—	—
天津	99.7	99.9	100	100	—	—
宁波	92.4	87.42	95.47	95.47	—	—

注：因2011年及以后各市不再统计工业废水排放达标量，因而之后不对工业废水排放达标率进行比较。

数据来源：2002～2012年各市统计年鉴以及国民经济与社会发展统计公报。

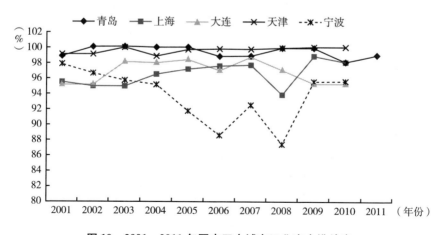

图10　2001～2011年国内五大城市工业废水排放率

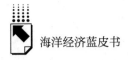
　　从工业废水排放达标率来看，天津市做得最好，尤其值得注意的是天津市在2009年、2010年排放达标率达到了100%，这说明天津市在工业生产中十分注重对工业废水的处理，极大地改善了环境恶化问题；青岛市在工业废水的控制方面也做得非常好，仅次于天津市。很多年份超过了99%，而且从未低于98%，明显优于上海、大连和宁波，在未来几年中，青岛市应该精益求精，向天津看齐，使工业废水排放达标率达到100%。

　　（2）单位 GDP 能耗

表18　2004～2016年国内五大城市单位 GDP 能耗

单位：吨标准煤/万元

城市	2004	2005	2006	2007	2008	2009	2010
青岛	0.9992	0.9992	0.9874	0.9873	0.9977	0.9988	0.9806
上海	0.905	0.862	0.825	0.780	0.751	0.704	0.678
大连	0.9723	0.9781	0.9789	0.9831	0.9703	0.9527	0.9527
天津	1.25	0.95	0.91	0.86	0.80	0.75	0.66
宁波	2.374	2.0773	1.8764	0.4779	0.5025	0.4354	0.4236

城市	2011	2012	2013	2014	2015	2016
青岛	0.71	0.57	0.50	0.44	0.40	0.41
上海	0.589	0.552	0.528	0.482	0.463	—
大连	0.9510	0.9506	0.9548	0.9527	0.9521	—
天津	0.63	0.60	0.57	0.54	0.50	—
宁波	0.4236	0.4030	0.3996	0.3535	0.3512	—

数据来源：2004～2016年各市统计年鉴以及国民经济与社会发展统计公报。

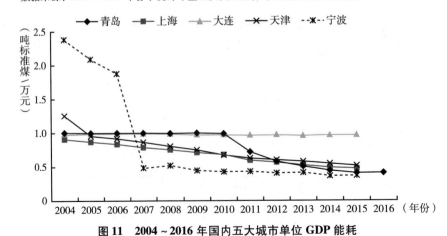

图11　2004～2016年国内五大城市单位 GDP 能耗

以单位 GDP 能耗来衡量资源环境可持续发展能力，可以看出青岛市和上海市的能耗相对较低，而且呈现逐年递减的趋势，青岛市从 2004 年的 0.9992 吨标准煤/万元降到 2016 年的 0.41 吨标准煤/万元，这说明随着人们环保意识和能源利用率的提高，单位 GDP 能耗越来越低，对环境的污染越来越小。进步最明显的是宁波市，从 2004 年的 2.374 吨标准煤/万元降到 2015 年的 0.3512 吨标准煤/万元，这表示宁波从单位能耗最大的城市变成单位能耗最小的城市，进步巨大。因此，青岛市在保持现有低能耗优势的基础上要积极借鉴宁波市的低碳发展路径，争取更进一步。

（3）城市生活垃圾无害化处理能力

表 19　2004～2016 年国内五大城市城市生活垃圾无害化处理能力

单位：吨/天

城市	2004	2005	2006	2007	2008	2009	2010
青岛	2650	2650	7880	3608	11015	4109	7541
上海	3400	8800	9900	16765	13412.38	16009.04	17026.52
大连	—	—	2070	2356	2601	2601	2601
天津	5690	6800	6800	7600	7600	7600	8000
宁波							

城市	2011	2012	2013	2014	2015	2016
青岛	4070	4936	4436	4190	3316	—
上海	16899.84	17939.94	18954.52	19327.95	21616	22650
大连	2174.20	2920.45	3340.82	3328.49	3364.66	—
天津	9500	9500	10500	9400	10191	—
宁波						

数据来源：2004～2016 年各市统计年鉴以及国民经济与社会发展统计公报。

表 19 和图 12 以城市生活垃圾无害化处理能力来衡量资源环境可持续发展能力，从中可以看出，城市生活垃圾无害化处理能力最强的是上海市，天津市也较好，但青岛市 2005～2012 年生活垃圾无害化处理能力波动较大，2012 年之后呈现下降趋势。说明青岛市资源环境可持续发展能力波动较大，但依 2008 年生活垃圾无害化处理能力的表现，青岛仍有潜力成为城市生活垃圾无

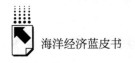
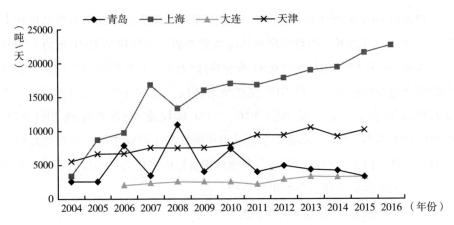

图12　2004～2016年国内五大城市城市生活垃圾无害化处理能力

害化处理的领军城市，未来要加强重视。

青岛市除了可持续发展方面，仍有些指标与上海还有一定的差距，但是受长期粗放型经济发展模式的影响，青岛市海洋环境现状不容乐观，半岛地区海域每年所承受的污染物达数百万吨，严重影响了海洋生态平衡。

自2010年5月中旬开始，东、黄海海域发现较大面积浒苔，浒苔最大分布面积29800平方公里，最大覆盖面积为530平方公里，受海面漂浮浒苔的影响，海水水质为差的天数为36天，占总监测天数的33.9%，严重影响了人体健康和滨海旅游业的发展，作为以海洋为依托的蓝色经济，必须从根本上解决海洋环境污染问题。

因此，保护与开发相结合应该成为青岛市建设蓝色经济领军城市的又一准则，低碳、环保既是青岛市作为领军城市的体现，也是在能源、资源日益紧缺背景下的战略选择。加强蓝色经济战略与低碳经济相辅相成，重点是改变传统的粗放式经济发展模式，从而降低能耗，而这需要有技术保证。首先，蓝色经济战略与低碳经济相辅相成。利用山东占有全国最长海岸线这一优势，开发海洋渔业、海洋生物、海洋能源资源等，发展海洋经济。同时降低含碳能源的使用，主要是我国的煤炭、石油等含碳能源储备、数量有限，争取利用高科技或采取新能源来改变以含碳能源为基础的能源结构。其次，低碳经济与蓝色经济结合需要技术创新。①降低能耗、利用新能源需要技术创新。利用新能源替代传统的含碳能源，通过技术创新，降低新能源开发和利用成本，使新能源可以便捷、便宜地运用。②蓝色经济的主导产业需要技术支撑。蓝色经济战略以临海高端制造业为主导，通过技术创新，降低企业的研发成本，提高产品竞争力，更高效合理地利用各种海洋资源，从而做到既利用资源发展经济，又保证资源的长期可持续。③技术创新的成本投入政府需要适当承担。技术发明、革新需要较大的投入，如果有些技术创新成本由单个企业承担可能会加大企业的负担，而且新技术的外部性非常大，使创新企业没有动力投入大量的资本进行创新，加之短期内难以见效，可以由政府承担研发成本或降低企业的税收负担，让企业从技术创新中获得直接收益。

未来经济的发展必须依托于海洋，未来资源必将来源于海洋，未来城市空间的拓展也必然走向海洋。我们要积极借鉴发达国家的低碳发展模式，最大化地保护海洋生态环境，促进蓝色经济战略与低碳经济的相辅相成。

4. 城市国际化水平

通过将青岛市2004～2016年外商直接投资总额、进出口总额两个指标与其他沿海地区的对比来衡量城市国际化水平。

（1）外商直接投资总额

表20　2004～2016年国内五大城市外商直接投资总额

单位：亿美元

城市	2004	2005	2006	2007	2008	2009	2010
青岛	67.1723	36.5625	36.5815	38.0652	26.4295	18.6397	28.4281
上海	65.41	68.50	71.07	79.20	100.84	105.38	111.21
大连	22.0328	10.0153	22.4477	30.0196	44.1180	60.0199	100.3025
天津	24.7243	33.2885	41.3077	52.7776	74.1978	90.1985	108.4872
宁波	21.0322	23.1079	23.0418	25.0518	25.3789	22.0541	23.2336

城市	2011	2012	2013	2014	2015	2016
青岛	36.3350	46.0027	55.2227	60.81007	66.9	70
上海	126.01	151.85	167.80	181.66	184.59	185.14
大连	110.1208	123.5	136.0	140.0	27.0（新口径）	—
天津	130.56	150.16	168.29	188.67	211.34	101.00
宁波	28.0929	28.5252	32.7483	40.2514	42.3375	45.1

数据来源：2004～2016年各市统计年鉴及国民经济与社会发展统计公报。

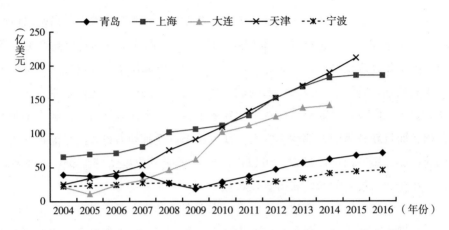

图13　2004～2016年青岛、上海、大连、天津、宁波外商直接投资总额

从外商直接投资总额这一指标来看，在五个沿海城市中，上海市在大多数年份中投资额最大，而且处于不断上升的趋势，2016年达到185.14亿美元；而青岛市的外商直接投资额呈现先升后降再升的态势，2004～2007年间，青岛对外投资总额平稳发展，但2007～2009年小幅下降，2009年后出现上升趋势，到2016年达到70亿美元；相比青岛市的跌宕起伏，大连、天津在2004～2016年一直处于上升趋势，而且上升速度较快，说明这两个城市的外商直接投资处在良好的发展轨道中；而表现最差的是宁波市，2004～2012年几乎没有太大的变化，维持在20亿美元左右，远远落后于其他几个城市，近几年有上升趋势，2016年达45.1亿美元。

（2）进出口总额

表21　2004～2016年国内五大城市进出口总额

单位：亿美元

城市	2004	2005	2006	2007	2008	2009	2010
青岛	567.76	693.2944	801.9198	925.7099	536.52	904.97	570.60
上海	1600.26	1863.65	2274.89	2829.73	3221.38	2777.31	3688.69
大连	207.2870	255.9123	317.9574	387.4480	470.4097	422.41	521.1
天津	420.19	532.8	645.73	714.5	803.5302	638.37	822
宁波	261.1222	334.9427	864.93	564.9909	678.4037	608.10	829.0424

续表

城市	2011	2012	2013	2014	2015	2016
青岛	721.52	732.08	779.12	798.88	702.22	700.82
上海	4374.36	4367.58	4413.98	4666.22	4492.41	4613.71
大连	605.0979	641.1342	688.2277	657.7426	560.34	—
天津	1033.9	1156.23	1285.2	1608.478	1142.83	1026.51
宁波	981.9	965.73	1003.28	1047.04	1003.72	1727.69

数据来源：2004～2016年各市统计年鉴及国民经济与社会发展统计公报。

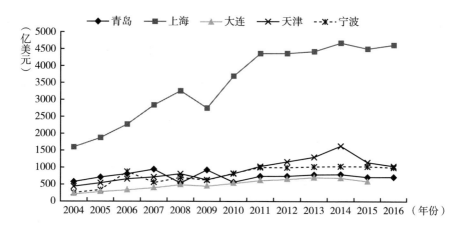

图14　2004～2016年青岛、上海、大连、天津、宁波进出口总额

从进出口总额来看，上海市遥遥领先，且在2004～2008年都保持着高速上涨的态势，2008年达到3221.38亿美元，在2008年之后有小幅度下滑，但是依然处于绝对领先位置，2016年达到4613.71亿美元；2008年前排在第二位的是青岛市，但2008年之后，天津超过青岛排名第二，虽然青岛和上海相比还有一定差距，但是青岛市的发展活力比较明显，预计将来进出口总额还会继续上升。

发展蓝色经济离不开大量的资金支持和投入。但是，由于蓝色经济依附于海洋的自然属性特征，产业研发和科技成果产业化具有一定的复杂性，使其更需要金融支持来保证创新动力的产生和创新成果的产业化。海洋产业所具有的多元化特征，也需要金融资源具有规模化且多元化的相应特征。

当前，蓝色经济的融资渠道大体上可以分为政府财政投入、股权融资、债权融资、吸引外资等。由于蓝色经济风险大、产业化成功率低等特点，股权融

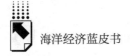

资、债权融资、吸引外资的规模不大，所以需要采取一系列措施来推动蓝色经济产业的融资效率。

（1）充分发挥政府的主导作用。通过政府注资等方式组建政策性担保公司，为蓝色经济产业链上的中小企业提供专门化融资担保业务，引导资金更多地投向蓝色经济区建设的重点领域和薄弱环节，在贷款授信、利率、期限等方面给予适当的倾斜。

（2）挖掘企业的融资能力。坚持政府引导与市场调节相结合，形成多元化投资新环境，周密筛选、精心设计海洋开发项目，积极开展招商引资。引进国外海洋高科技人才、项目、工艺和设备，改造传统海洋产业，提高技术、管理水平和国际竞争力。加强与内地省份的合作，延长海洋产业链，扩大经济辐射面。针对不同产业或行业，研究制定金融政策。

（3）通过推进竞争力强的企业到境内外上市融资等措施，提高直接融资比重。中国经济的转型升级需要金融领域的转型升级与之相匹配。

5. 科技综合水平竞争力

我们选取科技发明专利数和海洋科研机构数两个指标来衡量几个涉海城市的科技综合水平竞争力，结果如表22所示。

（1）科技发明专利数

表22　2004～2016年国内五大城市科技发明专利数

单位：个

城市	2004	2005	2006	2007	2008	2009	2010
青岛	1973	2341	3124	3595	3309	4432	6796
上海	10625	12603	16602	24481	24468	34913	48215
大连	1377	1673	2118	2957	3507	4447	6199
天津	2578	3045	4159	5584	6621	7216	10998
宁波	3559	3985	6056	8845	9882	15842	25971

城市	2011	2012	2013	2014	2015	2016
青岛	9149	12689	1930	2683	5170	6561
上海	47960	51508	48680	50488	60623	64230
大连	7418	11149	5600	6380	7181	—
天津	13982	20003	24856	26351	27342	39700
宁波	37342	59175	58406	43286	46088	40792

数据来源：2004～2016年各市统计年鉴及国民经济与社会发展统计公报。

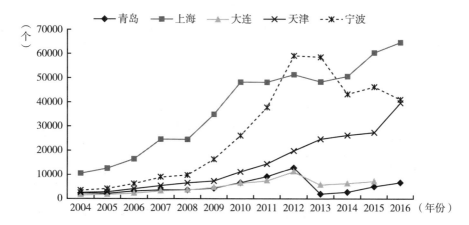

图 15　2004～2016 年青岛、上海、大连、天津、宁波科技发明专利数

从表 22 和图 15 中可以看出，上海市在科技发明专利数中占有明显优势，且呈现递增的趋势，尤其 2004～2007 年、2008～2010 年、2013～2016 年有明显快速上涨势头，到 2016 年，科技发明专利数约达到青岛市的 10 倍，可见青岛市想要在科技方面领先必须要借鉴上海市的经验来发展壮大自己。

（3）海洋科研机构数

表 23　2004～2016 年国内五大城市海洋科研机构数

单位：个

城市	2004	2005	2006	2007	2008	2009	2010
青岛	12	13	15	18	19	22	25
上海	10	10	13	13	12	15	15
大连	9	9	7	7	7	15	15
天津	10	10	11	11	11	15	14
宁波	13	12	17	17	17	18	17

城市	2011	2012	2013	2014	2015	2016
青岛	25	—	—	—	—	—
上海	15	14	14	15	—	—
大连	—	—	—	—	—	—
天津	14	14	14	14	—	—
宁波	—	—	—	—	—	—

数据来源：2004～2016 年各市统计年鉴及国民经济与社会发展统计公报。

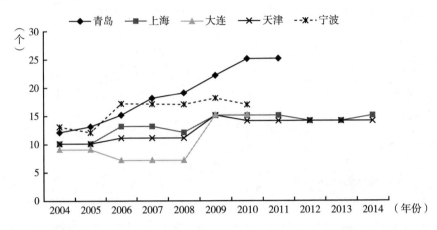

图16　2004~2014年青岛、上海、大连、天津、宁波海洋科研机构数

从海洋科研机构数来看，青岛市远远领先于其他几个城市。尤其2007年之后，青岛市海洋科研机构如同雨后春笋般出现，到2011年达到25个，而其他城市在15个上下（见图16），显示了青岛市在海洋研究方面的活力。

青岛市在发展海洋高新技术方面，已经取得一些突出成就，主要表现在以下三个方面。①在海洋环境检测技术研发方面，初步建立起海洋环境监测技术体系，自主研究和发展了一批海洋动力环境、海洋污染与水质、海洋生态环境长期实时监测仪器与系统。②在海洋油气开发技术方面已经形成体系，海洋油气与天然气水合物勘探开发技术取得长足的发展。③成功研制了一批大洋矿产资源勘查技术装备，打破了国外技术垄断，自主研制了深海彩色数字摄像系统、多次取芯富钴结壳潜钻、6000米海底有缆观测与采样系统、深海热液与沉积物保真采样系统和超宽频海底剖面仪等一批勘查装备。

虽然青岛市相比其他沿海城市已经取得一定成就，但是对海洋科技的探索还远远不够。人类对海洋的开发利用、对海洋环境的保护和海洋安全都离不开海洋工程设施。海洋工程设施包括海洋交通运输技术、海洋环境探测技术、海洋油气开发技术、深潜技术、海洋资源与生物开发技术等。人类对海洋资源、海洋能源、海洋空间、海洋交通及通讯通道的开发利用以及海洋生态环境保护和海洋安全，都需要大量的海洋工程结构物。

在能源日益紧缺的今天，海洋油气开发日益被各国重视。资料表明，全球的海底石油总蕴藏量约 1400 亿 ~ 2000 亿吨，占陆地石油储量的 30 ~ 50%。目前已有 100 多个国家和地区在海上开发石油，已发现的油气田约 1600 个，有 200 多个油气田投产。

为进一步推进海洋高新技术的发展，要加大对海洋科技的投入，大力推进海洋技术创新。无论是海带育苗技术的首次突破，还是对虾、扇贝、海参和鲍鱼等引种、育苗养殖技术的成功，都大大提升了海洋经济产业化水平；无论是传统海洋产业由粗放型向质量效益型的转变、海洋公益服务水平的提升，还是海洋发展空间的拓展，都离不开海洋科技的创新。

因此，针对海洋技术的特点，建设以企业为主体、以市场为导向、产学研相结合的海洋创新体系，推动科技成果转变，加快构建海洋科技成果中试基地的步伐，开辟加速科技成果产业化的绿色通道，成立多种形式的产学研创新机构，组织投建高新技术产业示范工程，同时逐步完善海洋科技信息、技术转让等服务网络，加速建设海洋技术交易服务与推广中心，积极推动创新要素的聚集和流动。

6. 社会公共服务和基础设施保障力

选取城市基础设施投资总额和人均消费零售额两个指标来衡量社会公共服务和基础设施保障力，由于数据收集难度较大，用城市的财政支出替代城市基础设施投资，比较结果如表 24 示。

（1）财政支出

表 24　2004 ~ 2016 年国内五大城市的财政支出

单位：亿元

城市	2004	2005	2006	2007	2008	2009	2010
青岛	164.6214	203.0622	236.7875	321.1777	369.4111	433.5754	532.3888
上海	1395.69	1660.32	1813.8	2201.92	2617.68	2989.65	3302.89
大连	170.31	207.7	266.52	344.57	410	471.16	611.4
天津	431.5	520.28	654.2	839.35	1060.8	1438.3	1376.83
宁波	215.95	232.32	267.84	387.8	511.63	439.41	506.08

续表

城市	2011	2012	2013	2014	2015	2016
青岛	658.0605	765.9800	1014.23	1074.71	1222.87	1352.8
上海	3914.88	4184.02	4528.61	4923.44	6191.56	6918.94
大连	731.5	891	1083.54	989.46	910.69	—
天津	1796.33	2112.21	2506.25	2884.70	3231.35	3700.68
宁波	600.74	750.72	828.44	939.89	1000.86	1289.3

数据来源：2004~2016 年各市统计年鉴及国民经济与社会发展统计公报。

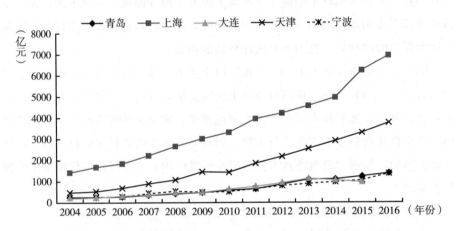

图 17 青岛市、上海市、大连市、天津市、宁波市城市财政支出

从图 17 中我们可以清晰地看出，上海市的财政支出总额要远远高于青岛市，且上海市的发展速度很快，从 2004 年的 1395.69 亿元上升到 2016 年的 6918.94 亿元，上升幅度大、时间短，体现了上海市社会公共服务和基础设施保障力度的强大。天津市财政支出总额大于青岛，2009 年曾有所下降，而青岛市虽然起步较低而且发展速度较为缓慢，但是一直保持着低速上涨的趋势，所以青岛市要在现有基础设施投资的基础上加快增长步伐，推动公共服务和基础设施保障力度的加大。

（2）人均消费零售额

从人均消费零售额来看，上海市 2001~2009 年总体高于其他沿海城市，2009 年开始出现逆转，上海市的人均消费零售额跌至第三位；青岛市的人均消费额较高，在 2012 年之后升至第二位，随着近几年青岛市经济的迅速发展

表25　2004～2016 年国内五大城市的人均消费零售额

单位：元

城市	2004	2005	2006	2007	2008	2009	2010
青岛	10224	11822	13640	16137	19640	22699	25694
上海	13376.71	15762.38	17184.37	18769.81	21382.29	23405.18	26867.19
大连	10727	12949	14670	16172	19292	22637	27963
天津	10206	11410	12621	14383	17676	19792	22434.3
宁波	2873	3598	4104	4733	5589.7	6447.9	7644

城市	2011	2012	2013	2014	2015	2016
青岛	30043	34248	38606	43063	47429	—
上海	30610.96	32936.91	35430.51	38354.19	41947.69	45239.37
大连	32707	37676	42720.66	47592.13	52013.14	—
天津	25063.5	27749.6	30365.23	31241.22	33984.94	36077.96
宁波	9021	10302	11580	13031	14432	12905

数据来源：2004～2016 年各市统计年鉴及国民经济与社会发展统计公报。

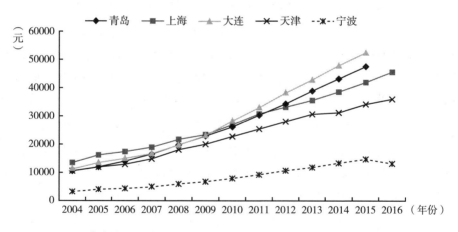

图18　青岛市、上海市、大连市、天津市、宁波市的人均消费零售额

和人民收入水平的提高，人均消费零售额也有了较大幅度的提升，基本处于第二位，仅次于大连市（见表25、图18）。这显示了青岛市经济发展的巨大活力。

上海市在民生、社会保障方面做得非常好，给青岛市提供了一个可以借鉴的范本。上海市全力把民生保障好，推进公共服务和基础设施均衡配置，率先基本实现城乡一体化，深化城乡统筹的投入机制，提高城乡协调的综合保障

水平。

近几年，青岛市对社会公共服务和基础设施保障力的建设也非常重视，把加快社会事业发展作为促进社会公平、构建和谐社会的重要着力点，继续以加快农村社会事业发展为重点，增加投入和完善发展政策并举，加强社会事业基础设施建设。

青岛市社会事业一直紧紧围绕建设全国重点中心城市和世界知名特色城市、创建"全国文明城市"的目标，社会事业基础设施建设重点有以下六方面。①大力发展教育事业。以职业教育和技能培训为突破重点，全力推进各类教育。快速推进市职业教育公共实训基地、职业技术学院公共实训基地、高级技工学校、市体校迁建等项目建设。建设一批"优质加特色"市区初中学校，加快农村中小学危房改造和中小学标准化建设，实施"双高普九"工程。②推动建设现代文化名城。整理挖掘城市文化特色，继续完善一批影剧院、城乡文化活动中心和文化市场，建设60处市区社区文化中心，启动农村文化站和文化大院建设，完善公共文化服务体系。③完善公共卫生服务体系。完成50个镇（街道）卫生院和60个社区卫生服务中心（站）标准化建设工程。开工市中心血站改扩建工程。完成市疾病预防控制三级电子信息网络二期工程，进一步完善公共卫生与医疗救治体系，加强艾滋病、禽流感等各类疫情的监测和防治工作。④加强青少年道德基地和爱国主义教育基地建设。加快推进海军博物馆扩建项目，把海军博物馆建成世界一流的国家级专业军事博物馆和红色旅游精品。完成市法制教育基地建设和市档案馆二期工程。⑤大力发展其他各项社会事业。加快市级体育中心、游泳跳水馆等项目建设。进一步完善群众性体育设施。重视搞好老龄事业和残疾人事业，实施农村和市区贫困残疾人安居工程，实施养老服务业"双千"计划。⑥切实加大对社区发展的支持力度。深刻领会杜世成书记新年视察社区建设的指示精神，认真总结和推广社区建设成功经验，以《"十一五"社区服务体系发展规划》的编制为契机，加强社区公共服务设施的建设，帮助、引导地方和社会多渠道增加投入，促进社区综合服务能力的提高。

7. 城市经济实力

用城市人均生产总值来衡量五大沿海城市的经济实力，结果如表26所示。

表 26　2004～2016 年国内五大城市的地区人均生产总值

单位：元

城市	2004	2005	2006	2007	2008	2009	2010
青岛	28540	33085	38608	44964	52266	57251	65827
上海	46755	52060	57695	66367	73124	69165	76074
大连	32984	35751	42579	51630	63198	70781	80220
天津	30575	37796	42141	47970	58656	62574	72994
宁波	38292	44156	51460	61067	69997	73998	68162

城市	2011	2012	2013	2014	2015	2016
青岛	75563	83836	89797	96524	102519	109407
上海	82560	85373	90993	97370	103795	113600
大连	91295	118631	111620	109939	110673	—
天津	85213	91180.55	100100	105200	108000	114494.3
宁波	77983	85475	93176	98972	102475	108804

数据来源：2004～2016 年各市统计年鉴及国民经济与社会发展统计公报。

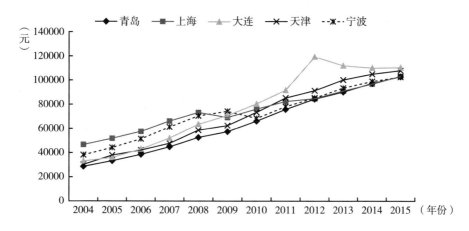

图 19　青岛市、上海市、大连市、天津市、宁波市地区人均生产总值

　　从表 26 和图 19 中可以发现，青岛市的城市经济实力和其他四个沿海城市相比还有一定的差距。其中，城市经济实力最好的是上海市，一直处于领先地位，但是 2008 年之后发展速度放缓；大连市的人均生产总值跳跃度较大，呈现不稳定的特征；青岛市、宁波市和天津市人均生产总值增长较稳定，趋势逐渐趋于一致，青岛市人均生产总值的上升很快，相信会在几年后实现反超。

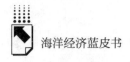

青岛市和其他城市在经济实力方面存在差距，主要原因是基础较差，最近几年青岛市不断重视，取得了一定成就。近五年，"转方式、调结构"始终引导着青岛经济的发展进程。在"转"和"调"中，青岛经济成功抵御国际金融危机的冲击，强劲地"逆势增长"。传统工业产业不断壮大，战略性新兴产业和现代服务业异军突起，青岛经济发展方式不断转变，产业结构日趋优化。

青岛的城市创新能力也在不断增强，成为全国首个技术创新工程试点城市、国家创新型试点城市和知识产权示范城市。中科院所属 4 家科研机构、海洋科学技术国家实验室纷纷落户，南车高速列车系统集成、海尔数字家庭网络、青岛科技大学轮胎先进装备与关键材料国家工程实验室先后获批建设，国家生物产业基地加快推进，中国海洋大学"四方"三期共建、山东大学青岛校区共建协议正式签署。胶州湾大桥、海底隧道等重大基础设施陆续建成使用，城市地铁、铁路客运北站等重大项目开工建设，高新园区基础设施配套完善，高端机械、光电、生物等新兴产业项目纷纷落地，董家口港区加快建设进度，新港城雏形日渐清晰，一座以胶州湾为核心，全域统筹、组团发展的大青岛城市框架正徐徐拉开。

随着山东半岛蓝色经济区建设上升为国家战略，未来青岛海洋经济发展将获得更加广阔的空间。

参考文献

刘洋：《论稳中求进的区域经济发展观》，《宏观经济管理》2012 年第 10 期，第 40 ~ 41 页。

《战略核心区域的现实优势》，《宁波经济：财经视点》2011 年第 5 期，第 28 页。

程延婷：《加强近海环境保护助力半岛蓝色经济发展》，《改革与开放》2011 年第 17 期，第 7 ~ 8 页。

宋鑫陶、郭霞：《蓝色经济新境界》，《商周刊》2011 年第 23 期，第 25 ~ 27 页。

国家统计局：《中国统计年鉴》，中国统计出版社，2008 ~ 2014。

国家海洋局：《中国海洋统计年鉴》，海洋出版社，2001 ~ 2014。

中国船舶工业年鉴编辑委员会：《中国船舶工业年鉴》，北京理工大学出版社，2015。

殷克东、方胜民、高金田：《中国海洋经济发展报告（2012）》，社会科学文献出版社，2012。

　　牛彦斌：《供给侧结构性改革背景下河北海洋经济发展对策研究》，《经济论坛》2017 年第 5 期，第 7～9、36 页。

　　李济、曾令果：《重庆市"十一五"期间科技投入对全市经济发展影响的评价研究报告》，《科学咨询（科技·管理）》2012 年第 7 期，第 7～9 页。

　　冯永宾：《青岛保税港区打造山东半岛蓝色经济新引擎》，《人民日报》（海外版）2012 年 3 月 8 日，第 8 版。

　　刘晓钢、刘珍珠、王熙：《浅谈上海船舶工业》，《硅谷》2011 年第 4 期，第 99、151 页。

　　吴建銮、南士敬、浦小松：《福建省出口贸易与经济增长的协整分析》，《现代商业》2008 年第 21 期，第 149 页。

　　邵帅：《香港对外贸易与就业水平的关系研究》，《国际经贸探索》2007 年第 12 期，第 28～31 页。

区 域 篇

Regional Article

B.10
南部海洋经济圈海洋经济发展形势分析

黄海波*

摘　要： 南部海洋经济圈是我国对外贸易往来的最前沿，包括广西、广东、海南和福建四个省区，相对于其他海洋经济圈，具有海疆广阔、海岛众多、独特的区位优势等特点。这不仅为南部海洋经济圈海洋经济发展带来了许多机遇，也为其海洋经济发展带来不小挑战。本报告首先通过构建面板模型对南部海洋经济圈海洋经济发展现状进行分析，其次采用增量分析、趋同分析和关联分析方法探讨南部海洋经济圈经济发展特征，最后着重展开对南部海洋经济圈的经济发展形势的剖析。本报告最终认为，2017 年南部海洋经济圈海洋生产总值将继续以高于 GDP 增速的速度增长。

关键词： 南部海洋经济圈　经济发展　面板模型

* 黄海波，国家海洋局第四海洋研究所所长，研究方向为物理海洋经济与管理。

一 南部海洋经济圈海洋经济发展现状分析

南部海洋经济圈位于我国沿海地区的最南端，包括广西、广东、海南和福建四个省区，作为我国对外贸易往来的最前沿，相对于其他海洋经济圈，南部海洋经济圈具有海疆广阔、海岛众多、独特的区位优势等特点。改革开放以来，南部海洋经济圈的海洋经济得到快速发展，发展条件越来越成熟，产业结构越来越完善，在宏观经济中占有十分重要的地位。本部分对南部海洋经济圈近年来海洋经济的产出规模、产业结构、空间布局等发展状况进行分析，并探讨研究了影响南部海洋经济圈海洋经济发展的因素。

（一）南部海洋经济圈海洋经济规模分析

1. 海洋生产总值分析

2006 年以来，南部海洋经济圈海洋经济发展保持稳定持续的增长趋势。海洋经济生产总值 2006 ~ 2015 年实现了从 6255.08 亿元到 24260 亿元的增长，按照名义价格衡量，实现了 16.25% 的年均增长。如图 1 所示，2008 ~ 2009 年，国际金融危机的爆发，南部海洋经济圈海洋经济增速降至 15.41%；2009 ~ 2010 年海洋经济增速出现回升，达到 21% 的水平；2010 ~ 2013 年，南部海洋经济圈海洋经济增长速度逐渐降低，至 2013 年，增速仅为 9.64%；2013 ~ 2014 年海洋经济增速回升，达到 21.74% 的水平，海洋经济步入增速换挡新时期。

2006 ~ 2009 年，南部海洋经济圈海洋生产总值占全国海洋经济生产总值的比重如图 1 所示，2009 年以后比重呈现稳定态势，平均水平基本维持在 33% 左右；2013 ~ 2014 年，南部海洋经济圈的海洋生产总值占全国海洋经济生产总值的比重略有上升，基本维持在 36.49% 的水平。2006 ~ 2009 年，南部海洋经济圈的海洋生产总值占该区域国内生产总值的比重出现小幅上升，2009 ~ 2013 年基本稳定，平均水平保持在 17.8%；2013 ~ 2014 年，南部海洋经济圈的海洋生产总值占该区域国内生产总值的比重略有上涨，保持在 19.70% 的水平，比中国海洋经济生产总值占中国沿海地区生产总值的比重（15.84%）要高。由此可见，海洋经济已经是南部海洋经济圈极为重要的经济增长点。

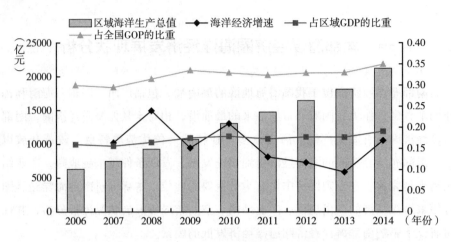

图1 2006～2014年南部海洋经济圈海洋生产总值发展趋势

资料来源：《中国海洋统计年鉴》（2007～2015）。

2. 海洋产业增加值分析

（1）主要海洋产业增加值

2006～2014年，南部海洋经济圈的主要海洋产业表现较为良好的发展趋势。如图2所示，从绝对值来看，南部海洋经济圈的主要海洋产业增加值逐年上升，2006～2014年主要海洋产业增加值实现了从2609.2亿元到8351.9亿元的增长，年均增速达到15.70%。

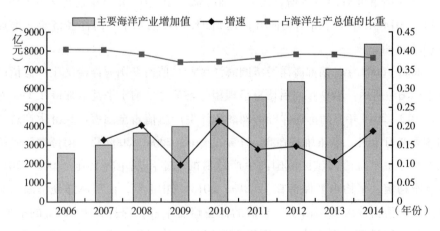

图2 2006～2014年南部海洋经济圈主要海洋产业增加值发展趋势

资料来源：《中国海洋统计年鉴》（2007～2015）。

从相对值来看，一方面，南部海洋经济圈主要海洋产业增加值增长率呈现波浪形走势，2007～2009年，金融危机使增速从最高点20.28%下滑至9.5%；2009～2010年，得益于国家对海洋经济的刺激政策，主要海洋产业增速回升至金融危机前的水平；然而，2010年后，主要海洋产业的发展动力未持续，增速大幅下降，至2013年增速仅为10.50%；2014年受到国家一系列海洋经济政策的影响，增速大幅提高，达到18.7%。这表明南部海洋经济圈主要海洋产业进入转型期。另一方面，南部海洋经济圈主要海洋产业增加值占本地区国内生产总值比例相对较稳定，金融危机期间略有下降（2006年为40.33%，2009年为37.13%），随后小幅上升至2014年的38.2%。表明南部海洋经济圈主要海洋产业的外向性比较明显，易受外部经济环境的影响，也表明海洋经济对区域经济发展的贡献相对稳定，维持在一定水平。

（2）海洋科研教育管理服务业增加值

针对海洋开发利用和保护开展的研究、教育、管理和服务活动是海洋经济发展的重要组成部分。如图3所示，从绝对值的角度来看，南部海洋经济圈海洋科研教育管理服务业增加值稳步以14.17%的年均增速增长，增加值实现了从2006年1559.8亿元增加到2014年450.44亿元的飞跃。

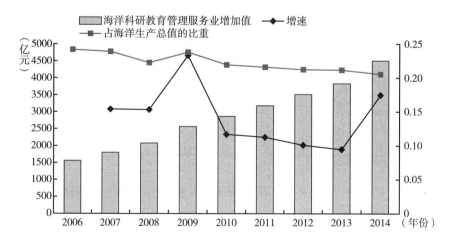

图3 2006～2014年南部海洋经济圈海洋科研教育管理服务业增加值发展趋势

资料来源：《中国海洋统计年鉴》（2007～2015）。

从相对值来看，一方面，南部海洋经济圈海洋科研教育管理服务增加值增长总体呈转倒 U 形轨迹，2007～2009 年增速逐步上升，由 15.47% 增加到 23.4%；随后，金融危机的负面影响逐步波及南部海洋经济圈，增速出现较大幅度下降，到 2013 年仅为 9.46%；金融危机的影响逐步褪去，2014 年增速迅速上升到 17.49%。另一方面，2006～2014 年，南部海洋经济圈海洋科研教育管理服务业增加值占该地区海洋生产总值的比重由 2006 年的 24.11% 降至 2014 年的 20.59%。在一定程度上，海洋科研教育管理服务业在南部海洋经济圈海洋经济发展中的作用越来越明显，海洋经济的增长快于海洋科研教育管理服务业的增长，由此该比重出现小幅度下降。

（3）海洋相关产业增加值

海洋经济的整体发展与海洋产业的发展密切相关，与海洋相关产业的发展密不可分。如图 4 所示，从绝对值的角度来看，2006～2014 年，南部海洋经济圈海洋相关产业发展趋势较好，海洋相关产业增加值 2011 年突破 6000 亿元，达到 6009.5 亿元，2014 年达到 8277 亿元，是 2006 年增加值的 3.59 倍，年均增长率为 17.35%。

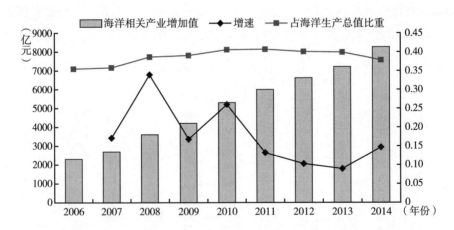

图 4　2006～2014 年南部海洋经济圈海洋相关产业增加值发展趋势

资料来源：《中国海洋统计年鉴》（2007～2015）。

从相对值来看，一方面，南部海洋经济圈海洋相关产业增加值的增速呈现波浪形变化，波动轨迹与该区域主要海洋产业增加值的增速轨迹相似，2007～

2009 年，金融危机的影响使增速由 33.83% 下降至 16.8%；随后出现短期的提速，2010 年增速达到 26%；2010～2013 年，由于海洋相关产业的发展缺乏动力，增速再次放缓，至 2013 年仅为 8.91%，介于该地区主要海洋产业增速与海洋科研教育管理服务业增速之间；随着国家政策对海洋经济支持力度的加大，2014 年增速重新回到较高水平，达到 14.57%。另一方面，2006～2010年，南部海洋经济圈海洋相关产业占该地区海洋生产总值的比重稳步上升，由 2006 年的 35.56% 增至 2010 年的 40.72%。随后出现小幅度下降，到 2014 年比重降至 37.85%。

（二）南部海洋经济圈海洋产业结构分析

从绝对规模来看，南部海洋经济圈海洋三次产业的增加值均呈现逐年上升的发展趋势。如图 5 所示，2014 年南部海洋经济圈第一、二、三产业增加值分别为 1058.5 亿元、8846.8 亿元和 11228 亿元。从相对规模来看，2006～2014 年，南部海洋经济圈第一产业增加值占海洋生产总值的比重逐步下降，从 2006 年的 7.03% 降至 2014 年的 5.01%。海洋第二产业增加值占国内生产总值的比重从 2006 年的 39.61% 逐渐上升到 2014 年的 41.86%。海洋第三产业增加值与国内生产总值的比重从 2006 年的 53.36% 略微下降到 2014 年的 50.62%，然后升至 53.13%。2006 年以来，南部海洋经济圈海洋三次产业结构一直处于"三、二、一"的行业结构，产业结构较为合理，2014 年三次产业结构为 5:42:53。

2006 年以来，南部海洋经济圈海洋三次产业增加值均呈上升趋势，但三次产业增速出现一定的分化现象。如图 6 所示，南部海洋经济圈海洋第一产业增加值增长速度变化与该区域海洋第二、第三产业增加值增长速度变化此消彼长。其中，该地区海洋第一产业增加值增速波动轨迹总体呈现波浪形趋势，2008 年受金融危机爆发的影响，增长速度从 25.05% 放缓至 2008 年的 7.79%，随后增速回升，至 2010 年增速达到 14%，2011 年受外部经济环境不景气的影响，增速降至 6.61% 的低谷，2012 年海洋第一产业增加值增速开始回升，达到 11.83%，随后又降至 2013 年的 4.96%。该地区海洋第二产业和第三产业增加值增速亦呈现波浪形走势，海洋第二产业在 2007 年达到了金融危机前的最大值 42.59%，随后急剧下降，在 2008 年达到波谷的

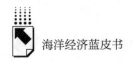

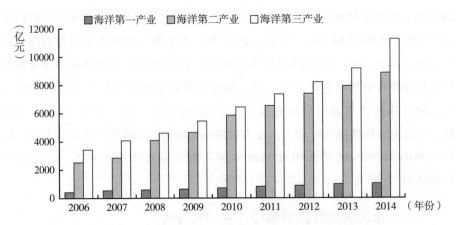

图5　2006～2014年南部海洋经济圈海洋三次产业增加值发展趋势

资料来源：《中国海洋统计年鉴》（2007～2015）。

13.33％。2009～2013年宏观经济不景气使增速由2009年的26.04％降至2013年的11.6％。

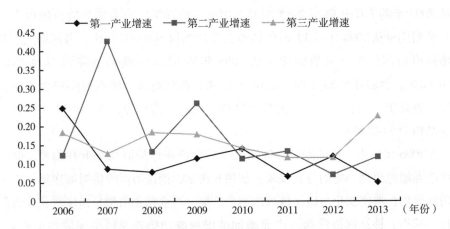

图6　2007～2013年南部海洋经济圈海洋三次产业增速变化趋势

资料来源：《中国海洋统计年鉴》（2007～2015）。

（三）南部海洋经济圈海洋经济因素分析

1. 海洋产业结构问题

合理的海洋产业结构对于促进沿海地区经济快速发展、加快我国"海洋

"强国"战略的实施具有重要影响。南部海洋经济圈总体上实现了"三、二、一"的合理产业布局,但是从各个地区来看差异较大。广东省海洋第二、三产业比重较大,特别是第二产业近年来增长迅猛,几乎与海洋第三产业持平,而海洋第三产业所占比重相对下降,按照这个趋势发展下去,"三、二、一"的合理产业布局势必被打破。广西和海南这两个地区海洋第一产业所占比重过大,反映出这两个地区海洋开发层次较低,没有充分利用丰富的海洋资源来促进本地区海洋经济的发展。南部海洋经济圈拥有我国最广袤的海域,蕴藏着巨量的海洋资源,这些资源对于促进海洋产业,特别是海洋新兴产业(如海洋生物制药业)的发展具有重要意义;一般认为,第三产业比重在50%以上的"三、二、一"产业结构布局最优,从这一角度来讲,南部海洋经济圈四个省份均存在进一步提升的空间,海洋产业结构亟待优化。

2. 海洋科技创新问题

科学技术是第一生产力,科技水平决定了区域的产出效率和产出规模。海洋科技水平的提高对促进沿海海洋产业优化升级,促进区域海洋经济发展具有重大影响。因此,海洋科技的发展引起了沿海各地的重视。一个经济圈的较高技术水平,除了通过技术溢出效应间接获得外,最重要的就是本地区的科技自主研发。从表1可以看出,南部海洋经济圈在三大海洋经济圈中发展水平相对落后,海洋科技研发能力薄弱。特别应该指出,南部海洋经济圈中除了广东省外,福建、广西和海南在海洋科研方面与它们的经济发展水平极不相称,这三个省份在海洋科技研发方面均具有广阔的提升空间。

表1 2014年三大海洋经济圈海洋科研情况

海洋经济圈	海洋科研机构数(个)	排名	海洋科研人员数(人)	排名	海洋科研经费总额(万)	排名
北部	86	1	23578	1	17736524	1
东部	46	3	8941	2	7528890	2
南部	53	2	6467	3	4862956	3

资料来源:根据《中国海洋统计年鉴》(2015)整理。

3. 基础设施建设问题

南部海洋经济圈是我国东南沿海对外开放的门户,贸易往来频繁,海洋交通运输业发达。福建、广东海岸线长度位居全国首列，自然条件优越，海上交通空间广阔。但基础设施建设滞后，特别是港口建设不适应海洋经济的发展，阻碍了本地区经济发展水平的进一步提高。以福建省港口设施为例，就存在三个重要问题：①港口基础设施总量不足，吞吐量小，落后于其他沿海省份；②港口存在结构性矛盾，全省大部分都是万吨级以下的泊位，亟须发展深水泊位，顺应国际航运船舶大型化的趋势要求；③港口技术水平低，导致综合作业能力差，拉低了货物通过关卡的速度，提高了贸易的直接成本。此外，南部海洋经济圈大马力远洋作业渔船的比例较低，阻碍了海洋捕捞业的发展。

4. 海洋经济安全问题

南部海洋经济圈海洋经济发展安全问题特别突出，主要表现在三个方面。

一是海洋自然灾害频发。南部海洋经济圈是我国经常发生海洋灾害的地段，海洋灾害对区域海洋经济发展造成了严重的影响。2016年，我国沿海11省市中海洋灾害直接损失较严重的是福建省和广东省，因灾直接经济损失分别达16.21亿元和9.63亿元，如表2所示。海洋灾害对海洋渔业、交通运输业等海洋产业，涉海基础设施，沿海地区人们的生命财产安全，海洋灾害都带来了重要威胁。海洋灾害监测预警平台以及灾害应急管理机制都需要进一步加强与完善。

表2　2016年南部海洋经济圈主要海洋灾害统计

地区	广东	福建	海南	广西
致灾原因	风暴潮、海浪、海岸侵蚀	风暴潮、海浪	风暴潮、海浪、海岸侵蚀	风暴潮
死亡(失踪)人数	4	23	16	0
直接经济损失(亿元)	9.63	16.21	5.69	2.69

资料来源：根据《2016年海洋灾害公报》整理。

二是地缘政治的不确定性因素多。南部海洋经济圈是台海对峙的最前端，在海峡两岸安全协议签署之前，始终存在安全威胁。此外，我国与东盟国家南海岛屿的争端愈演愈烈，渔民遭绑架驱逐、海洋油气资源遭盗采事件时常发生，严重威胁着本区域海洋经济的发展。

三是海洋生态环境恶化。海洋资源在开发利用的过程中会产生气体、水、石油等泄漏，加之陆域废弃物的直接入海导致了沿海地区海水质量恶化，严重破坏了海洋生态环境。如2015年广东污水排放91.15亿吨，较上年增加0.64亿吨，其中75.5%的废水直接排放入河，严重破坏了生物的生存环境。海洋污染对水产养殖业有严重影响，阻碍了海洋经济的可持续发展，海洋环境必须立即整治，迫在眉睫。

5.海洋统计数据问题

科学地分析、评价、指导海洋经济，离不开海洋数据统计。在南部海洋经济圈中，部分海洋资源的开发利用过程中存在"无序、无度、无偿"的"三无"局面，缺乏统一的协调配置。究其原因，整个经济圈内缺乏"数字海洋"意识，没有形成科学的综合协调管理机制，导致了海洋资源开发利用过程中的无组织状态。此外，海洋经济发展研究也被泛泛的海洋数据统计所阻碍，不利于形成"理论指导实践，实践反过来修正理论"的产学研良性循环。

二 南部海洋经济圈海洋经济发展增量分析

（一）南部海洋经济圈海洋经济发展增量分析

1.海洋经济发展影响指标选择与处理

改革开放至今，我国实行的市场经济体制是供需共同引导的双导向市场经济体制。为此，在分析影响海洋经济发展因素时，应从供需两方面进行。根据经济增长理论及数据的可得性，选取海洋生产总值（GOP）作为衡量海洋经济发展的指标，从资本、劳动和技术要素角度选取代表供给因素的指标，从政府消费、出口及居民消费角度选取代表需求因素的指标。如表3所示，所选取的三个供给指标、三个需求指标与GOP存在较高的关联度。

本部分所用数据的来源为《中国海洋统计年鉴》和《中国统计年鉴》，样本区间为1998~2015年。其中，由于这段时间《中国海洋统计年鉴》的统计口径、变量名称变更，海洋产业从业人员数据无法直接从中获得；海洋固定资产投资、海洋产业财政支出和海洋产业出口总额并没有直接的指标数据，需要根据有关变量进行折算替代。具体折算替代公式如下：

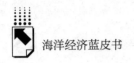

表3　南部海洋经济圈海洋经济发展影响指标及相关系数

影响指标	供给			需求		
	海洋固定资产投资（TZ）	海洋产业从业人员（RY）	海洋科技课题总数（KJ）	海洋产业财政支出（CZ）	海洋产业出口总额（CK）	人均可支配收入（SR）
广东 GOP	0.9963	0.9702	0.9231	0.9941	0.9963	0.9848
广西 GOP	0.9406	0.5292	0.7034	0.9350	0.9325	0.9496
海南 GOP	0.9895	0.8788	0.6058	0.9934	0.9838	0.9887
福建 GOP	0.9912	0.9632	0.9556	0.9975	0.9941	0.9747

资料来源：根据《中国海洋统计年鉴》（1999～2015）、《中国统计年鉴》数据计算所得。

海洋产业从业人员 = 地区社会从业人员 × 地区海洋生产总值／地区生产总值
海洋固定资产投资 = 地区固定资产投资 × 地区海洋生产总值／地区生产总值
海洋产业财政支出 = 地区财政支出 × 地区海洋生产总值／地区生产总值
海洋产业出口总额 = 地区出口额 × 地区海洋生产总值／地区生产总值

2. 指标变量的平稳性检验与协整检验

（1）单位根检验

在进行经典的回归分析时，要求数据是平稳的。如果数据不平稳，则会出现虚假回归现象，影响分析结果的有效性和可信度。所以，在对数据建立模型之前，要先进行相应的平稳性检验，也就是单位根检验。如果序列没有单位根，那就是平稳的。在进行单位根检验之前先对数据进行对数化处理，避免序列出现异方差现象。单位根检验结果如表4所示。

表4　海洋经济发展影响指标单位根检验结果

变量	LLC 检验		IPS 检验		ADF-Fisher 检验		PP-Fisher 检验		结论
	Statistic	Prob.	Statistic	Prob.	Statistic	Prob.	Statistic	Prob.	
GOP	-1.66719	0.0477	1.19231	0.8834	2.68305	0.9526	7.66445	0.4669	不平稳
ΔGOP	-6.67501	0.0000	-6.46796	0.0000	46.3619	0.0000	47.7750	0.0000	平稳
TZ	-0.17035	0.0442	2.60056	0.9953	0.87127	0.9989	1.86662	0.9848	不平稳
ΔTZ	-6.00948	0.0000	-5.61583	0.0000	41.3599	0.0000	57.3817	0.0000	平稳
RY	-2.95880	0.0015	-1.41144	0.0791	12.2143	0.1419	20.1442	0.0098	不平稳
ΔRY	-4.43889	0.0000	-4.03736	0.0000	31.7410	0.0001	35.4575	0.0000	平稳
KJ	-0.57664	0.2821	1.04620	0.8523	2.85312	0.9432	2.97245	0.9361	不平稳

变量	LLC 检验		IPS 检验		ADF-Fisher 检验		PP-Fisher 检验		结论
	Statistic	Prob.	Statistic	Prob.	Statistic	Prob.	Statistic	Prob.	
ΔKJ	− 5. 08362	0. 0000	− 3. 67403	0. 0001	27. 0572	0. 0007	20. 9833	0. 0072	平稳
CZ	− 2. 06511	0. 0195	0. 84433	0. 8008	3. 12280	0. 9264	7. 95543	0. 4378	不平稳
ΔCZ	− 3. 80717	0. 0001	− 3. 35005	0. 0004	30. 3679	0. 0002	43. 2713	0. 0000	平稳
CK	− 1. 96366	0. 0248	1. 24643	0. 8937	4. 45942	0. 8135	7. 67293	0. 4661	不平稳
ΔCK	− 7. 63702	0. 0000	− 5. 98917	0. 0000	43. 0401	0. 0000	42. 8680	0. 0000	平稳
SR	1. 40267	0. 9196	4. 20183	1. 0000	0. 22886	1. 0000	0. 23031	1. 0000	不平稳
ΔSR	− 5. 09835	0. 0000	− 3. 82336	0. 0001	28. 6376	0. 0004	25. 6831	0. 0012	平稳

注：表中所给出单位根检验结论是在 0.05 的显著性水平下，综合考虑 4 种检验方法所得。

从上述四种检验所得的结果可以看出，各个指标的原序列在 5% 的显著性水平下，均存在单位根，因此各个指标的原序列是非平稳的；而它们的一阶差分序列均为平稳序列。

（2）协整检验

依长期均衡经济理论的观点，某些经济变量间存在一定的长期均衡稳定关系。针对经典回归分析中存在的虚假回归问题，计量经济学中通常采用协整理论及方法进行修正。如果两个或者两个以上的同阶单整变量在线性组合后所形成的变量是平稳的，那么称这两个变量存在协整关系。所以，在建立南部海海洋经济圈海洋经济发展指标的面板模型之前，要进行相应的协整检验，以防止出现虚假回归的问题。

由于我国海洋经济统计工作开展时间相对较短，指标数据样本时间跨度较短，为保证自由度，建立两个面板模型，即供给模型和需求模型。其中，供给模型中包含海洋生产总值（GOP）、海洋固定资产投资（TZ）、海洋产业从业人员（RY）、海洋科技课题总数（KJ）四个变量；需求模型中包含海洋生产总值（GOP）、海洋产业财政支出（CZ）、海洋产业出口总额（CK）和人均可支配收入（SR）四个变量。协整检验结果如表 5 所示。

KAO 检验和 Johansen Fisker 面板协整检验的结果表明，无论在供给模型还是需求模型中，各个变量都存在协整关系。Johansen Fisker 面板协整检验结果更在一定程度上保证了研究结果的可靠性。此外，英国经济学家 Granger 指出，

表5　面板协整检验结果

检验模型	检验方法	原假设	ADF 值		Prob.		结论
供给模型	KAO 检验	不存在协整关系	−4.018570	0.0000			存在
	Johansen Fisker 面板协整检验	原假设	Fisher 联合迹统计量	Prob.	Fisher 联合 λ−max 统计量	Prob.	结论
		不存在	70.89	0.0000	62.25	0.0000	存在
		最多一个	21.03	0.0003	17.35	0.0081	
		最多两个	8.973	0.2858	7.197	0.3030	
需求模型	KAO 检验	不存在协整关系	−3.238027	0.0006			存在
	Johansen Fisker 面板协整检验	原假设	Fisher 联合迹统计量	Prob.	Fisher 联合 λ−max 统计量	Prob.	结论
		不存在	82.46	0.0000	57.80	0.0000	存在
		最多一个	36.05	0.0000	28.74	0.0004	
		最多两个	15.40	0.0519	13.17	0.1061	

如果变量之间是协整的，那么至少存在一个方向上的 Granger 原因。因此该结果还表明，从因果关系的角度看，运用这些指标变量构建面板模型进行南部海洋经济圈海洋经济发展分析是合适的。

3. 区域海洋经济发展面板数据模型构建

面板数据模型包括固定效应模型和随机效应模型两类，而根据模型形式可以将模型分为变系数模型、变截距模型和不变系数模型三类。在构建南部海洋经济圈海洋经济发展模型之前，首先需要通过 Hausman 检验确定面板模型的影响效应，其次需要确定模型的设定形式。检验结果如表6所示。

表6　面板模型的 Hausman 检验及 F 检验结果

检验模型	Chi-Sq. Statistic	Prob.	F 检验	F 检验临界值	结论
供给模型	19.8491	0.0002	F1 = 6.8918	2.3930	固定效应 变系数模型
			F2 = 9.7614	1.9436	
需求模型	26.6897	0.0000	F1 = 4.7502	2.3930	固定效应 变系数模型
			F2 = 8.4946	1.9436	

表6第二、三栏显示了 Hausman 检验结果，结果显示，供给模型和需求模型都不能接受设立随机效应模型的原假设，应该建立固定效应模型。第四栏中

展示了 F 检验的结果，F1 和 F2 的伴随概率均大于临界值，因此模型形式应设定为变系数模型。Hausman 检验和 F 检验表明，固定效应变系数面板模型适合作为南部海洋经济圈海洋经济发展模型。模型估计结果如表 7 和表 8 所示。

4. 南部海洋经济圈海洋经济发展增量分析

（1）从供给角度分析

南部海洋经济圈海洋经济发展供给模型估算结果如表 7 所示，可以发现，每个因素对各地区海洋经济发展具有不同的驱动力。总体而言，除广西和海南外，其他两地海洋产业从业人员对海洋经济发展的贡献最大，表明该地区海洋经济发展广泛，需要进一步改变经济发展方式，对产业结构进行调整，改变以劳动密集为特征的经济增长方式；而海洋科技课题总数对四个地区海洋经济的发展驱动作用都比较小，这反映了科研为海洋经济发展提供科技支撑的作用是有限的。科学技术是第一生产力，较高的科技水平对于促进产业结构优化升级，改变经济发展模式具有重要作用。对南部海洋经济圈的实证分析结果表明了两点：一方面，南部海洋经济圈海洋经济发展所需的先进科技不仅可以源自科研活动，而且还可以通过其他技术交流获得；另一方面，我国缺乏技术孵化平台建设。虽然科研工作者创造大量的科研成果，但只有很少一部分成果转化为生产力，这就大大削弱了科学技术对经济增长的拉动作用。因此，整体而言，未来南部海洋经济圈海洋经济的发展需要进一步支持科技研发，提高海洋产业技术水平，促进产业结构优化升级，转变经济增长方式。

从各个地区而言，广东省海洋产业从业人员和海洋固定资产投资对海洋经济的影响较大，弹性系数分别为 0.9130 和 0.4196，广西壮族自治区海洋固定资产投资和海洋科技课题总数对海洋经济发展的促进作用较明显，弹性系数分别为 0.6610 和 0.1888。海洋产业从业人员对广西海洋经济发展表现负的影响（-0.4325），极大地说明广西的科技投入与生产力的提高之间存在不协调关系。广西海洋经济发展一直比较薄弱，海洋生产总值占地区生产总值的比重在四个省份中最小，未来存在极大的提升空间；海南省和福建省相似，均是海洋产业从业人员和海洋固定资产投资对海洋经济发展的影响最大，其中，海南省弹性系数分别为 0.0374 和 0.7387，福建省弹性系数分别为 0.6675 和 0.4609，与两省海洋经济发展的现实情况一致，传统的海洋产业结构和投资促进海洋经济的增长。

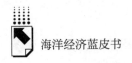
表7　南部海洋经济圈供给模型分析

地区	变量	系数	Std. Error	t-Statistic	Prob.
广东	海洋固定资产投资	0.4196	0.4576	0.9169	0.3638
	海洋产业从业人员	0.9130	0.7995	1.1421	0.2591
	海洋科技课题总数	0.2717	0.2144	1.2675	0.2111
广西	海洋固定资产投资	0.6610	0.0548	12.0667	0.0000
	海洋产业从业人员	-0.4327	0.1919	-2.2548	0.0287
	海洋科技课题总数	0.1888	0.0950	1.9883	0.0525
海南	海洋固定资产投资	0.7387	0.1113	6.6386	0.0000
	海洋产业从业人员	0.0374	0.4599	0.0812	0.9356
	海洋科技课题总数	0.1052	0.0739	1.4230	0.1612
福建	海洋固定资产投资	0.4609	0.1641	2.8090	0.0072
	海洋产业从业人员	0.6675	0.2346	2.8455	0.0065
	海洋科技课题总数	0.1179	0.3699	0.3187	0.7513

总之，从供给的角度来看，南部海洋经济圈的海洋经济发展显示更多的共同点，个别地区有一定的特性。未来海洋经济的发展还应在转变经济增长方式、扩大对海洋产业的投资、提高科研成果转化率方面做工作。

（2）从需求角度分析

从需求角度出发，研究南部海洋经济圈海洋经济发展状况，面板模型估计结果如表8所示。广东省的海洋产业出口总额和海洋产业财政支出对海洋经济影响最大，弹性系数分别为0.5669和0.2983，符合实际情况。广东省是中国改革开放的前沿，经济拓展尤为明显，所以海洋工业出口对海洋经济发展具有巨大的拉动作用。与此同时，广东省作为海洋经济省份，GOP占GDP的比重将近20%，当地政府关注海洋经济发展及对海洋经济增长的财政支持作用显著。广东省人均可支配收入对其海洋经济发展的拉动作用在统计上并不显著。

就广西壮族自治区而言，海洋产业出口总额对海洋经济增长的影响较大，弹性系数为0.3014。海洋产业财政支出对海洋经济的发展有负面影响，弹性系数为-0.1006。而人均可支配收入的弹性系数达到了1.2366，反映了广西海洋经济发展的独特地位。广西三大支柱海洋产业分别是海洋渔业、海运和海洋建筑业。2013年广西海洋经济通报指出，2013年广西主要海洋产业发展迅速，

表8 南部海洋经济圈需求模型分析

地区	变量	系数	Std. Error	t-Statistic	Prob.
广东	海洋产业财政支出	0.2983	0.3703	0.8057	0.4241
	海洋产业出口总额	0.5669	0.2490	2.2772	0.0269
	人均可支配收入	0.2283	0.5979	0.3818	0.7042
广西	海洋产业财政支出	−0.1006	0.2049	−0.4910	0.6255
	海洋产业出口总额	0.3014	0.1470	2.0510	0.0453
	人均可支配收入	1.2366	0.3289	3.7602	0.0004
海南	海洋产业财政支出	0.3961	0.2588	1.5304	0.1320
	海洋产业出口总额	0.1901	0.3036	0.6261	0.5340
	人均可支配收入	0.5977	0.3829	1.5612	0.1245
福建	海洋产业财政支出	0.8082	0.4398	1.8378	0.0718
	海洋产业出口总额	0.2115	0.2572	0.8225	0.4145
	人均可支配收入	−0.4061	0.5439	−0.7466	0.4587

其中海洋渔业占比最高，占37.0%；其次是海运业，占24.0%；第三是海洋工程建筑业，占23.2%。这三类产业的发展与人均可支配收入的增长不能分开，只有人均可支配收入的增加才能促进广西海洋经济的发展。

对海南省而言，三大驱动因素中，人均可支配收入影响最大（0.5977），海洋产业财政支出次之（0.3961），最后是海洋产业出口总额（0.1901）。日常生活中海南人对水产品的消费居食品类消费的第二位[1]，此外，作为沿海旅游大省，海南对海洋产品亦有极大的消费量，因此人均可支配收入影响着人们对海产品的消费，进而影响海洋经济的不断发展。海南省北邻珠三角经济圈，南靠东盟经济圈，具有绝佳的出口优势地位，随着区域经济交流的加深，海洋产业出口促进海洋经济发展的效果将越来越明显。

福建省作为海峡西岸经济区的主要区域，与台湾隔海相望，具有独特的区位发展优势，考虑军事、政治等因素，政府对海洋经济的发展比较重视，财政支持作用明显（0.8082）。由于福建省产业发展历史悠久，展现以纺织服装、电子信息等轻工业，石化、船舶等重工业为主导的格局。在海洋产业方面，福建海洋渔业、海运物流业、沿海旅游、造船、海洋工程建设为五大海洋产业。

---

① 根据《海南统计年鉴2014》，近几年海南食品消费中水产品消费仅次于肉禽及其制品。

作为沿海对外交流的重要窗口，福建省以出口轻工业制品蜚声海内外，而海洋产业（如海洋船舶修造）出口占比较小①，没有表现统计上的显著性，因而出口对海洋经济的发展拉动较小。福建人均可支配收入对海洋经济发展表现负向影响，这与其五大主导海洋产业的特质有关。

（二）南部海洋经济圈海洋经济发展趋同分析

通过分析南部海洋经济圈的海洋经济发展情况，发现广东、广西、海南、福建等地海洋经济的发展不仅存在一定的共同点，而且存在一定程度的不平衡。根据新古典经济学理论，在资本收益递减的假设条件下，同一区域内部落后地区对发达地区经济增长存在追赶效应，最终会达到趋同（Convergence）。因此，可以通过对南部海洋经济圈海洋经济发展的趋同分析来进一步探究本区域海洋经济发展的特点。

趋同分为绝对趋同、条件趋同和随机趋同，本部分主要从随机趋同的视角分析南部海洋经济圈海洋经济发展的特征。随机趋同主要从动态变化特征的角度对地区间海洋经济发展差距进行分析，如果该差距为平稳的随机过程，那么就认为随机趋同是存在的。经济圈内部海洋经济发展出现趋同现象，则说明该区域海洋经济发展达到了一个新高度，内部经济发展出现整合，各生产要素、资源配置达到有效状态。

1. 传统线性单位根检验

随机趋同检验的研究对象是海洋经济发展差距，即

$$gopg_i = (y_{i,t} - \bar{y}_t) = y_{i,t} - \frac{1}{N}\sum_{i=1}^{N} y_{i,t}$$

其中，$gopg_i$ 表示第 i 个地区海洋经济发展的差距，$y_{i,t}$ 表示第 i 个地区在时间 t 的人均海洋生产总值（人均海洋生产总值＝地区海洋生产总值/海洋产业社会从业人员）。

数据来源为《中国海洋统计年鉴》和《中国统计年鉴》，数据时间跨度为1998～2014年。为在一定程度上消除异方差性的影响，将人均海洋生产总值

---

① 根据《福建统计年鉴2014》，2013年福建服装、鞋靴出口达2801932万美元，而运输设备类出口额仅129420万美元。

进行了对数化处理。

运用传统的单位根检验方法对 $gopg_i$ 进行分析，所得结果如表 9 所示。对于广西而言，原序列单位根检验支持存在海洋经济发展趋同；对于广东、海南和福建而言，原序列单位根检验均不支持存在海洋经济发展趋同。对四省份的一阶差分序列进行分析检验，上述三种检验的检验结果均支持存在海洋经济发展趋同现象。

表 9　传统线性单位根检验结果

地区	原序列			一阶差分序列		
	ADF	PP	KPSS	ADF	PP	KPSS
广东	− 1.76128	− 1.66701	0.16232	− 5.08948	− 5.07667	0.10358 **
广西	− 5.50719	− 5.62456	0.04192	− 8.43493	− 23.70470	0.06711
海南	− 1.80328	− 1.77559	0.16293	− 3.73579 *	− 3.74955 *	0.11982 **
福建	− 2.34178	− 2.2548	0.16012	− 5.95088	− 6.18694	0.11029 **

注：①ADF 检验和 PP 检验的原假设是存在单位根；KPSS 检验的原假设是不存在单位根。

②*、**分别代表在 10% 和 5% 水平下显著。

2. 非线性面板单位根检验

传统的单位根检验存在对于非线性、结构突变的序列检验效力低下，不能充分利用横截面信息等问题。Kapetanios 等认为，许多宏观经济时间序列不仅是非平稳的，而且是非线性的。因此，为了保证研究结果的稳健性，本部分采用 Chortareas 和 Kapetanios 提出的序列面板选择方法（Sequential Panel Selection Method）对南部海洋经济圈海洋经济发展趋同现象进行分析。相对于传统的单位根检验，该方法具有两个特点：①在单位根检验过程中，运用基于傅里叶函数的 KSS 单位根检验对面板数据进行分析，这样就能很好地捕获序列中存在的结构变化；②在面板序列排序的过程中，它能够按照面板中各个序列达到平稳的先后顺序，对各个序列进行排序。SPSM 单位根检验结果，如表10 所示。

从表 10 第四列可以看出，SPSM 单位根检验结果表明，广东、广西、海南和福建均接受存在单位根的原假设，即南部海洋经济圈中没有出现海洋经济发展趋同。表 10 中的前两列表明，如果该经济圈内部海洋经济发展未来出现趋同现象，那么各省份依次趋同的次序是：广东、福建、海南和广西，这与各地区的产业结构、区位优势、资源禀赋等的差异存在密切关系。

表10　SPSM 单位根检验结果

序列顺序	I(0) series	OU stat	P-Value	Min KSS	k
1	广东	-0.1838	0.0000	-0.0001	1
2	福建	-0.5114	0.0000	-0.0044	1
3	海南	-0.4987	0.0000	-0.0116	1
4	广西	-0.6136	0.0000	-0.0039	1

（三）南部海洋经济圈海洋经济发展关联分析

南部海洋经济圈是我国东南沿海改革开放的前沿阵地，北邻中国华东经济圈，西靠西南经济圈，南依香港、东盟贸易区，东部与台湾隔海相望，具有良好的区位发展优势。上文对南部海洋经济圈海洋经济发展的内部影响因素进行了梳理分析，本部分通过构建南部海洋经济圈与中国大陆、中国台湾、中国香港、东盟以及美国的 VAR 模型，对海洋经济发展外部关联性进行分析。

1. 南部海洋经济圈关联分析 VAR 模型建立

本部分选取南部海洋经济圈海洋生产总值作为其海洋经济发展状况的评价指标，选取中国大陆、中国香港、中国台湾，东盟与美国的生产总值作为外部影响指标。数据的时间跨度为 1998~2014 年，其中南部海洋经济圈海洋生产总值（Y）数据根据《中国海洋统计年鉴》上的数据计算所得；中国大陆地区生产总值（X_1）和中国香港地区生产总值（X_2）数据来自《中国统计年鉴》；中国台湾地区生产总值（X_3）数据来自 IMF 网站；东盟国内生产总值（X_4）数据根据世界银行、国际货币基金组织和联合国（2014 年）公布的东盟十国 GDP 整理所得；美国国内生产总值（X_5）数据来自世界银行网站。

根据 AIC 和 SC 信息准则，滞后期 P 可以选择为 1。如图 7 所示，选择滞后 1 期建立 VAR 模型，发现其特征根均在单位圆内，因而所建立的 VAR 模型是平稳的，可以用于后面的脉冲响应分析和方差分解。

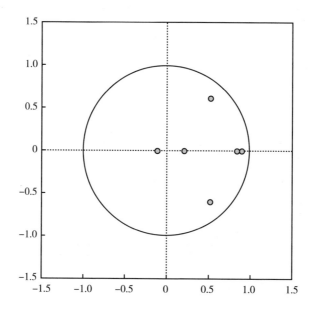

图7 南部海洋经济圈关联分析VAR模型稳定性检验

2. 南部海洋经济圈海洋经济发展关联响应分析

（1）南部海洋经济圈与中国大陆经济的关联响应

南部海洋经济圈与中国大陆宏观经济关联脉冲响应，见图8。VAR模型脉冲响应图反映，中国宏观经济状况对南部海洋经济圈海洋经济发展有一个长期的持续影响。在第1期给X_2一个负向冲击时，Y会受到一个负向影响，并在第2期出现反向波动，并在第3期影响达到一个峰值且又出现反向波动，到第10期影响达到另一个峰值，之后影响逐渐削弱，最终趋于0。这表明，外部对中国大陆经济发展的冲击，会传递给南部海洋经济圈海洋经济，并且传导快速且周期较短。

（2）南部海洋经济圈与中国香港经济的关联响应

南部海洋经济圈与中国香港经济关联脉冲响应见图9。VAR模型脉冲响应图反映，中国香港经济发展状况对南部海洋经济圈海洋经济的发展有一个持续的影响。在第1期给中国香港GDP一个负向冲击时，南部海洋经济圈海洋经济的发展会受到一个负向影响，在第3期达到最小值，随后影响震荡下降，最终消失。这表明中国香港经济的某一冲击也会给南部海洋经济圈带来同向的冲

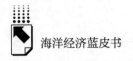

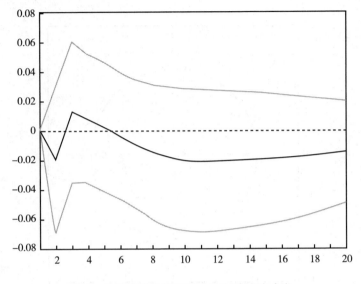

图8 南部海洋经济圈与大陆经济脉冲响应

击，即中国香港经济发展状况出现一定波动之后，会通过市场传导逐步影响海洋经济的发展，经过一段时间后影响才会减弱消失。

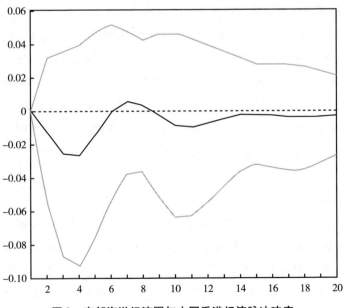

图9 南部海洋经济圈与中国香港经济脉冲响应

（3）南部海洋经济圈与中国台湾经济的关联响应

南部海洋经济圈与中国台湾经济关联脉冲响应见图10。VAR 模型脉冲响应图反映，中国台湾经济发展状况对南部海洋经济圈海洋经济的发展存在重要影响。在第1期给中国台湾 GDP 一个正向冲击时，南部海洋经济圈海洋经济的发展会受到一个正向影响，在第2期达到最大值，随后影响震荡下降，最终消失。这表明中国台湾经济发展受到某一冲击后对南部海洋经济圈海洋经济的发展有一个同向的影响，并且影响存在一个传导过程，影响周期也相对较短。

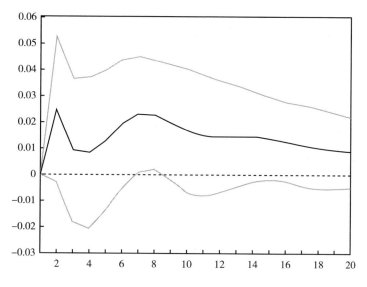

图10　南部海洋经济圈与中国台湾经济脉冲响应

（4）南部海洋经济圈与东盟经济的关联响应

南部海洋经济圈与东盟经济关联脉冲响应见图11。VAR 模型脉冲响应图反映，东盟经济发展状况对南部海洋经济圈海洋经济的发展影响是持久的，不易消失的。在第1期给东盟 GDP 一个负向冲击时，南部海洋经济圈海洋经济的发展会受到一个负向影响，从第2期出现反向波动，在第4期达到最大值，随后影响震荡下降，最终消失。这表明南部海洋经济圈海洋经济的发展与东盟经济发展存在密切的联系，南部海洋经济圈与东盟自贸区频繁的贸易往来使双方经济发展有着较大的共生性。任何一方经济发展受到冲击，对另一方的影响都是持久的、深刻的。

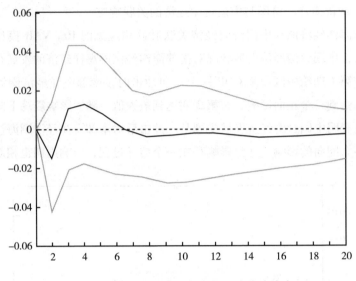

图11　南部海洋经济圈与东盟经济脉冲响应

（5）南部海洋经济圈与美国经济的关联响应

南部海洋经济圈与美国经济关联脉冲响应见图12。VAR 模型脉冲响应图反映，美国经济发展状况对南部海洋经济圈海洋经济的发展影响较弱。在第 1

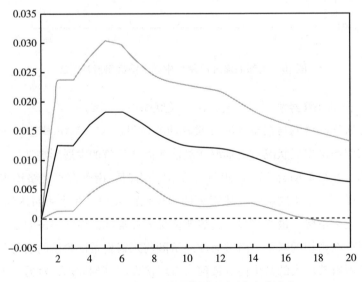

图12　南部海洋经济圈与美国经济脉冲响应

期给美国 GDP 一个正向冲击后，经过一段时间的传导，南部海洋经济圈海洋经济发展开始受到同向影响，并逐步扩大，在第 5 期达到最大值，随后影响逐步削弱，最终消失。这表明南部海洋经济圈海洋经济的发展与美国经济发展联系比较紧密。

3. 南部海洋经济圈海洋经济发展因素方差分解

南部海洋经济圈海洋生产总值（Y）与中国大陆、台湾、香港地区生产总值（X_1、X_2、X_3），东盟以及美国国内生产总值（X_4、X_5）关联的 VAR 模型方差分解结果如表 11 所示。不考虑自身的贡献率，对南部海洋经济圈海洋经济波动贡献最大的是中国大陆经济发展，贡献率达 30.94% 左右；其次是中国台湾经济发展，贡献率为 17.25% 左右；影响最小的是中国香港经济发展，贡献率仅 5.70% 左右。

表 11 南部海洋经济圈海洋经济发展因素方差分解

Period	S. E.	Y	X_1	X_2	X_3	X_4	X_5
1	0.0731	25.6581	73.6833	0.0000	0.6136	0.0450	0.0000
2	0.0870	19.6371	59.9986	11.9484	0.5444	5.8031	2.0684
3	0.0975	19.5617	53.0270	11.9812	5.5204	6.6373	3.2724
4	0.1069	20.0015	47.5047	11.7582	9.4317	6.3744	4.9296
5	0.1135	21.2127	44.7111	12.1787	9.1187	5.8562	6.9225
6	0.1196	22.1646	42.5452	12.9916	8.4776	5.2688	8.5522
7	0.1266	22.4639	40.3613	13.8964	8.9183	4.9782	9.3819
8	0.1335	22.5048	38.6814	14.8043	9.0293	5.3219	9.6584
9	0.1396	22.5086	37.4864	15.5693	8.4757	6.2462	9.7139
10	0.1452	22.4645	36.4573	16.0813	7.8392	7.4411	9.7166
11	0.1502	22.3862	35.5006	16.3928	7.3417	8.6363	9.7424
12	0.1545	22.2954	34.6467	16.6080	6.9346	9.7195	9.7958
13	0.1584	22.1761	33.8915	16.7784	6.6374	10.6826	9.8341
14	0.1619	22.0211	33.2256	16.9171	6.4537	11.5558	9.8268
15	0.1650	21.8523	32.6577	17.0293	6.3125	12.3682	9.7800
16	0.1677	21.6937	32.1862	17.1152	6.1644	13.1238	9.7167
17	0.1700	21.5549	31.7931	17.1742	6.0164	13.8059	9.6557
18	0.1720	21.4366	31.4609	17.2112	5.8866	14.3989	9.6058
19	0.1737	21.3362	31.1791	17.2351	5.7813	14.9010	9.5674
20	0.1751	21.2491	30.9403	17.2521	5.7003	15.3223	9.5360

三 南部海洋经济圈海洋经济发展形势分析

（一）南部海洋经济圈海洋经济发展战略分析

南部海洋经济圈位置条件优越，海洋资源丰富，为海洋经济发展奠定了良好的基础，是中国传统的海洋经济发展区域。目前，国内外经济社会形势的深刻变化使南部海洋经济圈可持续发展的优势逐渐减弱。作为国民经济重要增长点，海洋经济正逐渐成为南部海洋经济圈继续保持地区增长动力和促进经济加快发展的重要突破口。

面对南部海洋经济圈经济发展的机遇与挑战，从发展趋势来看，需要高度重视并解决该地区社会经济发展和环境资源保护等面临的一些突出、重大的战略性问题，以此为南部海洋经济圈海洋经济发展甚至区域经济社会发展迅速突破的起点。

1. 着力发展海洋特色与优势产业

加快以粤港澳为中心的国际性航运物流建设。港澳具有独一无二的地理位置优势，经济体系也十分开放，国际市场也相对广泛。因此，充分利用南部海洋经济圈四通八达的战略地位和区位优势，建立国际航运中心作为联系，加强广东与港澳的海洋合作，优化港口、航运资源配置，完善陆海交通制度和基础设施。充分发挥香港的物流、金融和商业中心作用，利用澳门旅游娱乐服务的优势产业配套发展，形成一体化产业链，配合国际航运物流体系，促进南部海洋经济圈经济蓬勃发展。

2. 海洋经济与生态环境保护并重

坚持适度从紧、集约利用，规范填海活动的范围。虽然围填海造地的做法减轻了耕地保护的实施压力，缓解了建设用地在供给与需求之间的矛盾，但围填海活动如不能合理地进行，将严重影响海洋生态环境。不合理的围填海活动导致滩涂湿地和红树林面积锐减，海洋生物栖息地丧失，使沿海地区对自然灾害的缓冲能力大幅下降，抗灾能力也逐渐减弱，造成的损失倍增，海洋经济的可持续发展也无法进行。因此，要在国家建设资源节约型、环境友好型社会战略的领导下，从生态安全保护和生态可持续发展的目标出发，坚持适度从紧、集约利用、保护生态的原则，完善围填海法律法规和管理制度体系，坚持围填海总量控制制度，加强布局和方式的科学引导，保护海域生态环境，保证区域资源的可持续发展和利用。

3. 海洋经济与南海资源开发结合

南海是我国重要的战略资源基础和世界上最重要的国际航线和贸易通道。它是太平洋与印度洋之间交流的战略渠道，也是与区域政治环境和国家安全有关的重要海域。在资源方面，南海的石油和天然气资源占中国油气资源总量的33%，其中绝大部分资源蕴藏在150多万平方公里的深水地区，是世界上十个海洋油气聚集中心之一，有"第二个波斯湾"的称号。因此，要加强南部海洋经济圈内各大省份之间的交流与合作，加快南海近海领域油气资源的开发，提高深海资源的开发利用水平，加快开展深水油气勘探开发核心技术装备的研究，启动南海深水区勘探和地质研究，加快深水油气经营设施试点的启动，为国家开发南海做准备。

4. 主动防范海洋经济安全威胁

为了积极应对海洋权益争端的威胁，南部海洋经济圈应该不断开展、深化与周边国家的海洋安全合作，共同降低海洋经济发展的风险，努力为海洋经济的快速发展营造安全的发展环境。为了减少海上自然灾害对海洋经济的不良冲击，南部海洋经济圈有必要加强海上自然灾害的监测预警，灾前做好防灾准备，灾中做好救灾工作，灾后做好修复工作，形成有效的防灾减灾机制。

总之，要充分认识南部海洋经济圈的海洋经济发展对经济社会全局的重要支撑作用和面临的复杂局面，提高南部海洋经济圈海洋经济发展的紧迫感，提高战略意识，加强制度学习，完善海洋探究工作的领导、组织和实施，提高海洋资源的全方位综合管理能力，进而实现南部海洋经济圈海洋经济总量、质量和效益的不断提高，将南部海洋经济圈发展成为我国在国际海洋经济竞争的核心区域。

（二）南部海洋经济圈海洋经济发展趋势展望

1. 南部海洋经济圈海洋经济发展预测

南部海洋经济圈海洋经济发展具有独特的区位优势、便利的海上交通、丰富的海洋资源，加之国家政策的大力支持，未来其发展具有强劲向好的基础。本部分分别运用灰色预测法、贝叶斯向量自回归模型、联立方程组模型、神经网络法、趋势外推法、指数平滑法对 2017 年和 2018 年南部海洋经济圈海洋经济发展情况进行预测，并将六种预测方法的预测结果加权成组合预测模型，其权重是根据组合预测法的原理利用 Lingo 软件编程得到，预测结果如表 12 所示。

表 12　南部海洋经济圈海洋经济发展预测

单位：亿元，%

预测指标	2017 年		2018 年	
	预测区间	名义增速	预测区间	名义增速
GOP	(29628,29754)	12.8~13.2	(32282,32454)	9.0~9.1

2. 广东海洋经济发展形势分析与展望

广东省是我国海洋经济第一大省，2014 年广东省 GOP（海洋生产总值）同比增长 17.8%，达到 1.33 万亿元，持续快速稳健增长；其中，渔业经济同比增长 7.1%，达到 2125 亿元。广东省水产品出口亦增长较快，增速达 22.2%。20 年来作为我国海洋经济发展的龙头，有着独一无二的资源优势、地理位置优势和政策支持优势。

首先，广东"向海而生"，海域广阔，海岸线较长，海洋资源丰富，优质港口众多。广东省的广州港、汕头港、深圳港和湛江港是世界著名的交通贸易通道。广东优越的地理条件和丰富的海洋资源为海洋经济持续快速发展奠定了坚实的基础。

其次，广东省毗邻港澳，对外交通发达，是我国与东南亚、非洲、欧洲和大洋洲海上往来最近的地区。作为我国对外贸易的重要窗口，便捷的交通优势决定了广东在我国开展对外贸易往来中的重要作用。近年来，广东加强了与东盟自贸区的贸易往来，这一举动大力促进了区域经济的发展，提高了广东海洋经济的发展水平。

再次，广东海洋经济发展得到了政府政策扶持。① 2011 年 7 月，《广东海洋经济综合试验区发展规划》得到国务院正式批准实施，标志着广东经济发展模式从陆地到海洋。该计划指出，要突出科学发展主题和加快转变经济发展方式的主线，优化海洋经济发展格局，构建现代海洋产业体系，促进海洋科技教育文化事业发展，加强海洋生态文明建设，创新海洋综合管理体制，将广东海洋经济综合试验区建设成为我国提升海洋经济国际竞争力的核心区、促进海洋科技创新和成果高效转化的集聚区、加强海洋生态文明建设的示范区和推进海洋综合管理的先行区。② 2012 年，旨在建立广东省海洋经济布局的广东海洋经济地图制定了广东海洋经济未来发展战略规划：以海洋生物医药产业、沿海旅游、现代海洋渔业和海水综合利用为海洋经济支柱产业，逐步建设完善"海洋经济地图"。③ 2013～2014 年，习近平总书记提出"一带一路"倡议。广东可依据"一带一路"规划，借助国家力量改善沿海基础设施，整合开放沿海海域工业。同时大力发展海洋制造业、"深蓝"渔业等，推动海洋产业结构优化升级。

3. 广西海洋经济发展形势分析与展望

广西战略区位十分特殊，位于西南、华南和东盟经济圈的接合部，作为我国重要的沿海、沿江、沿边省份，广西在与泛珠江三角洲、泛北部湾和东盟交流方面都具有不可替代的战略地位。

广西北部湾海岸线位于我国大陆岸线的最西南端。海岸线长度 1596 公里，岛屿 600 多个；建有 100 多个 3 万吨以上的深水泊位；生物种类繁多，鱼虾等海产品资源丰富；沿海滩涂面积达 1005 平方公里；北部湾石英砂储量约 10 亿吨，油气储量预计达 22.59 亿吨，二氧化钛储量近 2500 万吨；北部热带地区生态环境良好，水质较好，旅游资源丰富。

广西具有重要的战略区位，是我国西南地区重要的出海大通道，是"一带一路"交汇对接的重要门户。习近平总书记对广西发展提出"发挥广西与东盟国家陆海相邻的独特优势，加快北部湾经济区和珠江—西江经济带开放发展，构建面向东盟的国际大通道，打造西南、中南地区开放发展新的战略支点，形成 21 世纪海上丝绸之路与丝绸之路经济带有机衔接的重要门户"的定位要求，赋予了广西新的历史使命。

广西海洋经济发展得到政府大力支持。2017 年 3 月，广西壮族自治区与国家海洋局就共建国家海洋局第四海洋研究所达成一致，共同签署了商谈备忘录。2017 年 6 月，广西壮族自治区政府与国家海洋局签署了《关于共建北部湾大学（筹）的协议》。这些举措为广西更好地服务"一带一路"建设和海洋

经济强区建设打下了良好的基础。

4. 海南海洋经济发展形势分析与展望

海南岛海洋经济区是我国 11 个规划的经济区之一，北邻华南经济圈，南靠东南亚地区，处于中国—东盟自贸区的核心地理位置。海南省四面环海，向北穿过台湾海峡直达西太平洋经济区，向南经过巴士海峡与太平洋相通，向南经过苏禄海直抵大洋洲，向西经过马六甲海峡进入印度洋，海上交通运输十分便利。

海南省海岸线长达 1928 公里，周边多滩涂岛礁，环本岛港湾 84 个，待开发的岛屿海湾 68 个；沿海地区和自然资源丰富的水域、油气资源在中国沿海地区排名第一，总储量预计达 200 多亿吨，南海的中北部位置蕴藏着十分丰富的天然去水合物资源。

海南省政府大力支持海南省海洋经济的发展。2012 年 4 月，海南省委报告提到，"建立强大的海洋经济为目标，坚持海陆空协调、依海兴琼的战略，科学发展实施海洋经济发展规划"。同时指出，要加强海域综合治理保护，加强海岸线土地资源科学合理开发，开发开放无居民岛屿，加快南海资源的开发与管理建设，建设用于南海资源开发利用的项目基地；加快推进"四方五港"战略实施，不断完善渔港码头建设的专业化；支持加强海洋渔业、海洋造船工业、海运、海洋生物医药等海洋工业的特色发展，促进海洋经济跨越式发展[1]。

5. 福建海洋经济发展形势分析与展望

福建省位于中国东南方向沿海地区，与宝岛台湾隔海相对，北邻长三角，南靠珠三角，是东海、南海的重要交通枢纽，战略地位特殊。福建海岸线达 3752 公里；港口有 125 个，其中天然深水港共 7 个；岛屿资源丰富，达 2214 个。福建省海洋资源十分丰富，海洋生物种类繁多，其中贝类、鱼类、藻类等居全国前列。海洋可再生能力较强，有很大的发展空间。

福建省海洋经济发展离不开国家政策的大力支持。2012 年 11 月，《福建海峡蓝色经济试验区发展规划》获得国务院正式批准。同时，《福建海洋经济

---

[1] 2012 年 4 月 25 日，《中国共产党海南省第六次党代会报告》。

发展试点工作方案》也得到国家发展和改革委员会的批准，标志着福建省海洋经济的发展已经提到国家战略层面。2013 年习近平总书记主张建设 21 世纪"海上丝绸之路"，势必将成为福建海洋经济发展的强大动力。2016 年 6 月，福建省人民政府正式出台《福建省"十三五"海洋经济发展专项规划》，提出根据福建海洋经济发展比较优势，实施国家海洋经济区域战略规划。到 2020 年，福建海洋经济综合实力和竞争力居全国前列；海洋经济布局和产业结构得到显著优化。海洋自主创新能力、教育水平和人才实力有了很大提高，海洋科技进步贡献率显著提高，海洋科技创新体系更加完善；海洋功能区域的环境问题基本解决，质量有所保证，生态环境问题也得到了基本解决；建立了全方位的综合管理体系，海洋类的基础服务制度趋于完善，全面建成海洋经济强省。①

（三）南部海洋经济圈海洋经济发展政策建议

1. 转变海洋经济发展方式

为了解决对海洋资源开发利用不足和过度依赖的问题，必须继续坚持科技兴海战略，加快技术改造和技术创新的步伐，淘汰产能落后的产业部门，提高产业的生产能力和经济效益，促使传统海洋产业向规模化、集约化方向发展，使经济发展不再只注重数量上的优势，更要注重质量效益的提升。同样，开发的方式也变为以集约利用为主，环境保护的方法从原来的防治污染提高到以生态建设为目标。

2. 科技引领海洋经济发展

海洋科技可以在资源节约、环境治理等方面发挥重要作用，是提高海洋经济的必要手段。要做到海洋经济的可持续发展，必须加快建设海洋基础设施，全面应用科学技术，不断提高海洋开发的技术研究能力。发展海洋经济科技建设战略，加强海洋基础科学研究，加强高科技应用开发，为海洋经济的发展提供技术支持；加大对海洋科技投入力度，积极为社会创造多渠道投资体系，形成以政府投资为导向、以涉海企业和个人为主体的多方位科技投入建设体系；

---

① 《福建省海洋发展"十三五"规划》，http：//www. fujian. gov. cn/fw/zfxxgkl/xxgkml/jgzz/nlsyzcwj/201606/t20160607_ 1176946. htm。

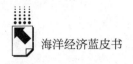
加强海洋科技型人才的培养，科学制定海洋教育发展战略和人才队伍建设规划，建立科学激励机制，创新人才培养模式，充分激发海洋科技人才的主动性和创造力。

3. 加强海洋生态文明建设

建设海洋生态文明对海洋经济增长、资源管理、环境保护都有着重大的作用，是不可或缺的一部分。要不断完善和推动海洋资源环境的管理与保护工作，坚持规划用海、集约用海、生态用海、科技用海、依法用海。在海洋资源开发中，要注意提高发展能力，也要注重优化发展格局。协调统筹海域资源配置、经济布局、环境整治、灾害防控、发展强度、时间安排、沿海开发和海洋空间扩张。不断加强海洋资源管理和环境优化，推进滨海湿地海洋特别保护区管理与建设。不断优化产业结构，大力支持和推动环保产业的发展，将工业垃圾和污染物进行回收处理，不断推进工业生产的生态循环。加强沿海地区，岛屿资源开发保护和生态走廊建设，进一步加强海洋保护区建设。

参考文献

王敏：《海陆一体化格局下我国海洋经济与环境协调发展研究》，《生态经济》，2017年第10期，第48～52页。

宋泽楠：《广西开放发展"三大定位"的内涵分析及实现路径》，《广西社会科学》，2017年第8期，第22～26页。

牛彦斌：《供给侧结构性改革背景下河北海洋经济发展对策研究》，《经济论坛》2017年第5期，第7～9、36页。

陈明荣、吴正、张佩琴：《战略性新兴产业金融支持效率研究——以甘肃省白银市为例》，《甘肃金融》2017年第5期，第60～65页。

张翠萍等：《滨海电厂温排水用海管理范围界定初步研究》，《海洋开发与管理》2017年第2期，第27～33页。

唐承志：《我国城乡教育差距与城乡收入差距的协整研究——基于1992～2012年的数据分析》，《经贸实践》2017年第4期，第132页。

窦睿音、刘学敏：《中国典型资源型地区能源消耗与经济增长动态关系研究》，《中国人口·资源与环境》2016年第12期，第164～170页。

唐正花等：《县域茶产业发展的 SWOT 分析与竞争力框架构建——以广西三江为例》，《南方论刊》2016 年第 12 期，第 67 ~ 69、84 页。

张慧、饶海琴：《基于 ECM 模型的房价波动与主要经济因素关系的实证分析》，《数学理论与应用》2016 年第 3 期，第 112 ~ 118 页。

向明华：《广东加强 21 世纪海上丝绸之路法治建设的思考》，《岭南学刊》2016 年第 1 期，第 91 ~ 98 页。

《坚定履行"三大定位"新使命》，《广西日报》2015 年 12 月 10 日，第 1 版。

吕余生：《广西沿海沿边地区参与"一带一路"建设的战略构想》，《中国边疆学》2015 年第 1 期，第 3 ~ 15 页。

刘建文：《建设广西北部湾国际邮轮母港对接"一带一路"战略》，《中国边疆学》2015 年第 1 期，第 50 ~ 63 页。

李双建、羊志洪：《广东省海洋经济发展的战略思考》，《中国渔业经济》2012 年第 6 期，第 104 ~ 110 页。

姚国成：《广东省委部署实施海洋经济综合试验区发展规划加快发展现代海洋渔业》，《中国水产》2012 年第 10 期，第 18 ~ 19 页。

李济、曾令果：《重庆市"十一五"期间科技投入对全市经济发展影响的评价研究报告》，《科学咨询（科技·管理）》2012 年第 7 期，第 7 ~ 9 页。

刘宾：《开放型海洋经济区：鲁浙粤战略定位比较研究》，中国海洋大学硕士学位论文，2012。

李杨：《海洋经济：加速前行中需防同质化隐忧》，《中国经济导报》2012 年 1 月 12 日，第 A02 版。

吴冰：《广东海洋经济启动"蓝色引擎"》，《人民日报》2011 年 8 月 15 日，第 2 版。

李文增等：《"十二五"时期加快我国战略性海洋新兴产业发展的对策研究》，《海洋经济》2011 年第 4 期，第 13 ~ 17 页。

陈韩晖：《粤海洋经济发展成为国家战略》，《南方日报》2011 年 7 月 20 日，第 A01 版。

吴建銮、南士敬、浦小松：《福建省出口贸易与经济增长的协整分析》，《现代商业》2008 年第 21 期，第 149 页。

邵帅：《香港对外贸易与就业水平的关系研究》，《国际经贸探索》2007 年第 12 期，第 28 ~ 31 页。

国家统计局：《中国统计年鉴》，中国统计出版社，2008 ~ 2014。

国家海洋局：《中国海洋统计年鉴》，海洋出版社，2001 ~ 2014。

中国船舶工业年鉴编辑委员会：《中国船舶工业年鉴》，北京理工大学出版社，2005 ~ 2014。

朱学庆：《梧台合作天时地利　冀携手打造六堡茶产业——中新网广西新闻》，2016

年7月，http：//www. gx. chinan。

《广东海洋经济综合试验区获国务院批准》，2011年7月，http：//blog. sina. com。

《粤海洋经济发展成为国家战略》，http：//szbbs. sznews. 2011 – 08。

殷克东、方胜民、高金田：《中国海洋经济发展报告（2012）》，社会科学文献出版社，2012。

B.11
东部海洋经济圈海洋经济发展形势分析

郑冬梅*

摘　要： 东部海洋经济圈地处长江三角洲地区，是我国沿海地区的中心，江苏、浙江、上海三个省市的沿海以及海域共同组成东部海洋经济圈，东部海洋经济圈是我国参与经济全球化以及全球竞争的门户。近年来，相对完善的港口航运体系，各类海洋资源丰富，加以政府政策的大力扶持等使东部海洋经济圈海洋生产总值增速逐渐上升。本报告首先通过数据分析南部海洋经济圈海洋经济发展现状，其次采用增量分析等方法探讨南部海洋经济圈经济发展特征，最后提出对东部海洋经济圈海洋经济发展的战略分析及展望。本报告认为，2017 年，东部海洋经济圈海洋生产总值增速在维持现有水平的基础上有望适度回升。

关键词： 东部海洋经济圈　经济发展　面板模型

一　东部海洋经济圈海洋经济发展现状分析

从整体上来看，东部海洋经济圈海洋经济发展呈现平稳发展态势。首先，从产出规模来看，东部海洋经济圈海洋生产总值及海洋产业增加值均呈现逐年增加趋势；其次，从产业结构及其空间布局来看，东部海洋经济圈海洋产业结构整体呈现"三、二、一"的格局，分地区来看，产业结构布局各异，上海

---

* 郑冬梅，中共福建省委党校、福建行政学院教授，研究方向为海洋管理、区域发展战略。

市、江苏省和浙江省的三次产业结构存在较大不同；最后，从影响海洋经济发展的制约因素来看，未来东部海洋经济圈海洋经济的发展有可能受到海洋科技自主创新实力较为薄弱、社会问题增多、生态环境问题突出等诸多因素的制约，这些制约因素在一定程度上影响着该区域海洋产业结构的协调化与高级化的演变进程。

（一）东部海洋经济圈海洋经济规模分析

1. 海洋生产总值分析

2006 年以来，东部海洋经济圈海洋经济呈现持续增长的发展态势。其海洋经济生产总值从 2006 年的 7131.7 亿元，上升至 2016 年的 19912 亿元，按名义价格计算，实现了 10.8% 的年均增长。如图 1 所示，2006～2009 年，受国际金融危机的影响，东部海洋经济圈海洋经济增速下滑至 7.62%；2009～2010 年海洋经济增速出现回升，达到 21.61% 的水平；2010～2015 年，东部海洋经济圈海洋经济增速逐渐下降，至 2015 年增长速度仅仅为 3.95%，从该数据也可以看出，海洋经济步入增速换挡新时期；2016 年增速又小幅回升至 7.99%。

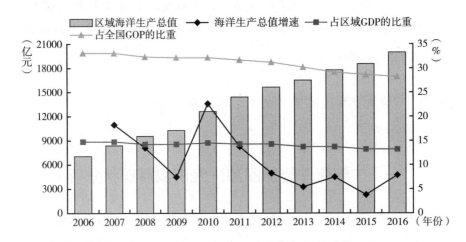

图 1　2006～2016 年东部海洋经济圈海洋经济发展趋势

资料来源：《中国海洋统计年鉴》（2007～2015）；《2016 年中国海洋经济统计公报》。

2006～2016 年，东部海洋经济圈海洋生产总值占全国海洋经济生产总值的比重呈现小幅下降的趋势。2006～2012 年，该比重虽然小幅下降，但一直保持在 30% 之上，2013 年首次跌破 30%，直到 2016 年该比重仅为 28.2%。2006 ~ 2016 年，东部海洋经济圈海洋生产总值占该地区国内生产总值的比重同样呈现小幅下降趋势，从 2006 年的 14.85% 逐渐下降到 2016 年的 13.3%，该值略低于中国海洋经济生产总值占中国沿海地区生产总值的比重（15.84%）。由此可以看出，东部海洋经济圈的海洋经济相对于全国来说还有继续向上发展空间和潜力。

2. 海洋产业增加值分析

（1）主要海洋产业增加值

2006 ~ 2014 年，对于主要海洋产业增加值来说，东部海洋经济圈呈现较为良好的发展态势。如图 2 所示，从绝对值来看，东部海洋经济圈的主要海洋产业增加值逐年上升，从 2006 年的 2616.5 亿元增加至 2014 年的 6609.2 亿元，年均增速达到 13.80%。

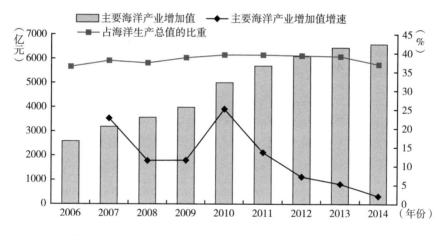

图 2　2006 ~ 2014 年东部海洋经济圈主要海洋产业发展趋势

资料来源：《中国海洋统计年鉴》（2007 ~ 2015）。

从相对值来看，一方面，东部海洋经济圈主要海洋产业增加值增长率呈现波浪形走势，分析其中原因可以看出：2006 ~ 2008 年，金融危机的爆发对海洋经济发展造成重大影响，使主要海洋产业增加值的增速从 22.87% 迅速下降至 11.58%；2008 ~ 2010 年，国家对海洋经济发展相关政策的支持，使主要海洋产业增速回升至危机前的水平；然而，2010 年后主要海洋产业的发展疲软，增速大幅下降，至2014年增速仅为5.4%。由此可见，东部海洋经济圈主要海洋产业的发展进入换挡期，发展面临重大挑战。从东部海洋经济圈主要海洋产业增加值占该地区海洋生产总值的比重来看，呈逐年稳步增长趋势，从2006年的36.69%稳步上升至2013年的39.30%，2014年又小幅回调至37.26%，表明主要海洋产业作为东部海洋经济圈海洋经济的重要产业，地位是十分稳固的。

（2）海洋科研教育管理服务业增加值

海洋的科研、教育、管理以及服务等活动对海洋资源的利用、开发和保护起到了至关重要的作用。如图3所示，从绝对值来看，东部海洋经济圈海洋科研教育管理服务业增加值稳步提升，其年均增速约为10.8%，实现增加值从2006年1376.3亿元到2014年3634.8亿元的巨幅增长。

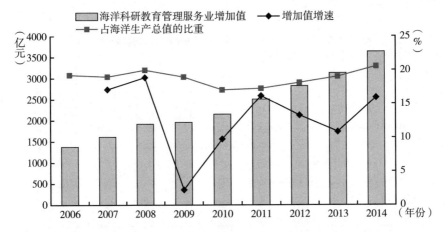

图3 2006～2014年东部海洋经济圈海洋科研教育管理服务业发展趋势

资料来源：《中国海洋统计年鉴》（2007～2015）。

从相对值来看，东部海洋经济圈海洋科研教育管理服务业增加值增速总体呈现U形的波动轨迹。2008年金融危机的爆发对海洋科研教育管理服务的发展产生重大影响，使其增加值增速急速下降，由18.79%降至2009年的2.18%；在国家宏观政策的支持下，2009年后海洋科研教育管理服务业增加值增速又逐步上升，到2011年该数值达到16.06%；然而，2011～2013年，海洋科研教育管理服务业发展动力不足，增速开始减慢，降至10.8%的水平；

2014 年随着国家海洋产业政策的支持，增速又有明显提高，达到 15.9%。从占海洋生产总值的比重来看，2006~2014 年，东部海洋经济圈海洋科研教育管理服务业增加值占该地区海洋生产总值的比重比较稳定，一直在较小范围内波动；2011 年之后，比重呈现上升趋势，2014 年比重为 20.5%。从相对数值来看，在一定程度上，海洋科研教育管理服务业在东部海洋经济圈海洋经济发展中的重要性逐渐提高。

（3）海洋相关产业增加值

一个区域的海洋经济整体发展，离不开该地区海洋产业的不断壮大，海洋相关产业的发展与壮大对其影响也是显著的。如图 4 所示，从绝对值来看，东部海洋经济圈海洋相关产业发展态势良好，2006~2014 年，其增加值逐年提升，2011 年开始突破 6000 亿元，2014 年达到 7033 亿元，是 2006 年增加值的 2.24 倍，年均增速约为 10.3%。

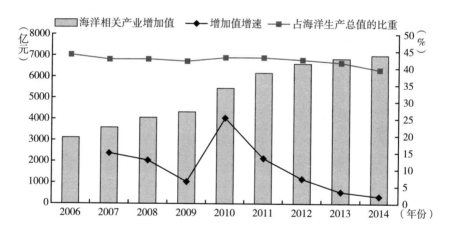

图 4　2006~2014 年东部海洋经济圈海洋相关产业发展趋势

资料来源：《中国海洋统计年鉴》（2007~2015）。

从相对值来看，一方面，东部海洋经济圈海洋相关产业增加值的增速呈波浪形起伏态势，与该区域主要海洋产业增加值的增速变化相似。具体来说，2006~2009 年处于整个走势的第一个波浪处，受金融危机影响，增速由 15.09% 下降至 6.62%；随后一年短期的提速，2010 年增速达到 25.71%；2010~2013 年，增速再次放缓的原因是海洋相关产业发展动力不足，到了

2014 年仅为 2.2%。另一方面，2006~2014 年，东部海洋经济圈海洋相关产业增加值占该地区海洋生产总值的比重在保持稳定的基础上，呈现下降趋势，2010 年以来比重小幅下降，至 2014 年降至 39.65%。

（二）东部海洋经济圈海洋产业结构分析

从绝对规模来看，东部海洋经济圈海洋三次产业的增加值均呈现逐年上升的发展趋势。如图 5 所示，2014 年东部海洋经济圈海洋第一、第二、第三产业增加值分别为 748.1 亿元、7177.6 亿元和 9351.2 亿元。从相对规模来看，2006~2014 年，东部海洋经济圈第一产业增加值在整个海洋生产总值中所占比重较低，但呈现稳步上升趋势，由 2006 年的 2.89% 上升至 2014 年的 4.33%；第二产业在整个海洋产业中的地位较高，比重较大，但该比重逐年下降，由 2006 年的 44.97% 下降至 2014 年的 41.54%；第三产业增加值占海洋生产总值的比重最大，且重要性逐年上升，比重由 2006 年的 52.13% 上升至 2014 年的 54.13%。2006 年以来，东部海洋经济圈海洋三次产业结构一直处于海洋第三产业增加值比重 > 海洋第二产业增加值比重 > 海洋第一产业增加值比重的产业格局，海洋第三产业所占比重过半，产业结构相对较为合理，2014 年三次产业比例为 4∶42∶54。

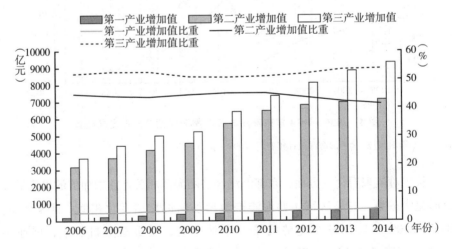

图5　2006~2014 年东部海洋经济圈海洋三次产业发展趋势

资料来源：《中国海洋统计年鉴》（2007~2015）。

2006 年以来，东部海洋经济圈海洋三次产业增加值均呈上升趋势，但三次产业的增速变化趋势存在一定的不同。如图 6 所示，东部海洋经济圈海洋第一产业增加值增速增长时，海洋第二、第三产业增加值增速就会放缓，海洋第一产业增速变化与该区域海洋第二、第三产业增加值增速变化此消彼长。其中，该地区海洋第一产业增加值增速波动轨迹总体呈波浪形态势，分析其原因，主要是海洋第一产业受经济环境影响较大，2008 年金融危机爆发，第一产业增加值增速从 32.55% 放缓至 2011 年的 8.12%，随后在相关政策的扶持下增速回升，至 2012 年增速达到 21.34%，2013 年增速大幅放缓，2014 年增速回升至 23.12%。该地区海洋第二产业和第三产业增加值增速同样呈现波浪形走势且走势形状趋于一致，但其波动方向与海洋第一产业增加值增速相反，2009 年处于波谷位置，2010 年达到波峰之后增速开始放缓。由此可知海洋第二、第三产业进入增速换挡的新时期。

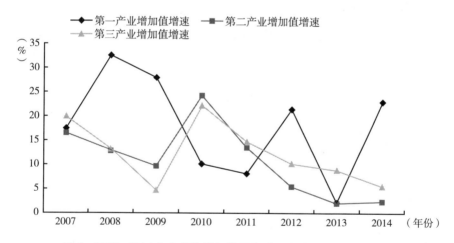

图 6　2007～2014 年东部海洋经济圈海洋三次产业增速变化趋势

资料来源：《中国海洋统计年鉴》（2007～2015）。

（三）东部海洋经济圈海洋经济因素分析

1. 社会发展环境问题

得益于各项社会事业财政支出的不断增加，东部海洋经济圈在科学教育、文化、卫生等各项社会事业中表现出良好的发展态势。2015 年，东部海洋经

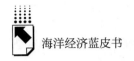
济圈的人均财政教育支出、人均财政文化体育与传媒支出、人均财政医疗卫生支出分别为 2371. 92 万元、294. 84 万元、902. 87 万元，分别同比增长 16. 61%、19. 36%、1. 78%。①

然而，2015 年，东部海洋经济圈的人口老龄化程度较高且呈上升趋势。伴随着人口老龄化水平的提高，社会养老压力随之加大，给养老、医疗卫生等社会保障体系带来极大挑战，该区域海洋经济的发展负荷增加。从人口年龄结构方面来看，2015 年东部海洋经济圈的少年儿童比例偏低，0~14 岁人口所占比重为 12. 64%，低于全国平均水平（16. 52%）；劳动人口比例较高，15~64 岁人口所占比重为 75. 09%，相对全国 73. 01% 的平均水平较高；老年人口比例较大，65 岁及以上人口所占比重为 12. 27%，高于全国平均水平（10. 47%）。东部海洋经济圈的经济发达，就业机会多，吸引来自其他地区的劳动力迁入，使该区域劳动力供给充足，一定程度上缓解了该地区的社会抚养压力。2015 年，东部海洋经济圈的总抚养比为 31. 98%，低于全国的平均水平（36. 97%）。目前东部海洋经济圈的社会抚养压力较小，但是随着该区域人口老龄化加剧，其社会抚养压力有增加的倾向。

2. 海洋科技创新问题

东部海洋经济圈的海洋科技自主创新实力较为薄弱。东部海洋经济圈海洋生产总值占全国海洋生产总值的比重为 30%，而东部海洋经济圈海洋科研机构 R&D 经费内部支出以及科研机构 R&D 人员占全国的比重分别为 23. 08% 和 19. 3%。由此可以看出，该地区海洋科研机构 R&D 经费支出和人员投入相对于全国来说偏低，科技创新不足。

3. 海洋生态环境问题

良好的生态环境对海洋经济又好又快发展起到了至关重要的作用。东部海洋经济圈工业化、城市化进程加快，海洋环境问题突出，需要进一步治理。2014 年，东部海洋经济圈工业废水排放总量达到 398209. 6 万吨，比 2013 年减少 7. 32%。并且，东部海洋经济圈工业废水排放总量占全国工业废水排放总量的比重下降，由 2013 年的 36. 13% 下降到 2014 年的 34. 42%。虽然东部海洋经济圈工业废水排放总量依旧较高，但工业污水的排放治理已经取得一定成

---

① 《中国统计年鉴》（2016 年）。

果。从海洋污染治理来看，2014 年竣工的废水和固体废物污染治理项目达到 592 项，占全国的54.36%，比重同比上升11 个百分点。① 可以看到，该区域海洋环境治理已经取得显著成果，但不可忽视的是东部海洋经济圈工业废水排放总量依然巨大，因此仍应继续适当提高项目实施进度和治理水平，同时进一步增强海洋环境保护意识。

4. 海洋产业结构问题

产业结构的合理与否与一个地区海洋经济发展水平的高低有着直接的关系。2014 年，东部海洋经济圈海洋三次产业结构呈现"第三产业比重 > 第二产业比重 > 第一产业比重"相对合理的布局，但该区域的两省一市间产业结构存在分化现象。江苏省海洋第三产业发展相对落后，应当重视第三产业的发展，与此同时积极对海洋第二产业进行调整；上海市海洋第一产业发展略显不足，应适当发展海洋第一产业，充分发挥第一产业的基础支撑作用；浙江省应进一步提高海洋第三产业的比重，同时不断巩固第一产业的基础性地位。此外，东部海洋经济圈内还应注重区域内部的产业协调发展，提升区域内海洋产业发展的联动性，实现海洋产业结构由合理化向高级化的转变。

二 东部海洋经济圈海洋经济发展特征分析

（一）东部海洋经济圈海洋经济增量分析

1. 海洋经济发展影响指标选择与处理

改革开放至今，我国实行的市场经济体制是供需共同引导的双导向市场经济体制。为此，在分析影响海洋经济发展因素时，应从供需两方面进行分析。根据经济增长理论及数据的可得性，选取海洋生产总值（GOP）作为衡量海洋经济发展的指标，从资本、劳动和技术要素角度选取代表供给因素的指标，从政府消费、出口及居民消费角度选取代表需求因素的指标。如表1 所示，所选取的三个供给指标、三个需求指标与 GOP 存在较高的关联度。

① 《中国海洋统计年鉴》（2015 年）。

表1　东部海洋经济圈海洋经济发展影响指标及相关系数

影响指标	供给			需求		
	海洋固定资产投资（TZ）	海洋产业从业人员（RY）	海洋科技课题总数（KJ）	海洋产业财政支出（CZ）	海洋产业出口总额（CK）	人均可支配收入（SR）
上海市 GOP	0.9917	0.9768	0.8615	0.9989	0.9955	0.9504
江苏省 GOP	0.9996	0.9872	0.9787	0.9992	0.9894	0.9888
浙江省 GOP	0.9968	0.9495	0.7425	0.9983	0.9945	0.9723

资料来源：根据《中国海洋统计年鉴》（1999～2015）、《中国统计年鉴》数据计算所得。

本部分所用数据的来源为《中国海洋统计年鉴》和《中国统计年鉴》，样本区间为1998～2014年。其中，这段时间《中国海洋统计年鉴》的统计口径、变量名称发生变更，海洋产业从业人员数据无法直接从中获得；海洋固定资产投资、海洋产业财政支出和海洋产业出口总额并没有直接的指标数据，需要根据有关变量进行折算替代。具体折算替代公式如下：

海洋产业从业人员 = 地区社会从业人员 × 地区海洋生产总值／地区生产总值

海洋固定资产投资 = 地区固定资产投资 × 地区海洋生产总值／地区生产总值

海洋产业财政支出 = 地区财政支出 × 地区海洋生产总值／地区生产总值

海洋产业出口总额 = 地区出口额 × 地区海洋生产总值／地区生产总值

2. 指标变量的平稳性检验与协整检验

（1）单位根检验

在进行经典的回归分析时，要求数据是平稳的。如果数据不平稳，会出现虚假回归现象，影响分析结果的有效性和可信度。所以，在对数据建立模型之前，要先进行相应的平稳性检验，也就是单位根检验。如果序列没有单位根，就是平稳的。在进行单位根检验之前先对数据进行对数化处理，避免序列出现异方差现象，结果如表2所示。

表2　海洋经济发展影响指标单位根检验结果

变量	LLC 检验		IPS 检验		ADF-Fisher 检验		PP-Fisher 检验		结论
	Statistic	Prob.	Statistic	Prob.	Statistic	Prob.	Statistic	Prob.	
GOP	-1.14839	0.1254	0.77975	0.7822	2.91964	0.8189	5.63017	0.4659	不平稳
ΔGOP	-4.04555	0.0000	-3.35393	0.0004	21.1547	0.0017	21.4059	0.0016	平稳

续表

变量	LLC 检验		IPS 检验		ADF-Fisher 检验		PP-Fisher 检验		结论
	Statistic	Prob.	Statistic	Prob.	Statistic	Prob.	Statistic	Prob.	
TZ	− 0.77611	0.2188	1.04198	0.8513	2.26091	0.8942	2.21694	0.8987	不平稳
ΔTZ	− 2.57721	0.0050	− 1.63260	0.0513	12.3914	0.0538	18.2526	0.0056	平稳
RY	− 0.66676	0.2525	0.56660	0.7145	3.01045	0.8075	8.77297	0.1868	不平稳
ΔRY	− 3.31144	0.0005	− 3.03435	0.0012	19.7889	0.0030	31.8829	0.0000	平稳
KJ	1.33672	0.9093	2.62555	0.9957	0.44554	0.9984	0.43197	0.9986	不平稳
ΔKJ	− 4.89613	0.0000	− 3.55107	0.0002	22.7648	0.0009	24.6653	0.0004	平稳
CZ	− 1.74823	0.0402	0.28157	0.6109	4.30994	0.6348	11.0366	0.0873	不平稳
ΔCZ	− 3.74257	0.0001	− 3.01016	0.0013	19.0745	0.0040	19.3803	0.0036	平稳
CK	− 3.41047	0.0003	− 1.34156	0.0899	10.8068	0.0945	7.89390	0.2460	不平稳
ΔCK	− 3.05642	0.0011	− 2.20936	0.0136	14.4244	0.0252	14.5923	0.0237	平稳
SR	− 1.34528	0.0893	1.42296	0.9226	1.77129	0.9395	1.00521	0.9854	不平稳
ΔSR	− 1.30563	0.0958	− 3.11490	0.0009	20.6217	0.0021	25.4946	0.0003	平稳

注：表中所给出单位根检验结论是在5%的显著性水平下，综合考虑4种检验方法所得。

从上述四种检验所得结果可以看出，各个指标的原序列在5%的显著性水平下，均存在单位根，因此各个指标的原序列是非平稳的；而它们的一阶差分序列均为平稳序列。

（2）协整检验

从长期均衡经济理论的观点来看，某些经济变量间存在一定的长期均衡稳定关系。针对经典回归分析中存在的虚假回归问题，计量经济学中通常采用协整理论及方法进行修正。如果两个或者两个以上的同阶单整变量在线性组合后所形成的变量是平稳的，那么称这两个变量存在协整关系。所以，在建立东部海洋经济圈海洋经济发展指标的面板模型之前，要进行相应的协整检验，以防止出现虚假回归问题。

由于我国海洋经济统计工作开展时间相对较短，指标数据样本时间跨度较短，为保证自由度，建立两个面板模型，即供给模型和需求模型。其中，供给模型中包含海洋生产总值（GOP）、海洋固定资产投资（TZ）、海洋产业从业人员（RY）、海洋科技课题总数（KJ）四个变量；需求模型中包含海洋生产总值（GOP）、海洋产业财政支出（CZ）、海洋产业出口总额（CK）和人均可支配收入（SR）四个变量，协整检验结果如表3所示。

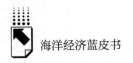
表3 供给模型和需求模型的面板协整检验结果

	检验方法	原假设	ADF 值		Prob.		结论
供给模型	KAO 检验	No cointegration	−4.717314		0.0000		存在
	Johansen Fisker 面板协整检验	原假设	Fisher 联合迹统计量	Prob.	Fisher 联合 λ – max 统计量	Prob.	结论
		None	43.99	0.0000	27.34	0.0001	存在
		At most 1	22.05	0.0012	16.01	0.0137	
		At most 2	12.66	0.0488	9.72	0.1369	
需求模型	KAO 检验	No cointegration	−5.055924			0.0000	存在
	Johansen Fisker 面板协整检验	原假设	Fisher 联合迹统计量	Prob.	Fisher 联合 λ – max 统计量	Prob.	结论
		None	104.5	0.0000	66.78	0.0000	存在
		At most 1	58.41	0.0000	37.77	0.0000	
		At most 2	30.61	0.0000	28.48	0.0001	

KAO 检验和 Johansen Fisker 面板协整检验的结果表明，无论在供给模型还是需求模型中，各个变量都存在协整关系。Johansen Fisker 面板协整检验结果更在一定程度上保证了研究结果的可靠性。此外，英国经济学家 Granger 指出，如果变量之间是协整的，那么至少存在一个方向上的 Granger 原因。因此从因果关系的角度看，运用这些指标变量构建面板模型进行东部海洋经济圈海洋经济发展分析是合适的。

3. 区域海洋经济发展面板数据模型构建

面板数据模型包括固定效应模型和随机效应模型两类，根据模型形式可以将模型分为变系数模型、变截距模型和不变系数模型三类。在构建东部海洋经济圈海洋经济发展模型之前，首先需要通过 Hausman 检验确定面板模型的影响效应，其次需要确定模型的设定形式。F 检验结果如表4所示。

表4 面板模型形式设定的 F 检验结果

检验模型	F 检验	F 检验临界值	结论
供给模型	F1 = 0.1500	2.3423	变截距模型
	F2 = 3.4198	2.1867	
需求模型	F2 = 0.6442	2.1867	不变系数模型

F 检验结果显示：在供给模型中，在 5% 的显著性水平下，F2 大于其临界值，F1 小于其临界值，即模型为变截距模型；在需求模型中，在 5% 的显著性水平下，F2 小于其临界值，即模型为不变系数模型。因此，东部海洋经济圈海洋经济发展的供给模型应设定为固定效应变截距面板模型，需求模型应设定为固定效应不变系数模型，模型估计结果如表 3 和表 4 所示。

4. 东部海洋经济圈海洋经济发展增量分析

（1）供给弹性分析

对东部海洋经济圈海洋经济发展的供给模型进行估计，结果如表 5 所示，各供给因素对地区海洋经济的发展起到了截然不同的作用。综合来看，东部海洋经济圈海洋固定资产投资和海洋产业从业人员对海洋经济发展起到的促进作用比较明显，具有统计上的显著性（弹性系数分别为 0.5952、0.5320），这说明该区域资本投入和海洋人才对海洋经济发展的驱动作用较强，发展方式较为合理。相比之下，东部海洋经济圈海洋科技课题总数对海洋经济发展的驱动作用较弱，科学技术没有充分发挥其对海洋经济发展的积极作用，一定程度上影响了海洋经济发展。技术要素对海洋经济的驱动作用最重要的一点就是科技成果的转化率，如果不能将已有的科研成果应用到生产中，即使科研成果众多，也难以将其转化成生产力。

表5　东部海洋经济圈供给模型分析

变量	系数	Std. Error	t-Statistic	Prob.
海洋固定资产投资	0.5952	0.0322	18.4856	0.0000
海洋产业从业人员	0.5320	0.0588	9.0427	0.0000
海洋科技课题总数	0.2954	0.0559	5.2832	0.0000

（2）需求弹性分析

东部海洋经济圈海洋经济发展需求模型估计结果如表 6 所示，海洋产业财政支出指标具有统计上的显著性（弹性为 0.8088），且对该区域海洋经济发展起到了促进作用。这说明东部海洋经济圈各地区政府对海洋经济高度重视，政府消费成为该区域海洋经济发展的一大推动力，同时也说明在需求端东部海洋经济圈属于投资驱动型经济。相比海洋产业财政支出，海洋产业出口总额和人均可支配收入对东部海洋经济的影响较小。

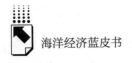
表6 东部海洋经济圈需求模型分析

变量	系数	Std. Error	t-Statistic	Prob.
海洋产业财政支出	0.8088	0.0640	12.6412	0.0000
海洋产业出口总额	0.0590	0.0447	1.3177	0.1943
人均可支配收入	− 0.0873	0.0691	− 1.2623	0.2133

（二）东部海洋经济圈海洋经济发展趋同分析

通过对东部海洋经济发展情况的分析，发现上海市、江苏省和浙江省海洋经济发展存在一定的差异，但也存在许多共性。根据新古典经济学理论，在资本收益递减的假设条件下，同一区域内部落后地区对发达地区经济增长存在追赶效应，最终会达到趋同（Convergence）。因此，可以通过对东部海洋经济圈海洋经济发展的趋同分析来进一步探究本区域海洋经济发展的特点。

趋同分为绝对趋同、条件趋同和随机趋同，本部分主要从随机趋同的视角分析东部海洋经济圈海洋经济发展的特征。随机趋同主要从动态变化特征的角度对地区间海洋经济发展差距进行分析，如果该差距为平稳的随机过程，那么就认为随机趋同是存在的。经济圈内部海洋经济发展出现趋同现象，则说明该区域海洋经济发展达到了一个新高度，内部经济发展出现整合，各生产要素、资源配置达到了有效状态。

1. 传统线性单位根检验

随机趋同检验的研究对象是海洋经济发展差距，即

$$gopg_i = \left(y_{it} - \overline{y_t} \right) = y_{it} - \frac{1}{N} \sum_{i=1}^{N} y_{it}$$

其中，$gopg_i$ 表示第 i 个地区海洋经济发展的差距，y_{it} 表示第 i 个地区在时间 t 的人均海洋生产总值（人均海洋生产总值 = 地区海洋生产总值/海洋产业社会从业人员）。

数据来源为《中国海洋统计年鉴》和《中国统计年鉴》，数据时间跨度为1998～2014年。为在一定程度上消除异方差性的影响，将人均海洋生产总值进行了对数化处理。

运用传统的单位根检验方法对 $gopg_i$ 进行分析，所得结果如表7所示。

ADF、PP 和 KPSS 检验结果显示，上海市和浙江省的原序列平稳，支持存在海洋经济发展趋同现象。江苏省的原序列不平稳，不支持东部海洋经济圈存在海洋经济发展趋同现象。对三省市的一阶差分序列进行分析检验，上述三种检验的检验结果均支持存在海洋经济发展趋同现象。

表 7　传统线性单位根检验结果

地区	原序列			一阶差分序列		
	ADF	PP	KPSS	ADF	PP	KPSS
上海市	−7.2455	−6.1155	0.1036	−13.9925	−58.1096	0.1487
江苏省	−3.5571 **	−3.6672 **	0.1221	−10.1926	−12.0039	0.1340
浙江省	−7.3239	−6.5446	0.2981	−10.5568	−11.1922	0.2573

注：①ADF 检验和 PP 检验的原假设是存在单位根；KPSS 检验的原假设是不存在单位根。
②*、** 分别代表在 10% 和 5% 水平下显著。

2. 非线性面板单位根检验

传统的单位根检验存在对于非线性、结构突变的序列检验效力低下，不能充分利用横截面信息等问题。Kapetanios 等认为，许多宏观经济时间序列不仅是非平稳的，而且是非线性的。因此，为了保证研究结果的稳健性，本部分采用 Chortareas 和 Kapetanios 提出的序列面板选择方法（Sequential Panel Selection Method）对东部海洋经济圈海洋经济发展趋同现象进行分析。相对于传统的单位根检验，该方法具有两个特点：①在单位根检验过程中，运用基于傅里叶函数的 KSS 单位根检验对面板数据进行分析，这样就能很好地捕获序列中存在的结构变化；②在面板序列排序的过程中，能够按照面板中各个序列达到平稳的先后顺序，对各个序列进行排序。SPSM 单位根检验结果，如表 8 所示。

表 8　SPSM 单位根检验结果

序列顺序	I(0) series	OU stat	P-Value	Min KSS	k
0	上海市	−1.5949	0.0000	−0.1331	1
0	江苏省	0.3318	0.0000	0.4718	1
0	浙江省	−0.4040	0.0000	0.2760	1

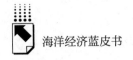

经 SPSM 单位根检验，发现不存在结构突变点，所以不必采用非线性面板单位根检验来验证趋同现象，而传统的线性单位根检验方法足以保证趋同分析的可靠性。东部海洋经济圈两省一市的区位优势、资源优势和政策优势存在一定的共性，海洋产业结构存在一定的相似性，随着时间的推移，资源配置效率提高，地区间交流增强，区域内海洋经济发展的差距有缩小趋势。

（三）东部海洋经济圈海洋经济发展关联分析

东部海洋经济圈，濒临我国两大海域——黄海和东海，海疆辽阔、海岸线长，天然良港众多，地理位置优越，与日本、美国、中国台湾有着密切的贸易往来。作为中国经济发展情况最好的地区，东部海洋经济圈是中国的经济中心，同时也是亚太地区最重要国际门户。这部分通过构建东部海洋经济圈与中国大陆、中国台湾、日本及美国的 VAR 模型，分析该区域海洋经济发展的外部关联性。

1. 东部海洋经济圈关联分析 VAR 模型建立

本部分选取东部海洋经济圈海洋生产总值作为该区域海洋经济发展情况的评价指标，选取中国大陆、中国台湾、日本与美国的生产总值作为外部影响指标。样本数据区间为 1998～2014 年，其中，东部经济圈海洋生产总值（Y）数据根据《中国海洋统计年鉴》的数据计算所得；中国大陆地区生产总值（X_1）数据来自《中国统计年鉴》；中国台湾地区生产总值（X_2）数据来自 IMF 网站；日本国内生产总值（X_3）和美国国内生产总值（X_4）资料来源于世界银行网站。

根据 AIC 和 SC 信息准则，可以将滞后期 P 设定为 1。如图 7 所示，选择滞后 1 期建立 VAR 模型，可以看到其特征根均在单位圆内，因此所建立的 VAR 模型是平稳的，在后面的脉冲响应分析和方差分解中可以使用该模型。

2. 东部海洋经济圈海洋经济发展关联响应分析

（1）东部海洋经济圈与中国经济的关联响应

东部海洋经济圈与中国大陆宏观经济关联脉冲响应，如图 8 所示。该 VAR 模型脉冲响应图显示，中国大陆宏观经济情况对东部海洋经济圈海洋经济有长期的持续影响。在第 1 期给中国大陆 GDP 一个负向冲击时，东部海洋经济圈海洋经济的发展做出持续响应，第 9 期响应系数较大，随着时间的推

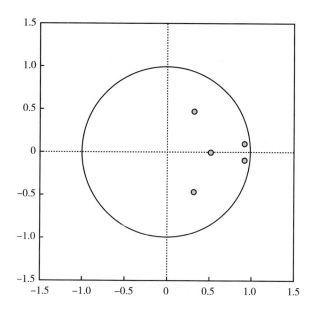

图7 东部海洋经济圈关联分析 VAR 模型稳定性检验

移，响应持续削弱。这说明中国大陆宏观经济受外部条件冲击后，伴随着市场的传递效应，海洋经济发展间接受到冲击，且这种冲击具有较为持久的影响。

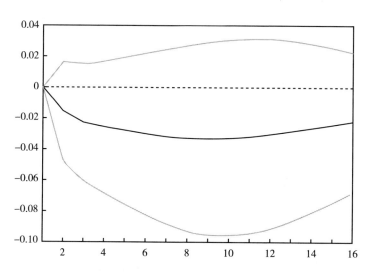

图8 东部海洋经济圈与中国大陆经济脉冲响应图

（2）东部海洋经济圈与中国台湾经济的关联响应

东部海洋经济圈与中国台湾宏观经济关联脉冲响应，如图9所示。该VAR模型脉冲响应图显示，中国台湾宏观经济情况对东部海洋经济圈海洋经济存在长期持续的影响。在第1期给中国台湾GDP一个负向冲击时，东部海洋经济圈海洋经济发展会受到一个负向影响，并在第2期出现波动反转，在第5期该波动达到最大值，然后影响逐渐削弱，最终趋于0。这表明，当外部因素对中国台湾经济产生冲击时，该冲击会较快地传递给东部海洋经济圈的海洋经济。

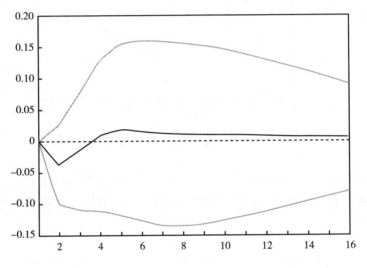

图9　东部海洋经济圈与中国台湾经济脉冲响应

（3）东部海洋经济圈与日本经济的关联响应

东部海洋经济圈与日本宏观经济的关联脉冲响应，如图10所示。该VAR模型脉冲响应图显示，日本宏观经济情况与我国东部海洋经济圈海洋经济发展的关联性较弱。第1期给日本GDP一个正向冲击后，东部海洋经济圈海洋经济会受到一个同向冲击，该冲击在第2期达到最大，此后响应整体呈现削弱趋势，最终影响消失，响应值趋于0。这表明东部海洋经济圈与日本宏观经济的联系并不密切，两者之间的关联性较低。

（4）东部海洋经济圈与美国经济的关联响应

东部海洋经济圈与美国宏观经济的关联脉冲响应，如图11所示。该VAR

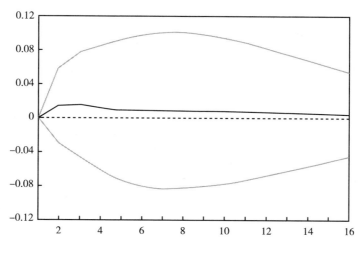

图 10　东部海洋经济圈与日本经济脉冲响应

模型脉冲响应图显示，美国宏观经济情况对东部海洋经济圈海洋经济发展的影响较强。在第 1 期给美国 GDP 一个负向冲击，东部海洋经济圈海洋经济的发展持续响应，第 3 期响应系数较大，随着时间的推移，响应持续削弱。这说明美国宏观经济受外部条件冲击后，伴随着市场的传递效应，海洋经济发展间接受到冲击，且这种冲击具有较为持久的影响。

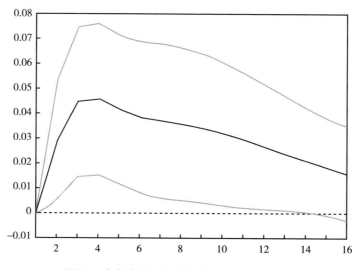

图 11　东部海洋经济圈与美国经济脉冲响应

3. 东部海洋经济圈海洋经济发展因素方差分解

东部海洋经济圈海洋生产总值（Y）与中国大陆、中国台湾、日本及美国的生产总值（X_1、X_2、X_3、X_4）关联的 VAR 模型方差分解结果，如表9所示。在不考虑东部海洋经济圈自身贡献率的情况下，对该区域海洋经济发展贡献最大的是美国宏观经济，贡献率达到 17.80% 左右；其次是中国大陆宏观经济发展，其贡献率达到 13.08%；对东部海洋经济圈海洋经济发展影响最小的是日本宏观经济，其贡献率仅为 1.49% 左右。

表9　东部海洋经济圈海洋经济发展因素方差分解

Period	S. E.	Y	X_1	X_2	X_3	X_4
1	0.1008	100.0000	0.0000	0.0000	0.0000	0.0000
2	0.1329	84.9011	1.3389	7.6016	1.2599	4.8985
3	0.1579	77.3055	2.9836	6.3896	1.8701	11.4511
4	0.1818	73.9485	4.2235	5.0748	1.8274	14.9258
5	0.2042	72.3446	5.1910	4.8431	1.6539	15.9675
6	0.2233	71.4181	6.1420	4.6026	1.5429	16.2944
7	0.2391	70.5200	7.1291	4.2832	1.4992	16.5685
8	0.2524	69.5301	8.1012	4.0099	1.4887	16.8702
9	0.2636	68.5425	9.0074	3.8193	1.4869	17.1440
10	0.2730	67.6352	9.8271	3.6982	1.4853	17.3542
11	0.2807	66.8320	10.5601	3.6208	1.4835	17.5036
12	0.2870	66.1286	11.2119	3.5676	1.4825	17.6094
13	0.2920	65.5156	11.7866	3.5292	1.4827	17.6859
14	0.2958	64.9863	12.2872	3.5019	1.4836	17.7411
15	0.2988	64.5360	12.7167	3.4833	1.4846	17.7795
16	0.3010	64.1597	13.0790	3.4713	1.4856	17.8044

三　东部海洋经济圈海洋经济发展形势分析

（一）东部海洋经济圈海洋经济发展战略分析

21 世纪以来，海洋经济对整个国民经济的发展发挥着越来越重要的作用，

《"十三五"海洋经济发展规划》提出在原有的海洋经济基础上进一步发展壮大海洋经济，建设执法能力出色的执法机构，以海洋生态系统为基础对海洋经济进行综合管理。在这个大背景下海洋发展的战略意义凸显，我们一定要从战略角度深刻地意识到发展海洋事业的重要性和紧迫性，让全社会深入了解"蓝色国土"概念和现代海洋理念，对存在的矛盾和问题提出针对性解决方案，促进东部海洋经济圈的海洋事业更进一步发展。

1. 加强海洋经济规划引导作用

以"十三五"规划建议的总体部署为基调，抓紧研究编制与东部海洋经济圈基本情况相适应的海洋经济和海洋事业发展规划，进一步明确东部海洋经济圈海洋发展的战略方针、目标和重要突破口，研究制定扶持海洋经济发展的政策措施，为海洋经济的发展保驾护航。

2. 推进海陆经济统筹和产业联动

加快制定和推广实施海洋产业发展指导政策，努力推进海洋养殖、海上交通运输、海洋工程等产业平稳有序发展，大力培育一批海洋领域的新兴产业，加强海洋产业基础设施建设，加快建设海底隧道、跨海桥梁、海底光缆等，为海洋经济发展打下坚实基础。在建设临海综合经济区时，要注重滨海地区产业结构的调整，将各地区比较优势充分发挥出来，建成具有地方特色的沿海经济区。

3. 加强海洋资源保护和高效利用

对东部海洋经济圈海洋资源进行全面调查勘探，特别是对海域油气等重要矿产资源进行勘察，同时还要重视开发专属经济区和国际海底资源，为海洋资源利用提供依据和保障。海水的直接利用及淡化技术对缓解沿海地区水资源短缺压力发挥着重要作用，因此应当大力支持海水利用技术的研究和利用工作，让海洋资源造福人类。

4. 强化海洋科技成果转化与应用

贯彻落实科教兴海战略，抓住科学技术这个关键点不放，向世界海洋高科技前沿领域看齐，大力发展基因工程和卫星遥感等技术在海洋领域的应用；先重点开发一批可以迅速应用到实体经济的实用技术，促进海洋科技成果的转化和推广，让科学技术服务实体经济，真正起到促进经济发展的作用。

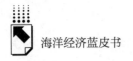
（二）东部海洋经济圈海洋经济发展形势展望

1. 东部海洋经济圈海洋经济发展形势预测

东部海洋经济圈海洋经济发展具有独特的区位优势和资源优势，海上交通便利，地理环境优越，加之有强大的地区经济作为支撑，未来其发展具有良好的基础。课题组分别运用灰色预测法、贝叶斯向量自回归模型、联立方程组模型、神经网络法、趋势外推法、指数平滑法对 2017 年和 2018 年东部海洋经济圈海洋经济发展情况进行预测，并将六种预测方法的预测结果进行加权平均，加权成组合预测模型，并根据组合预测法的原理利用 Lingo 软件编程得到权重，预测结果如表 10 所示。

表 10　东部海洋经济圈海洋经济发展预测

单位：亿元，%

指标	2017 年预测区间	2018 年预测区间
GOP	(20270,20344)	(21830,21890)
名义增速	7.8～8.2	7.5～7.8

2. 上海市海洋经济发展分析展望

2015 年上海市海洋生产总值达到 6513 亿元，占其地区生产总值的比重为 25.95%。上海市的区位优势、资源优势及机遇优势为该地区海洋经济的发展奠定了良好基础。上海市地处中国南北海岸中心点，地理位置优越，依托长江广阔的经济腹地；上海市具有丰富的海岸滩地及滨海浅滩资源，港口航道等基础设施完善，海洋生物等各类海洋资源丰富。此外，上海市海洋发展"十三五"规划和"一带一路"倡议的提出，为上海市海洋经济的发展带来新的机遇。

2012 年 7 月，《上海市海洋发展"十二五"规划》正式出台实施，成为上海市海洋经济发展"指路明灯"。规划突出了 4 方面的发展重点：注重布局优化和结构调整，以结构促发展；重视污染的源头控制和生态修复，保护洋生态环境；努力把握科技创新这个关键点，提高海洋科技成果的转化效率；夯实基础，强化服务，努力提高海洋综合管理水平。[①] 2013 年 10 月，习近平总书记

---

① 《上海市海洋发展"十二五"规划》，http：//www. shanghai. gov. cn。

提出建设"21世纪海上丝绸之路"。上海市是海上丝绸之路的关键一站,为上海市海洋经济的发展带来机遇的同时,也带来了不小的挑战。海上丝绸之路不仅加快了该地区船舶制造业、海洋化工业、海洋工程建筑业的产业升级,而且有利于先进的科学技术和各类生产要素在国家间的自由流动,从而弥补该地区海洋经济发展过程中的技术、资源不足。

2015年10月,在各方的关注和努力下,《上海市海洋发展"十三五"规划》顺利编制完成。在"十三五"期间,上海市将把"构建智慧生态的海洋综合保障服务体系"作为发展的主要脉络,大力发展海洋经济、提高海洋科技创新水平、完善海洋综合管理体系、建设海洋生态文明,努力实现从"夯实基础、完善管理"向"注重能力、提升突破"的大跨越。

3. 江苏省海洋经济发展分析展望

2015年,江苏省海洋生产总值达到6406亿元,占其地区生产总值的比重为9.1%。目前,海洋工程装备制造业、风电产业和海洋生物医药产业这三大新兴产业发展迅猛,成为江苏省海洋经济发展的"火车头"。江苏省地处我国大陆东部沿海地区中部,北接山东,东濒黄海,东南与上海市、浙江省接壤,西连安徽,地理位置较为优越。同时,港口航运等基础设施完善,滨海旅游资源也较为丰富,这为江苏省海洋经济的发展提供了良好的物质保障。

2017年1月27日,江苏省印发《江苏省"十三五"海洋经济发展规划》①,规划提出了江苏省海洋经济发展目标:到2020年,江苏省海洋经济综合实力和竞争力获得极大提高,海洋经济在国民经济中的地位应当显著提高;海洋科技的进步对海洋经济发展的贡献越来越大,逐步形成完善的海洋科研体系;海洋生态文明程度不断提高,初步建成海洋经济强省。规划同时提出要坚持陆海一体、江海互联,创新驱动、科技兴海,集约开发、生态优先,开放带动、合作共赢,共享发展、海洋惠民五条基本原则。

4. 浙江省海洋经济发展分析展望

浙江省北与上海市和江苏省接壤,南与福建省相交,西连江西省和安徽省,国际上重要的航运通道经过于此,地理位置优越。浙江省海岸线长达

---

① 《江苏省"十三五"海洋经济发展规划》,http://www.jiangsu.gov.cn/jsgov/tj/bgt/201702/t201702 08513178.html? jcpaju = lmiiz1。

6696 公里，居于全国首位，海洋资源优势明显，丰富的渔业资源、旅游资源、可再生能源、港口资源，为该地区海洋经济的发展提供资源支持。

近年来，随着中央政府以及地方政府对浙江省海洋经济支持力度的不断加大，为浙江省海洋经济的发展注入了"新鲜血液"。2011 年 2 月，《浙江海洋经济发展示范区规划》① 获得国务院批复，将浙江海洋经济示范区纳入国家战略，这在浙江省海洋经济发展历史上具有里程碑式意义。2013 年 7 月印发的《浙江海洋经济发展"822"行动计划（2013～2017）》②，明确指出了今后 5 年将要重点扶持的 8 大产业和将要建设培育的大约 20 个海洋特色基地。2016 年 4 月，浙江省人民政府以国家"十三五"总体规划为基础，根据浙江省的实际情况印发了《浙江省海洋港口发展"十三五"规划》③，提出到 2020 年，要将宁波舟山港建设成为全球一流的现代化枢纽港，并不断巩固吞吐量全球第一的地位；依靠即将建成的国家北斗监测中心提供的信息数据优势，将浙江省逐步打造成为全球一流的航运服务基地，建立起江海互联的数据服务中心和云服务平台。

（三）东部海洋经济圈海洋经济发展政策建议

21 世纪以来，东部海洋经济圈海洋经济取得了长足发展，以高于国民经济增速的水平快速增长，产出规模获得极大增长，产业结构日趋改善。尽管如此，东部海洋经济圈海洋经济还存在一定的提升空间，如发展方式粗放、投入产出效率低下、工业化水平低等问题。今后东部海洋经济圈海洋经济发展政策应主要关注五个方面：注重依托区域经济发展海洋经济、优化产业结构和空间布局、加快海洋产业工业化进程的步伐，在提高科技水平的同时注重海洋技术成果转化率的提高、规范完善海洋经济统计数据。

1. 依托本地优势发展海洋经济

东部海洋经济圈的国民经济发展水平较高，发达的区域经济成为东部海洋

---

① 《国务院关于浙江海洋经济发展示范区规划的批复》，http：//www. gov. cn。

② 《浙江省人民政府办公厅关于〈印发浙江海洋经济发展"822"行动计划（2013～2017）〉的通知》，http：//www. zj. gov. cn。

③ 《浙江省人民政府办公厅关于印发〈浙江省海洋港口发展"十三五"规划〉的通知》，http：//www. zj. gov. cn/art/2016/5/3/art_ 12461_ 272901. html。

经济圈海洋经济发展的重要保障。今后，东部海洋经济圈海洋经济的发展应当利用好该地区区域经济较为发达这个优势，让当地强大的制造业基础和雄厚的科技力量服务于海洋经济。发展海洋经济绝不能局限于沿海地区，东部海洋经济圈地理条件优越，有大量的河流经过。沿江地区经过较长时间的发展，储备了雄厚的制造业实力，而且长江将沿江省份连接起来，具备发展海洋经济的有利条件。因此，东部海洋经济圈海洋经济发展应该以沿海城市为立足点，以江海为纽带，让海洋经济的发展扩大到整个地区，特别是沿江各省份，从而将海洋经济从沿海地区向内陆地区推进，将整个地区的区域经济实力充分利用起来，为海洋经济服务。

2. 调整产业结构优化空间布局

为进一步优化产业结构，东部海洋经济圈应特别注重具有战略意义的海洋新兴产业的发展，有步骤地降低对夕阳行业的投入，合理优化资源配置安排，不仅仅局限于产业结构合理化，而要向产业结构协调化、高级化阶段迈进。在注重产业结构优化的同时，还应重视空间布局的平衡发展，针对不同区域的实际情况，实施不同的空间布局策略。

3. 加快海洋产业的工业化进程

为进一步提高海洋产业工业化水平，东部海洋经济圈应该积极鼓励海洋产业部门采用新技术、新材料，发展产业关联度高的新兴产业，将更多的资金、技术、人才向海洋重工业部门倾斜，提高海洋重工业部门的产出规模，最大限度上保证海洋轻工业部门和海洋重工业部门的均衡发展。特别是在竞争日益激烈的海洋经济市场环境下，国家更是应该大力支持产业园、工业园建设，努力促进海洋产业的集聚，形成规模效应，提升海洋工业化水平。

4. 提高海洋科技成果转化应用

科学技术是第一生产力，海洋科技的进步对海洋经济发展模式的转变具有至关重要的作用。虽然东部海洋经济圈的海洋科技成果数量较多，但海洋科技成果转化率还处于较低水平，每年都有大量科技成果没能转化为实实在在的生产力，许多海洋科技成果仅停留在样品和展品阶段，没能将科技成果转化为商品流入市场。政府除加强对海洋领域科研活动支持的同时，还应该搭建包括研发、孵化和产业海洋科技成果转化平台，在此基础上吸引尽可能多的国内外顶尖的海洋科技研究机构以及与海洋相关的企业入驻，从而将海洋科研成果落到

实处，用到实处，推进东部海洋经济圈海洋生产力的进一步提升。

5. 规范完善海洋经济统计数据

统计数据是进行海洋经济研究工作的基础，统计数据不精确会直接影响科研成果的可信度，大大削弱科研理论对经济发展实践的指导意义。为了推动东部海洋经济圈海洋经济进一步的发展，东部海洋经济圈应重点开发可靠的、涵盖本地区海洋经济发展的各产业、各部门数据库，对海洋经济发展各产业、各部门、各区域形成有效的记录，帮助各级政府及各相关涉海部门更有效地评估和分析本地区海洋经济的运行情况，保障各地区涉海企业、科研机构及社会公众进行有效的数据交换。

参考文献

何惠珍：《我国航运保险的发展现状、制约因素及对策建议》，《学术交流》2012 年第 1 期，第 92 ~ 95 页。

李济、曾令果：《重庆市"十一五"期间科技投入对全市经济发展影响的评价研究报告》，《科学咨询（科技·管理）》2012 年第 7 期，第 7 ~ 9 页。

姚国成：《广东省委部署实施海洋经济综合试验区发展规划加快发展现代海洋渔业》，《中国水产》2012 年第 10 期，第 18 ~ 19 页。

陈韩晖、钟啸：《粤海洋经济发展成为国家战略》，《南方日报》2011 年 7 月 20 日，第 A01 版。

窦睿音、刘学敏：《中国典型资源型地区能源消耗与经济增长动态关系研究》，《中国人口·资源与环境》2016 年第 12 期，第 164 ~ 170 页。

唐正花等：《县域茶产业发展的 SWOT 分析与竞争力框架构建——以广西三江为例》，《南方论刊》2016 年第 12 期，第 67 ~ 69、84 页。

张翠萍等：《滨海电厂温排水用海管理范围界定初步研究》，《海洋开发与管理》2017 年第 2 期，第 27 ~ 33 页。

张慧、饶海琴：《基于 ECM 模型的房价波动与主要经济因素关系的实证分析》，《数学理论与应用》2016 年第 3 期，第 112 ~ 118 页。

牛彦斌：《供给侧结构性改革背景下河北海洋经济发展对策研究》，《经济论坛》2017 年第 5 期，第 7 ~ 9、36 页。

陈明荣、吴正、张佩琴：《战略性新兴产业金融支持效率研究——以甘肃省白银市为例》，《甘肃金融》2017 年第 5 期，第 60 ~ 65 页。

唐承志：《我国城乡教育差距与城乡收入差距的协整研究——基于 1992 ~ 2012 年的数据分析》，《经贸实践》2017 年第 4 期，第 132 页。

宋泽楠：《广西开放发展"三大定位"的内涵分析及实现路径》，《广西社会科学》2017 年第 8 期，第 22 ~ 26 页。

吕余生：《广西沿海沿边地区参与"一带一路"建设的战略构想》，《中国边疆学》2015 年第 1 期，第 3 ~ 15 页。

向明华：《广东加强 21 世纪海上丝绸之路法治建设的思考》，《岭南学刊》2016 年第 1 期，第 91 ~ 98 页。

王敏：《海陆一体化格局下我国海洋经济与环境协调发展研究》，《生态经济》2017 年第 10 期，第 48 ~ 52 页。

陈晓春、黄媛：《国际原油市场与股票市场的联动关系研究——基于分位数回归的经验证据》，《财经理论与实践》2017 年第 5 期，第 53 ~ 58 页。

国家统计局：《中国统计年鉴》，中国统计出版社，2015。

国家海洋局：《中国海洋统计年鉴》，海洋出版社，2015。

《中国船舶工业年鉴》，北京理工大学出版社，2015。

殷克东、方胜民、高金田：《中国海洋经济发展报告（2012）》，社会科学文献出版社，2012。

陈晓春、黄媛：《国际原油市场与股票市场的联动关系研究——基于分位数回归的经验证据》，《财经理论与实践》2017 年第 5 期，第 53 ~ 58 页。

傅聪：《高频数据波动率建模及风险度量》，浙江工商大学硕士学位论文，2017。

周明华：《基于技术效率的粤闽鲁浙琼海洋产业发展机理研究》，《改革与战略》2015 年第 1 期，第 142 ~ 146 页。

杨鑫：《我国利率市场化进程中 Shibor 作为基准利率的有效性研究》，中南大学硕士学位论文，2013。

邱宇、吉启轩、章志：《江苏海洋经济发展存在的问题及对策研究》，《江苏科技信息》2013 年第 12 期，第 1 ~ 3、6 页。

何惠珍：《我国航运保险的发展现状、制约因素及对策建议》，《学术交流》2012 年第 1 期，第 92 ~ 95 页。

吴建銮、南士敬、浦小松：《福建省出口贸易与经济增长的协整分析》，《现代商业》2008 年第 21 期，第 149 页。

邵帅：《香港对外贸易与就业水平的关系研究》，《国际经贸探索》2007 年第 12 期，第 28 ~ 31 页。

B.12
北部海洋经济圈海洋经济发展形势分析

纪玉俊*

摘　要：　北部海洋经济圈由辽东半岛、渤海湾和山东半岛沿岸及海域组成，其享有独特的区位优势，东临日韩，南接长三角、珠三角和港澳台等地区，是北方地区对外开放的重要平台。此外，北部海洋经济圈拥有雄厚的海洋经济发展基础，海洋资源丰富，海洋科研教育优势明显。本报告首先运用定性和定量方法，分别分析了近年来北部海洋经济圈的产出规模、产业结构及空间布局的特点，并测度了技术、资本、劳动力等因素对海洋经济发展的贡献，辨析了经济圈内部海洋经济发展的特征及外部关联性。其次采用增量分析、趋同分析和关联分析方法分析了北部海洋经济圈经济发展特征，最后分析北部海洋经济圈的经济发展形势。

关键词：　北部海洋经济圈　经济发展　面板模型

随着我国海洋经济总体实力的逐步提升，北部、东部和南部三大海洋经济圈已经基本形成，海洋经济布局得到不断优化。其中，北部海洋经济圈由辽东半岛、渤海湾和山东半岛沿岸及海域组成，涵盖了中国北部的四个省市——天津市、河北省、山东省、辽宁省。北部海洋经济圈享有独特的区位优势，东临日韩，南接长三角、珠三角和港澳台等地区，是北方地区对外开放的重要平台。此外，北部海洋经济圈拥有雄厚的海洋经济发展基础，海洋资源丰富，海

---

* 纪玉俊，中国海洋大学副教授，研究方向为产业经济、海洋产业。

洋科研教育优势明显。本报告首先运用定性和定量方法，分析了近年来北部海洋经济圈的产出规模、产业结构及空间布局的特点，并测度了技术、资本、劳动力等因素对海洋经济发展的贡献，辨析了经济圈内部海洋经济发展的特征及外部关联性。

一 北部海洋经济圈海洋经济
发展现状分析

"十二五"以来，我国加快了建设北部海洋经济圈的步伐，北部海洋经济圈经济得到了快速发展。本部分在发展规模、产业结构、制约因素等方面对近十年来北部海洋经济圈的发展进行分析。

（一）北部海洋经济圈经济发展规模分析

1. 海洋生产总值分析

2006 年以来，北部海洋经济圈在海洋经济方面保持着较快的发展速度，基本实现了稳定持续增长。2006 年北部海洋经济圈的生产总值为 6906 亿元，2013 年增加至 19734 亿元，2015 年已实现了 23437 亿元的海洋生产总值。如图 1 所示，2008 年之前，北部海洋经济圈的海洋生产总值增速约为 18%，2008 年国际金融危机爆发，2009 年降至 9%。2010 年以后，宏观经济环境有所回暖，北部海洋经济圈的海洋生产总值增速又回到 18% 左右，2012~2013 年增速处于 10% 左右的稳定增长水平，2014 年稍有回落，增速处于 6% 的水平，2015 年增速持续放缓至约 3.6% 左右。

2006 年以来，北部海洋经济圈海洋生产总值占全国海洋经济生产总值的比重基本处于 34% 的稳定水平。与此同时，2006~2015 年，北部海海洋经济圈海洋生产总值占该区域国内生产总值的比重基本维持在 15% 左右。

2. 海洋产业增加值分析

（1）主要海洋产业增加值

2006 年以来，北部海洋经济圈发展势头良好。如图 2 所示，从海洋产业增加值的绝对值分析，除 2009 年因国际金融危机冲击出现负增长，其他年份

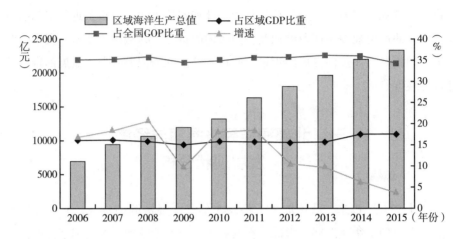

图1　2006～2015年环渤海海洋经济圈海洋生产总值发展趋势

资料来源：《中国海洋统计年鉴》（2007～2015）；《2016年中国海洋经济统计公报》。

均保持稳定增长态势，从2006年的3566.9亿元增加至2012年的8325.9亿元，2013年达到9176.7亿元，年均增速达到14.45%。

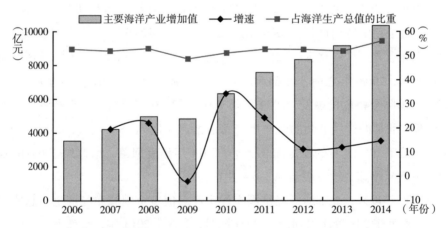

图2　2006～2014年北部海洋经济圈主要海洋产业增加值发展趋势

资料来源：《中国海洋统计年鉴》（2007～2015）。

从相对值来角度进行分析，一方面，北部海洋经济圈主要海洋产业增加值呈现波浪状变化趋势，并不是十分稳定。2008年，因国际金融危机的冲击，主要海洋产业增加值出现负增长，可见北部海洋经济圈主要海洋产业增加值受国际金融形势的影响较大；从 2009 年开始，政府对海洋经济的发展实施了一系列的宏观调控措施，主要海洋产业的增速也开始逐步回升；然而，2010 年后，主要海洋产业增加值的增速又出现了大幅回落，至 2012 年增速仅有 9.55%。2012 ~ 2013 年，增速又由 9.55% 上升至 10.22%，北部海洋经济圈主要海洋产业进入增速发展期。另一方面，北部海洋经济圈主要海洋产业发展稳定，其增加值占该地区海洋生产总值的比重一直稳定在 45% 的水平。

（2）海洋科研教育管理服务业增加值

近年来，海洋科研教育管理服务业在海洋经济中的地位愈发重要。如图 3 所示，从绝对值来看，北部海洋经济圈海洋科研教育管理服务业的增加值逐年增加，2006 ~ 2013 年，海洋科研教育管理服务业增加值由 819.6 亿上升到 2318.6 亿元。从其相对值变化来看，一方面，北部海洋经济圈海洋科研教育管理服务业增加值呈波浪变化并趋于稳定。2007 ~ 2013 年，增速在 18% 上下波动，2010 年后波动幅度明显变小。另一方面，2006 ~ 2013 年，北部海洋经济圈海洋科研教育管理服务业增加值占该地区海洋生产总值的比重稳定在 12% 左右，由此看出，海洋科研教育管理服务业的发展随着海洋经济的发展趋于稳定增长。

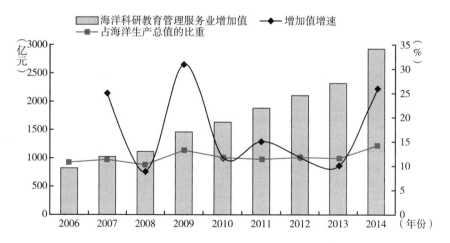

图 3　2006 ~ 2014 年北部海洋经济圈海洋科研教育管理服务业增加值发展趋势

资料来源：《中国海洋统计年鉴》（2007 ~ 2015）。

（3）海洋相关产业增加值

海洋经济发展必然带动海洋相关产业的发展，海洋相关产业的发展对海洋经济的发展也有重要的推动作用。如图4所示，从绝对值来看，2016～2014年，北部海洋经济圈海洋相关产业增加值呈逐年上升的趋势，从2006年的3232.9亿元增加至2013年的8238.7亿元。从相对值角度来看，一方面，北部海洋经济圈海洋相关产业增加值的增速并不稳定，呈现波浪式变动。2007～2008年，增速有小幅度增长，由19.43%上升到19.70%；随后金融危机爆发，增速大幅下降，跌至2009年的5.79%；经济好转后，增幅呈现上升趋势，至2010年为21.54%；2010年后，海洋相关产业发展的动力不足，增速呈现下降趋势，至2012年仅为9.17%；2012～2014年，海洋相关产业增加值的增速相对稳定。另一方面，2006年以后，北部海洋经济圈海洋相关产业占该地区海洋生产总值的比重基本保持在43%左右。由此分析可得，海洋相关产业和海洋主要产业在北部海洋经济圈的发展中扮演着重要角色。

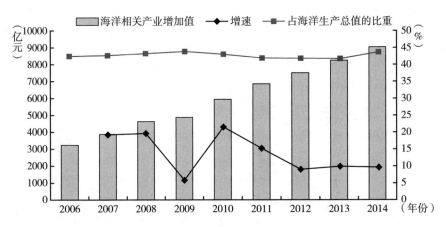

图4　2006～2014年北部海洋经济圈海洋相关产业增加值发展趋势

资料来源：《中国海洋统计年鉴》（2007～2015）。

（二）北部海洋经济圈海洋产业结构分析

从绝对规模来看，北部海洋经济圈海洋三次产业的增加值均逐年稳步上升。如图5所示，2014年北部海洋经济圈海洋第一、第二、第三产业增加值分别达到 1303 亿元、10635.6 亿元和 10350 亿元。从 2006～2014 年数据来看，海洋三大产业的增加值逐年递增，其中海洋第二产业的增加值始终大于海洋第一产业增加值和第三产业增加值。

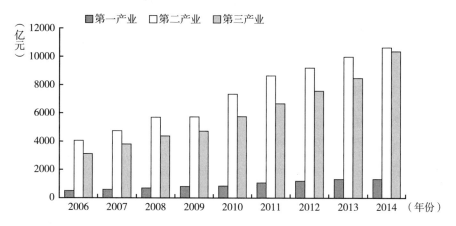

图 5　2006～2014 年北部海洋经济圈海洋三次产业增加值发展趋势

资料来源：《中国海洋统计年鉴》（2007～2015）。

2007 年以来，北部海洋经济圈海洋三次产业增加值呈现逐年波动的趋势。如图 6 所示，在北部海洋经济圈海洋经济发展过程中，第二产业增加值增速变化与海洋第三产业增加值增速变动趋势较为相似，2008 年与 2010 年处于波峰，2009 年与 2012 年处于波谷位置，整体先于海洋第一产业的波动。2008

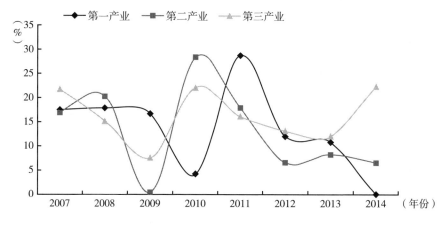

图 6　2007～2014 年北部海洋经济圈海洋三次产业增速变化趋势

年，由于国际金融危机的冲击，海洋第二产业的增长速度由2008年的20.25%跌落至2009年的0.54%，经过一年的休整期，在2010年增长速度得到迅速回升，达28.33%。2013年后，北部海洋经济圈海洋三次产业增速出现了明显分化，海洋第一、二产业增加值增速迅速回落，海洋第三产业增加值增速迅速提升，这源于北部海洋经济圈加大了对海洋第三产业的支持力度，但应该合理协调海洋一、二、三产业之间的比例。

（三）北部海洋经济圈海洋经济因素分析

1.社会发展环境问题

北部海洋经济圈的经济增长离不开宏观经济的支撑，并且与我国金融市场的发展息息相关。我国金融市场的发展目前还不够完善，存在发展规模较小、金融结构失衡、金融监管力度不够等问题，这些都制约着区域海洋经济的发展。

在北部海洋经济圈中，金融发展结构最科学完善的是天津，但是金融发展的规模仍然较小，金融与经济不能起到彼此促进的作用，金融市场对各个产业和行业的引领作用较弱，金融资源仍待集中以提升效率；河北省金融资金流动存在失衡，省内金融体系较薄弱，资金多流向金融发展更为完善的其他省市，导致资金利用率低、投资动力不足、资本市场落后等问题；山东省在金融市场的开放程度上较为落后，省内城乡差异没有得到妥善解决，农村金融体系较弱，金融资源的配置问题亟待解决；辽宁省也存在金融资源分布不平衡的问题，金融市场没有发挥应有的作用，运行效率有待提升。

2.海洋科技创新问题

科学技术渗透到社会发展的各个环节中，成为推动经济发展的决定性因素。同样，海洋科技可以促进区域海洋经济在质和量上提升，对沿海地区海洋产业的优化升级起着重要的推动作用，因此，海洋科技的研发已成为海洋经济圈发展的重中之重。科技自主研发能力在一定程度上代表了该地区的技术水平，从表1中可以看出，北部海洋经济圈总体海洋科技研发能力较强，其中海洋科研机构数和海洋科研人员数在三大海洋经济圈中居于首位。

表1 2014 年三大海洋经济圈海洋科研情况

海洋 经济圈	海洋科研 机构数(个)	排名	海洋科研 人员数(人)	排名	海洋科研 经费总额(万)	排名
北部	62	1	9484	1	6934875	2
东部	46	3	8941	2	7528890	1
南部	53	2	6467	3	4862956	3

资料来源:根据《中国海洋统计年鉴》(2015)整理。

3. 海洋生态环境问题

位于北部海洋经济圈的辽东湾、渤海湾和莱州湾暴露了严重的污染问题。第一,环渤海海域面临可持续发展危机,生物资源不断减少,空间资源缩减,过多的海洋开发活动对海洋生物和海洋生态都造成了不利影响。第二,海洋资源所有权未进行明确有效的界定,导致海洋资源的肆意开发和不合理利用,北部海洋经济圈的生态环境已急剧恶化。第三,海洋养殖开发等项目缺乏科学规划,不合理的资源利用与开采严重破坏了环渤海海域的生态环境。

4. 海洋产业结构问题

北部海洋经济圈海洋经济主要还是依靠渔业和养殖业,产业比较单一,这使产业结构明显失衡,大量的海洋资源被浪费,海洋经济发展的效率和可持续性有待提升。

北部海洋经济圈坐拥丰富的海洋资源、绵延的海岸线和秀美的海滨风景,为海洋旅游业的发展提供了得天独厚的条件。但是北部海洋经济圈在海洋旅游产业的发展结构上还存在许多问题。首先,北部海洋经济圈的三省两市都在积极发展与拓展海洋旅游服务,但各政府未能达成统一的发展理念,无法做到在发展方向上的一致与和谐,影响了北部海洋经济圈旅游业的整体发展;其次,北部海洋经济圈的海洋旅游业发展至今已有三十多年,但是相关的理论研究鲜有成果,缺乏科学的理论支撑,阻碍了海洋旅游业的发展。

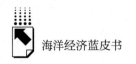

二　北部海洋经济圈海洋经济发展特征分析

（一）北部海洋经济圈海洋经济发展增量分析

1. 海洋经济发展影响指标选择与处理

在考察我国海洋经济发展的影响因素时，从供给和需求的角度出发，考察对海洋经济发展起推动作用的不同因素。根据经济增长理论以及数据的可得性，选取海洋生产总值（GOP）作为衡量海洋经济发展的指标，从供给和需求角度选取与海洋经济发展密切相关的指标作为影响指标，如表2所示。

表2　北部海洋经济圈海洋经济发展影响指标及相关系数

影响指标	供给			需求		
	海洋固定资产投资（TZ）	海洋产业从业人员（RY）	海洋科技课题总数（KJ）	海洋产业财政支出（CZ）	海洋产业出口总额（CK）	人均可支配收入（SR）
天津市 GOP	0.9942	0.9842	0.8419	0.9982	0.9790	0.9518
河北省 GOP	0.9948	0.9778	0.9107	0.9970	0.9971	0.9235
辽宁省 GOP	0.9990	0.9555	0.5834	0.9993	0.9899	0.9834
山东省 GOP	0.9943	0.9868	0.9399	0.9968	0.9948	0.9878

资料来源：根据《中国海洋统计年鉴》（1999～2015）、《各省、市统计年鉴》数据计算所得。

本部分所用数据均来自《中国海洋统计年鉴》和《中国统计年鉴》，样本区间为1998～2014年。但是《中国海洋统计年鉴》中统计口径、变量名称多有变更，无法直接准确地获取海洋产业从业人员数据；海洋固定资产投资、海洋产业财政支出和海洋产业出口总额并没有直接的指标数据，需要根据有关变量进行折算替代。具体折算替代公式如下：

海洋产业从业人员 = 地区社会从业人员 × 地区海洋生产总值／地区生产总值

海洋固定资产投资 = 地区固定资产投资 × 地区海洋生产总值／地区生产总值

海洋产业财政支出 = 地区财政支出 × 地区海洋生产总值／地区生产总值

海洋产业出口总额 = 地区出口额 × 地区海洋生产总值／地区生产总值

2. 指标变量的平稳性检验与协整检验

（1）单位根检验

经典的回归分析暗含着一个重要的假设：要求数据是平稳的。如果数据不具有平稳性，则会出现虚假回归，影响结果的科学性和可信度。

数据的平稳性是经典回归分析的一个重要假设条件，如果不满足，会出现虚假回归，检验结果的可信度就会降低。所以，在对数据建立模型之前，要先进行相应的平稳性检验，也就是单位根检验。如果序列没有单位根，那就是平稳的。在进行单位根检验之前先对数据进行对数化处理，避免序列出现异方差现象。单位根检验结果如表 3 所示。

表 3　海洋经济发展影响指标单位根检验结果

变量	LLC 检验		IPS 检验		ADF-Fisher 检验		PP-Fisher 检验		结论
	Statistic	Prob.	Statistic	Prob.	Statistic	Prob.	Statistic	Prob.	
GOP	− 1.8936	0.0291	0.5186	0.6980	5.2033	0.7356	7.5380	0.4799	不平稳
ΔGOP	− 3.2698	0.0005	− 3.1734	0.0008	23.8263	0.0025	23.5765	0.0027	平稳
TZ	− 1.5235	0.0638	1.0677	0.8572	2.8352	0.9443	3.2377	0.9186	不平稳
ΔTZ	− 3.7228	0.0001	− 3.2262	0.0006	23.7815	0.0025	23.9310	0.0024	平稳
RY	− 1.8299	0.0336	0.1517	0.5603	5.7025	0.6805	6.3471	0.6084	不平稳
ΔRY	− 4.8463	0.0000	− 4.1667	0.0000	30.3768	0.0002	29.9221	0.0002	平稳
KJ	2.45513	0.9930	3.47840	0.9997	0.59753	0.9997	0.54226	0.9998	不平稳
ΔKJ	− 6.2602	0.0000	− 4.6144	0.0000	33.3774	0.0001	33.4624	0.0001	平稳
CZ	− 2.4347	0.0075	0.28824	0.6134	5.57617	0.6946	14.0242	0.0811	不平稳
ΔCZ	− 3.5907	0.0002	− 2.8283	0.0023	22.7800	0.0037	29.9280	0.0002	平稳
CK	− 2.9554	0.0016	− 0.5424	0.2938	8.90430	0.3504	8.42436	0.3932	不平稳
ΔCK	− 2.8091	0.0025	− 3.2806	0.0005	24.4415	0.0019	24.4977	0.0019	平稳
SR	2.36213	0.9909	4.79308	1.0000	0.26817	1.0000	0.28629	1.0000	不平稳
ΔSR	− 3.6913	0.0001	− 2.4249	0.0077	18.4665	0.0180	20.2836	0.0093	平稳

注：表中所给出单位根检验结论是在 0.05 的显著性水平下，综合考虑 4 种检验方法所得。

根据 LLC 检验、IPS 检验、ADF-Fisher 检验和 PP-Fisher 检验四种检验所得的结果可以看出，在 5% 的显著性水平下，各个指标原序列均存在单位根，是非平稳的；而它们的一阶差分序列均为平稳序列，即北部海洋经济圈海洋经济发展影响指标序列均为 I（1）序列。

（2）协整检验

对于经典回归分析中存在的虚假回归问题，计量经济学中通常采用协整理论及方法进行修正。如果两个或者两个以上的同阶单整变量在线性组合后所形成的变量是平稳的，则称存在协整关系。所以在建立北部海洋经济圈海洋经济发展指标的面板模型之前，要进行相应的协整检验，以防止出现虚假回归的问题。

由于我国海洋经济统计工作开展时间相对较短，指标数据样本时间跨度较短，为保证自由度，建立两个面板模型，即供给模型和需求模型。其中，供给模型中包含海洋生产总值（GOP）、海洋固定资产投资（TZ）、海洋产业从业人员（RY）、海洋科技课题总数（KJ）四个变量；需求模型中包含海洋生产总值（GOP）、海洋产业财政支出（CZ）、海洋产业出口总额（CK）和居民消费水平（XF）四个变量。协整检验结果如表4所示。

表4　面板协整检验结果

检验模型	检验方法	原假设	ADF 值		Prob.		结论
供给模型	KAO 检验	No cointegration	−3.807564		0.0001		存在
	Johansen Fisker 面板协整检验	原假设	Fisher 联合迹统计量	Prob.	Fisher 联合 λ – max 统计量	Prob.	结论
		None	101.7	0.0000	74.64	0.0000	存在
		At most 1	40.36	0.0000	22.63	0.0039	
		At most 2	26.08	0.0010	19.09	0.0144	
需求模型	KAO 检验	No cointegration	−2.714979		0.0033		存在
	Johansen Fisker 面板协整检验	原假设	Fisher 联合迹统计量	Prob.	Fisher 联合 λ-max 统计量	Prob.	结论
		None	73.91	0.0000	34.26	0.0000	存在
		At most 1	47.28	0.0000	31.85	0.0001	
		At most 2	24.42	0.0020	15.80	0.0453	

KAO 检验和 Johansen Fisker 面板协整检验的结果表明，无论在供给模型中，还是在需求模型中，各个变量均存在协整关系。Johansen Fisker 面板协整检验结果还显示，当显著性水平小于 5%，各变量之间存在多种协整关系。协整关系的存在为研究结果的可靠性提供了保证，此外，英国经济学家 Granger

指出，如果变量之间是协整的，那么至少存在一个方向上的 Granger 原因，因此从因果关系的角度看，运用这些指标变量构建面板模型进行北部海洋经济圈海洋经济发展分析是合适的。

3. 区域海洋经济发展面板数据模型构建

在应用计量经济学方法进行经济问题研究时，经常会遇到同时包含横截面数据和时间序列信息的面板数据。面板数据模型分为固定效应模型和随机效应模型，其形式主要有变系数模型、变截距模型和不变系数模型三类。为构建北部海洋经济圈经济发展模型，需要用 Hausman 检验确定模型的影响力并确定模型的设定形式。检验结果如表 5 所示。

根据 H 检验，供给模型和需求模型的伴随概率值均小于 0.05，所以拒绝原假设，即两模型的影响形式都为固定效应模型；供给模型和需求模型的 F2 值小于临界值，不能拒绝原假设，即模型为不变系数模型。结果表明，在建立北部海洋经济圈海洋经济发展模型中，应当建立固定效应不变系数的供给和需求模型，模型估计结果如表 4 和表 5 所示。

表 5　面板模型的 Hausman 检验及 F 检验结果

检验模型	H 检验	Prob.	F 检验	临界值	结论
供给模型	71.6875	0.0000	F2 = 0.7481	1.9436	固定影响不变系数模型
需求模型	601.2488	0.0000	F2 = 0.9378	1.9436	固定影响不变系数模型

4. 北部海洋经济圈海洋经济增量分析

（1）供给弹性分析

表 6 显示的是北部海洋经济圈海洋经济发展供给模型的估计结果。由表 6 可知，在不同地区，各因素对海洋经济发展的促进作用是不一样的。综合来看，海洋固定资产投资弹性系数为 0.6615，对海洋经济发展的贡献较大。由此可看出财政政策在海洋经济发展中的重要作用。海洋产业从业人员对海洋经济发展的贡献率稍次，需进一步加强，其弹性系数为 0.2450。贡献率最小的是海洋科技课题总数，其弹性系数为 0.0835。

表6　北部海洋经济圈供给模型分析

变量	系数	Std. Error	t-Statistic	Prob.
海洋固定资产投资	0.6615	0.0171	38.6761	0.0000
海洋产业从业人员	0.2450	0.0302	8.1225	0.0000
海洋科技课题总数	0.0835	0.0162	5.1483	0.0000

（2）需求弹性分析

表7所示的是对北部海洋经济圈海洋经济发展的需求模型估计的结果。可以看出，海洋产业财政支出的单行系数最高，对区域海洋经济发展的贡献最大。北部海洋经济圈各地区政府对海洋经济发展的重视程度，可见财政政策在海洋经济发展中的重要作用。海洋产业出口总额对海洋经济发展的贡献率稍低，其弹性系数为0.1697。而人均可支配收入对海洋经济发展的贡献率却是负的，这需要综合考虑区域人口和经济结构等因素来深入分析。

表7　北部海洋经济圈需求模型分析

变量	系数	Std. Error	t-Statistic	Prob.
海洋产业财政支出	0.7591	0.0479	15.8340	0.0000
海洋产业出口总额	0.1697	0.0370	4.5883	0.0000
人均可支配收入	−0.1363	0.0544	−2.5033	0.0150

（二）北部海洋经济圈海洋经济发展趋同分析

通过对北部海洋经济圈海洋经济发展情况进行分析，发现天津、河北、辽宁和山东四个省市的海洋经济发展不仅存在一定的共性，而且各具特色，表现出一定程度的海洋经济发展不平衡。根据新古典经济学理论，在资本收益递减的假设条件下，同一区域内部落后地区对发达地区经济增长存在追赶效应，最终会达到趋同（Convergence）。

趋同分为绝对趋同、条件趋同和随机趋同，本部分主要采用随机趋同的方法分析北部海洋经济圈海洋经济发展的特点。该方法着重分析不同地区海洋经济发展差距的动态变化特征，判定存在随机趋同的条件是该差距服从平稳的随机过程。若出现趋同现象，则说明该区域海洋经济发展进一步提升，经济发展内部各生产要素与资源配置得到合理整合，有效配置。

1. 传统线性单位根检验

随机趋同检验的研究对象是海洋经济发展差距，即

$$gopg_i = (y_{i,t} - \bar{y}_t) = y_{i,t} - \frac{1}{N}\sum_{i=1}^{N} y_{i,t}$$

其中，$gopg_i$ 表示第 i 个地区海洋经济发展的差距，$y_{i,t}$ 表示第 i 个地区在时间 t 的人均海洋生产总值（人均海洋生产总值 = 地区海洋生产总值/海洋产业社会从业人员）。

分析中所用的数据均来自《中国海洋统计年鉴》和《中国统计年鉴》，数据时间跨度为 1998 ~ 2014 年。选取人均海洋生产总值这一指标并对其进行对数化处理，其目的是减小异方差性。

表 8　传统线性单位根检验结果

地区	原序列			一阶差分序列		
	ADF	PP	KPSS	ADF	PP	KPSS
天津	− 2. 355625	− 2. 355557	0. 146967	− 3. 195731	− 3. 195731	0. 310022
河北	− 2. 359984	− 2. 373163	0. 147822	− 3. 883322	− 5. 667521	0. 500000
辽宁	− 2. 038747	− 1. 868690	0. 159799	− 2. 446937	− 2. 405680	0. 089977
山东	− 0. 370779	− 1. 190403	0. 083089	− 3. 329744	− 2. 432509	0. 101237

注：ADF 检验和 PP 检验的原假设是存在单位根；KPSS 检验的原假设是不存在单位根。

用表 7、8 给出了对 $gopg_i$ 进行单位根检验分析的结果。对于四省市的原序列而言，KPSS 检验结果表明存在海洋经济发展趋同，而 ADF 检验和 PP 检验的结果却相反。对于四省市的一阶差分序列来说，ADF、PP 和 KPSS 检验均支持存在海洋经济发展趋同现象。

2. 非线性面板单位根检验

传统的单位根检验在检验非线性、结构突变的序列时效力低且不充分利用横截面信息。Kapetanios 等认为，许多宏观经济时间序列不仅具有单位根，而且表现出非线性。因此，为了保证研究结果的稳健性，本报告采用 Chortareas 和 Kapetanios 提出的序列面板选择方法（Sequential Panel Selection Method）对北部海洋经济圈海洋经济发展趋同现象进行分析。这种方法与传统的单位根检

验相比具有两个优点：①对单位根进行检验时，通过傅里叶函数的 KPSS 单位根检验对面板数据深入分析，能够很好地观察到序列中的结构变化；②该方法能够依据各序列达到平稳的先后顺序对面板数据进行排序。SPSM 单位根检验结果，如表9所示。

表9　SPSM 单位根检验结果

序列顺序	I(0) series	OU stat	P-Value	Min KSS	k
0	天津	− 2. 2803	0	− 6. 0606	0
0	河北	− 1. 0202	0	− 1. 5424	0
0	辽宁	− 0. 7591	0	− 1. 5194	0
0	山东	0. 0012	0	0. 0012	0

SPSM 单位根检验结果表明不存在结构突变点，因此在验证趋同现象时不必用非线性面板单位根检验的方法，只需用线性单位根检验就可保证结果的可靠性。

因此，北部海洋经济圈四省市海洋经济在保持各自特点的同时仍可实现区域海洋经济的协调发展，也就是说，在今后一定时间内，合理分配涉海人力资本投资、涉海物质资本投资和政府财政投入等，可以将北部海洋经济圈四省市海洋经济发展之间的差距逐渐拉近。

（三）北部海洋经济圈海洋经济发展关联分析

北部海洋经济圈位于我国沿海地区最北部，包括天津市、河北省、辽宁省和山东省四个省市，本部分通过构建北部海洋经济圈与中国、美国、日本以及韩国的 VAR 模型，对其海洋经济发展外部关联性进行分析。

1. 北部海洋经济圈关联分析 VAR 模型建立

本部分用北部海洋经济圈海洋生产总值来评价各区域海洋经济发展状况，外部影响指标则选取中国、美国、日本与韩国的国内生产总值。样本数据区间为 1998 ~ 2014 年，其中，北部海洋经济圈海洋生产总值（Y）资料来源于《中国海洋统计年鉴》（1999 ~ 2015）、《中国海洋统计公报》（2015）；中国国内生产总值（X_1）资料来源于《中国统计年鉴2015》；韩国国内生产总值（X_2）、日本国内生产总值（X_3）和美国国内生产总值（X_4）资料来源于世界银行网站。

按照 AIC 和 SC 信息准则,可让滞后期 P 为 1。如图 7 所示,选择滞后 1 期建立 VAR 模型,结果显示其特征根均分布在单位圆内,这说明接下来的脉冲相应分析和方差分解可以用构建的 VAR 模型来分析。

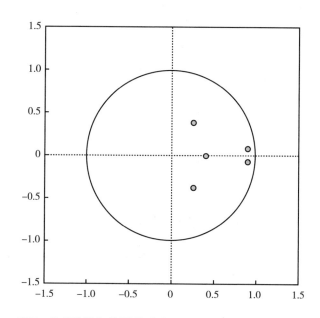

图7　北部海洋经济圈关联分析 VAR 模型稳定性检验

2. 北部海洋经济圈海洋经济发展关联响应分析

(1) 北部海洋经济圈与中国经济的关联响应。图 8 所显示的是北部海洋经济圈与中国宏观经济关联脉冲响应。该 VAR 模型脉冲响应图显示,中国宏观经济情况对北部海洋经济圈海洋经济的影响是持续的。在第 1 期给 X_1 一个负向冲击时,Y 的响应是持续的,其中第 9 期响应系数较大,响应程度随着期数的增大而逐渐减弱。这说明,中国宏观经济受外部冲击后,海洋经济发展在市场传递效应下间接被冲击,且这种冲击所带来的影响是持久的。

(2) 北部海洋经济圈与韩国经济的关联响应。图 9 所示的是北部海洋经济圈与韩国宏观经济关联脉冲响应。从图中可以看出,韩国宏观经济情况对北部海洋经济圈海洋经济发展影响较大。在第 1 期给 X_2 一个正向冲击时,其对 Y 的冲击是正向的,在第 5 期达到最大影响后开始依期减弱。由此可以看出,韩国经济发展所受到的外部冲击会间接影响到北部海洋经济圈,这种影响也是持久的。

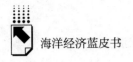
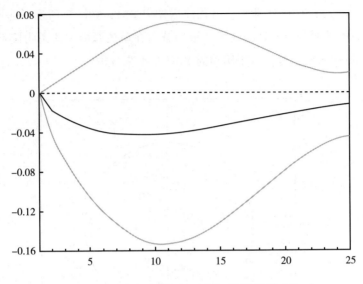

图8　北部海洋经济圈与中国经济的关联响应

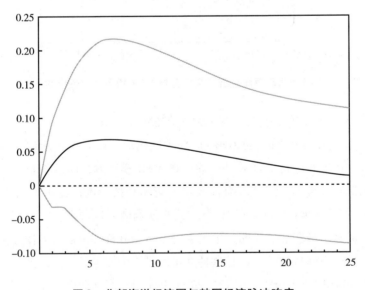

图9　北部海洋经济圈与韩国经济脉冲响应

（3）北部海洋经济圈与美国经济的关联响应。图 10 显示的是北部海洋经济圈与美国宏观经济的关联脉冲响应。由图所示，美国宏观经济情况对北部海洋经济圈海洋经济发展所带来的影响也是持久的。在第 1 期给 X_3 一个正向冲击，Y 开始逐渐增加，到第 7 期达到最大值后开始下降，直至接近 0。由此可知，美国经济发展所受到的外部冲击也会间接持久地影响到北部海洋经济圈的海洋经济。

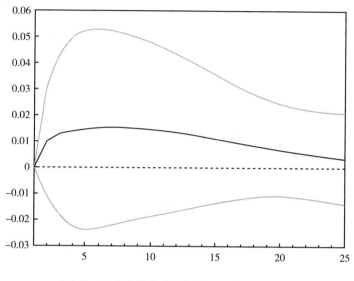

图 10　北部海洋经济圈与美国经济脉冲响应

（4）北部海洋经济圈与日本经济的关联响应。图 11 显示的是北部海洋经济圈与日本宏观经济的关联脉冲响应。该图显示，同样在第一期给 X_4 一个正向冲击，之后各期的 Y 值都很小。由此可知，日本宏观经济情况与北部海洋经济圈海洋经济发展的关联性较弱。

（四）北部海洋经济圈海洋经济发展因素方差分解

北部海洋经济圈海洋生产总值（Y）与中国、韩国、美国及日本国内生产总值（X_1、X_2、X_3、X_4）关联的 VAR 模型方差分解结果，如表 10 所示。除区域自身发展这一因素外，对北部海洋经济圈经济发展的影响最大的是韩国宏观经济，贡献率达到 23.42% 左右；中国宏观经济的影响则排在第二位，其贡献率达到 9.69% 左右；而美国和日本宏观经济对北部海洋经济圈海洋经济的贡献率分别只有 1.29% 和 0.27%，可见其影响之弱。

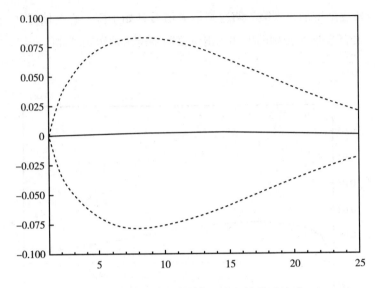

图 11　北部海洋经济圈与日本经济脉冲响应

表 10　北部海洋经济圈海洋经济发展因素方差分解

Period	S. E.	Y	X_1	X_2	X_3	X_4
1	0. 0990	100. 0000	0. 0000	0. 0000	0. 0000	0. 0000
2	0. 1468	93. 9971	1. 3481	4. 1993	0. 4543	0. 0012
3	0. 1914	86. 3872	2. 6350	10. 2451	0. 7300	0. 0026
4	0. 2323	80. 9965	3. 6325	14. 5233	0. 8439	0. 0039
5	0. 2685	77. 5009	4. 4991	17. 0848	0. 9099	0. 0053
6	0. 3003	75. 0447	5. 2966	18. 6841	0. 9674	0. 0072
7	0. 3282	73. 1466	6. 0253	19. 7968	1. 0219	0. 0095
8	0. 3527	71. 6015	6. 6776	20. 6378	1. 0712	0. 0118
9	0. 3740	70. 3195	7. 2539	21. 2981	1. 1143	0. 0142
10	0. 3923	69. 2483	7. 7601	21. 8237	1. 1514	0. 0165
11	0. 4080	68. 3494	8. 2035	22. 2452	1. 1832	0. 0186
12	0. 4213	67. 5921	8. 5910	22. 5857	1. 2106	0. 0206
13	0. 4325	66. 9527	8. 9285	22. 8622	1. 2342	0. 0224
14	0. 4418	66. 4129	9. 2210	23. 0876	1. 2543	0. 0241
15	0. 4495	65. 9580	9. 4734	23. 2715	1. 2715	0. 0255
16	0. 4558	65. 5759	9. 6898	23. 4213	1. 2861	0. 0268

三 北部海洋经济圈海洋经济发展形势分析

（一）北部海洋经济圈海洋经济发展战略分析

2014 年，在国家建设海洋强国和"21 世纪海上丝绸之路"的部署下，北部海洋经济圈海洋产业转型升级势头良好，海洋第三产业增加值增速明显提高。北部海洋经济圈海洋生产总值为 22288.9 亿元，占全国海洋生产总值的 36.7%，并且海洋经济总量远远高于其他海洋经济圈，北部海洋经济圈海洋经济发展的好坏，对全国海洋经济总量以及国内生产总值的影响很大，因此应该加快研究北部海洋圈海洋经济发展战略。

1. 多样化发展海洋产业

北部海洋经济圈海洋经济总体增速放缓，但海洋渔业、海洋油气业、交通运输业、滨海旅游业仍然是北部海洋经济圈海洋经济的支柱产业。滨海旅游业和海洋电力业实现快速增长，较 2013 年分别增长 23.4% 和 17.4%。北部海洋经济圈应该继续支持和发展这四大产业，在吸取借鉴国际先进发展经验的基础上，多样化发展海洋产业，提高北部海洋经济圈海洋经济抵抗风险的能力。

2. 促进海洋科技成果转化

2014 年北部海洋经济圈有海洋科研机构数 62 个，北部海洋经济圈海洋科学研究成果丰硕。应该采取激励措施把科研成果转化为生产力，一方面建立完善的海洋产业技术转让机制，加快科研成果落地，为陆地产业涉海打好基础；另一方面，要增加与私营企业的合作。

3. 综合整治海洋生态环境

北部海洋经济圈包括天津、河北、辽宁和山东四省市，人口和工厂众多，污染了北部海洋经济圈海洋环境，恶化了北部海洋经济圈的生产生活环境。需重视对北部海洋经济圈海洋环境的监测和治理，完善海洋环境监测系统和数据信息网络，以此加强对海洋环境的保护和恢复，综合整治海洋环境。

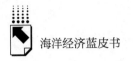

（二）北部海洋经济圈海洋经济发展形势展望

北部海洋经济圈海洋经济发展近年来总体向好，在国家政策和地方政府规划的支持下，四省市海洋经济未来具有良好的发展态势。

课题组分别运用灰色预测法、贝叶斯向量自回归模型、联立方程组模型、神经网络法、趋势外推法、指数平滑法对 2017 年和 2018 年北部海洋经济圈海洋经济发展情况进行预测，并根据组合预测法用 Lingo 软件编程得到的权重将六种预测结果加权成组合预测模型，组合预测结果如表 11 所示。

表 11　2017 年与 2018 年北部海洋经济圈海洋生产总值预测

单位：亿元，%

指标	2017 年		2018 年	
	预测区间	增速范围	预测区间	增速范围
北部海洋经济圈海洋生产总值	(26390,26472)	8.5～8.8	(28801,28875)	8.8～9.1

参考文献

邵帅：《香港对外贸易与就业水平的关系研究》，《国际经贸探索》2007 年第 12 期，第 28～31 页。

吴建銮、南士敬、浦小松：《福建省出口贸易与经济增长的协整分析》，《现代商业》2008 年第 21 期，第 149 页。

邱宇、吉启轩、章志：《江苏海洋经济发展存在的问题及对策研究》，《江苏科技信息》2013 年第 12 期，第 1～3、6 页。

周明华：《基于技术效率的粤闽鲁浙琼海洋产业发展机理研究》，《改革与战略》2015 年第 1 期，第 142～146 页。

郁鸿胜：《发达国家海洋战略对中国海洋发展的借鉴》，《中国发展》2013 年第 13（03）期，第 70～75 页。

张艳利：《广西海洋产业发展战略研究》，广西大学硕士学位论文，2012。

姜旭朝、王静：《美日欧最新海洋经济政策动向及其对中国的启示》，《中国渔业经济》2009 年第 2 期，第 22～28 页。

董夏、韩增林、关欣:《中国战略性海洋新兴产业发展趋势预测》,《云南地理环境研究》2012 年第 2 期,第 22 ~ 27 页。

国家统计局:《中国统计年鉴》,中国统计出版社,2015。

国家海洋局:《中国海洋统计年鉴》,海洋出版社,2015。

《中国船舶工业年鉴》,北京理工大学出版社,2015。

殷克东、方胜民、高金田:《中国海洋经济发展报告(2012)》,社会科学文献出版社,2012。

国际发展篇

International Development

B.13
美国海洋经济发展分析与展望

王芧萱　孙吉亭*

摘　要：　美国政府历来重视海洋发展战略及政策的制定和实施。受益于大陆经济的发达和丰富的海洋资源，其海洋经济得到迅速发展，美国由此逐渐成为海洋经济强国。本报告采用 NOEP 数据库中的 ENOW 来源数据，研究了美国海洋经济的主导产业和现状特点，在综合考虑发展环境与限制因素的情况下，对美国海洋经济发展趋势做出展望。本报告认为，美国政府应继续加大海洋第三产业的投资力度，扶持传统海洋第二产业，同时推动海洋新兴产业的发展。

关键词：　美国海洋经济　主导产业　发展规模

---

* 王芧萱，山东省海洋经济文化研究院副研究员，研究方向为海洋文化；孙吉亭，山东省海洋经济文化研究院研究员，研究方向为海洋经济。

一　美国海洋经济发展现状分析

（一）　美国海洋经济发展环境分析

1. 经济环境

美国是世界排名第一的经济大国，也是经济强国。南北战争之后，美国工业得到迅猛发展。19 世纪后半期，工业比重逐渐上升，农业比重不断下降，直至20 世纪初，美国逐渐从农业国向工业国转变，尤其是重工业，发展较为迅猛，不仅成为美国重要的支柱产业，而且为相关产业的发展提供了保障。

第一次世界大战之前，世界工业总产值的 38% 是由美国贡献的。第一次世界大战期间，美国与交战国的军火生意盈利 380 亿美元，给美国带来了巨大的发展机遇。战后，欧洲大多数国家遭受了惨重损失，只有美国损失较小，经济得到较快恢复。1945 年美国控制了世界上近一半的石油和铜矿，从而加快了其经济的复苏和资源积累。美国逐渐拥有了巨大的经济实力，为二战后其跨越大洋领跑全球经济及军事政策的制定和实施奠定了坚实基础。

2. 社会环境

19 世纪末以来，美国一直主张"海权论"，不断壮大海军队伍。马汉"海权论"观点的提出扭转了美国从建国初到 19 世纪末奉行的大陆思维观念，引起了美国对海洋的关注，影响了国家涉海法律制度、外交政策以及美国民众海洋意识的培养，也改变了整个美国的命运。尽管马汉的"海权论"是一种海洋发展战略理论，却也具有丰富的文化底蕴。他将这种民族对海洋的重视看作影响国家发展海权的因素之一，也归结为国家民族文化的一部分。至今"海权论"作为美国海洋文化的一部分，仍然对美国的海洋发展战略有着深远影响。

（1）美国海洋资源文化

美国的发展历史是不断扩张的历史，通过不断购买及武力扩张领土面积，使陆地资源不断增加。除此之外，美国重视海洋发展，不断进行圈海运动，扩张国家海洋领土面积，获取丰富的海洋空间资源，发展至今已演变成美国的基本国策之一。美国还为保卫海洋领土，不断壮大海军队伍。在保护自身海洋疆土的基础上，加快海外殖民地的建立，为本国海洋的发展获取更多资源。

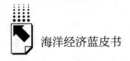
美国在扩张海洋领土的同时，也关注海洋生态的可持续发展以及资源的科学开采，并逐渐形成了重视海洋资源保护和科学利用的文化。以渔业为例，随着人们生活水平的不断提高，美国传统的渔业资源日渐枯竭，海洋捕捞也越来越难满足人们对海产品的需求。海水养殖业的兴起虽为供需矛盾提供了解决途径，但解决不了根本问题。在此背景下，新兴的海洋产业——海洋休闲渔业迅速发展起来。到目前为止，美国已经有了一套完善的体系与服务系统，无论是垂钓工具和饲料的供应，还是垂钓场所以及娱乐设施的建立，已经形成一条龙服务体系。游钓在满足旅客休闲垂钓乐趣的同时，也潜移默化地提高了人们对渔业资源保护的自觉性，国家获得盈利的同时，还可加强对渔业资源的养护，保证海洋渔业的可持续发展。

（2）美国海运文化

美国海洋资源丰富，拥有强大的海上运输能力和造船技术。独立战争时期英国有1/3的船只建造在美国完成。在船舶制造方面，以前大多采用人力和风力作为船舶的主要推进动力，而美国首次应用蒸汽机，减轻了天气因素给水手的操作和船只的正常运行带来的不便，也影响了之后船舶动力的发展。1807年8月，作为美国第一艘蒸汽机轮船，"克莱蒙脱"号在美国下水航行并取得了成功。自此之后船舶开始以蒸汽机为推动力，为海洋航行的发展奠定了科学基础。1817年美国设立的轮船服务，大大提高了航运业的专业水平。美国南北战争期间，欧洲的航运业如火如荼地进行着，英国汽船首次横渡大西洋，航运业迅速崛起，美国逐渐意识到自身航运业所面临的问题以及与别国的差距，成立了海运理事会专门负责管理海运业，调整海事政策，并逐渐恢复了航运强国的地位。第二次世界大战后，美国海运业得到迅速发展，排名世界第一。伴随经济的发展和国家间联系的紧密，美国航运业结合自身的优势，在国民经济中发挥越来越重要的作用。美国外贸通行95%的货物通过港口运输，海洋已逐渐成为美国通向世界各地的"高速公路"，航运业发展十分迅速。美国还根据时代的发展调整航运政策，打击海上犯罪和反恐势力，重视港口安全。此外，美国高度重视航运业对国家海洋环境的影响，并逐渐形成了一种多层次的航运文化，既推进国家航运的发展，又重视海洋安全和海洋环境保护。

（3）海洋环境文化

沿海州县是美国经济较为发达的地区，人口密度大，原本沿海开发活动就给海洋环境带来巨大压力，再加上旅游高峰期国内外游客的涌入，大大加重了沿海州县的环境承载力。美国沿海各州的当局也逐渐认识到问题的严重性，制定了相关的政策和措施，尽量减少经济活动对海洋环境及生态系统的不利影响。

（4）海洋教育文化

2003 年，美国发布了《美国活力的海洋》，提出了海洋教育的积极作用，并提议将海洋相关知识纳入学校的教学中，建立浓厚的海洋文化氛围。2004 年，《21 世纪海洋蓝皮书》出版，深入探讨了海洋教育的地位和作用，这对于增强民众的海洋意识、进一步培育海洋科技人才、发展海洋事业等意义重大。此外，美国相关学者还对海洋文化进行为期两周的专门研究，这为后续海洋文化的研究奠定了重要基础，也为海洋教育走进课堂做好铺垫，为海洋文化在全国的传播指明了方向。

3. 海洋政策和法律环境

三面环海的地理位置成就了美国如今海洋强国的地位。国家海洋发展战略的制定和实施发展规划层面，建立海洋管理制度等政治层面，或是海洋各产业的发展和与生态环境的协调等经济与环境层面，都体现了美国海洋经济的全方位发展。

为了获取与占有更多的海洋资源，1945 年，杜鲁门宣布对美国海岸的大陆架拥有管辖权。1961 年，甘乃迪总统高度强调海洋的重要性，提出美国应将海洋放到国家发展战略的重要位置。

海洋霸权是美国海洋发展的战略之一。1966，美国国会通过了《海洋资源与工程发展法案》，设立了海洋科学、工程和资源总统委员会，并对美国海洋发展过程中出现的问题给予政策和法律支持，并集结相关专家组提交了《我们的国家和海洋》研究报告，指导美国系列海洋政策的出台与实施。

20 世纪 70 年代，美国开始研究海洋经济的相关基础理论。1974 年，首次提出了"海洋 GDP"的理论与核算方法，并将与海洋有关的一系列统计指标和内容做了明确规定，进行海洋经济的分类和统计。1999 年，"国家海洋经济计划"由国家海洋经济计划国家咨询委员会正式启动，收集各年海洋经济和沿海经济的相关信息，确定海洋经济对美国的贡献程度。

2000 年以来，世界各国对于海洋的探索不断加深，对海洋的重视程度也越来越高，美国也推出各项法令与规划促进海洋相关领域的发展。2000 年 8

月，美国国会通过了《海洋法令》，该法案要求对海洋相关内容进行评估与报告。2004年，美国还推出了《21世纪海洋蓝图》，规划了21世纪美国海洋事业和发展。

2006年，《美国未来十年海洋科学优先研究计划和实施战略》由美国海洋科学委员会提出实施，这为海洋科技发展指明了方向。战略中美国计划在未来的十年将优先开发20个发展研究和4个重点研究领域，主要集中在海洋预报、海洋观测能力等方面。这一计划的实施促进了美国海洋发展向科技方面的转变，加快了美国向海洋强国迈进的步伐。

2007年，《海洋永久优先计划和实施战略》的制定有利于保护美国的海洋经济和工业发展。奥巴马上任后也着力制定更加系统的海洋相关政策，2010年7月19日，推出系列管理海洋和海岸带的国家政策。相关措施不仅对保护海洋以及海洋生态系统做出积极贡献，而且确保海洋发展问题纳入决策议程，成为各国关注的核心问题之一，进而加快了美国海洋发展的进程。

美国近几年还加强了对金融政策的投入。2009年，美国向国家海洋和大气管理局划拨了41亿美元，以促进海洋领域的技术研究。这为海洋发展提供了资金保障，改善了海洋科研设施，并培养了海洋人才，为海洋科技的进步带来新动力，有利于进一步收集完整的海洋信息，促进海洋科技发展的良性循环。

4. 海洋资源与技术环境

（1）海洋资源

1983年专属经济区确认之后，美国领土面积大大增加，自然资源也更加丰富，但当时并没有得到很好的管理，海岸带创造的巨大社会和经济价值一直不为国民所知。美国大陆经济发达虽然远离海洋，但它的经济活动与海岸密切相关。美国近80%的双边贸易是通过海港进行的，50%以上的人口和经济活动都在沿海州县，这为海岸带海洋经济的发展奠定了基础，同时也为整个国家经济的发展贡献了力量。

美国三面环海，是一个渔业资源丰富的国家，位于纽芬兰岛的拉布拉多寒流和墨西哥暖流在纽芬兰岛渔场融合，是世界"四大渔场"之一，渔业生产对地区和国家发展贡献很大。

此外，美国的海洋油气资源十分丰富。2004年，美国墨西哥湾部分地区已发现油气田5000多处，天然气资源9万亿立方米，可采石油储量98亿吨，为美国油气业的发展提供了资源保障。

（2）技术环境

①海洋科学研究

美国非常注重海洋科技发展，凭借雄厚的科技实力，助推海洋科技走在世界前列。1950 以来美国出台了一系列的战略规划，如《全球海洋科学》、《21世纪海洋蓝图》及《美国海洋行动计划》等。这些战略规划为海洋科学技术发展提供了政策保障，促进了海洋事业的繁荣发展。

随着美国政府对海洋科学研究资金的长期投入和政策支持力度的加大，一批由美国发起的国际大型研究项目逐渐展开。例如，1985 年，由美国国家科学基金会主持的国际研究计划，探讨了海洋地壳和海底高原的形成规律，在相关领域取得了重大突破。1985 年，由世界气象组织和国家科学联盟理事会推出的热带海洋和全球大气计划（TOGA：1985～1994），探讨了西太平洋暖池的形成过程和引起的大气对流；1990 年，由政府间海洋学委员会以及海洋研究科学委员会实施的世界大洋环流实验（WOCE：1990～2002），对海洋环流的模式进行改进，促进气候模拟和海气耦合模型的建立。这两大实验加速了美国海洋科学的研究进程。

2003 年 10 月，由美、日发起实施的"国际综合大洋钻探计划（IO－DP）"，深入大洋壳，探寻地震的机理，并了解了深部生物圈和天然气水合物，以及气候的急剧变化经过，这些为地球相关科学的深入研究做出了积极贡献，并在深海未开发资源的进一步勘探、海洋环境与地震灾害的预测等方面奠定了坚实的基础。

②海洋探测技术

目前许多国家的研究都致力于发展海陆空三位一体的海洋探测系统。美国研发的"综合海洋观测系统"（IOOS）主旨是建设能够快速和系统地获取和发布海洋、海岸带和五大湖的数据及数据产品的先进海洋观测系统。它是政府间全球地球观测系统（GEOSS）的构成部分。

美国拥有世界上最大、最先进的海洋科学考察船队。其中伍兹霍尔海洋研究所的海洋科学考察船，包括 Atlantis 号、Neil Armstrong 号和 Tioga 号等，都可以执行远洋考察任务和各项综合任务。

美国有多个海洋卫星。TOPEX/Poseidon 海洋地形观测卫星于 1992 年与法国合作发射，可监测大洋环流和极地海冰等情况。

美国拥有先进的潜水技术，早在 1990 年已成功研发了两个无人无缆潜水器"UUV"，还有世界上第一艘载人潜水器——"阿尔文"。2002 年伍兹霍尔研究所研制开发了新一代"杰逊潜水器 2 号"，可以探测海底 6500 米深的海域，深潜器已成为美国进深海勘探和海洋资源开发的关键工具。同时，近年来美国的海洋声层析技术，ADCP 测量技术和侧扫声呐技术等也有了巨大的进步，研究方向集中在远程声援传播的高精度测量和实时传输技术的水下生成像系统研究，可为经济发展和军事防卫提供支撑。

③海洋资源开发技术

美国在海洋资源开发方面具有独特技术，特别是海洋油气、矿产等领域。美国是世界上拥有最先进的深海油气资源开发技术的国家，例如水下完井、浮式生产系统。此外，油气资源开发的泵系统和自动加压精密焊接系统等先进技术方面也有较好的发展。

美国深海矿物主要为锰结核和海底热液矿床。美国在锰结核的发展领先于世界水平，拥有熟练的技术工艺，主要是利用流体提升采矿技术，同时还拥有水下机器人采矿技术和拖网采集技术。

美国也很擅长合理地使用海洋空间。在沿海的 3200 余个船舶抛锚地以及190 多个港口，建立起全长 2.4 万千米的海底光缆，其中向西直达英国，向东可连接日本，跨越地中海、红海两大海，穿越了印度和太平洋两大洋，沿途经过欧洲、非洲和亚洲的 15 个国家。除此之外，美国在建造海底军事基地方面也处于世界领先地位。它建造了可以容纳数千人的海底军事隧道和浅海基地，在加利福尼亚建有核武器试验场，在佛罗里达州东南海域的迈阿密海底，建有"大西洋水下试验和评估中心"，可供潜水艇以及水下武器进行试验。

（二）美国海洋经济发展规模分析

美国海洋经济的概念来源于海洋（或五大湖）作为对经济活动的直接或间接投入。这部分主要包括对行业的定义（例如深海货运），部分由地理位置定义（例如沿海城市的一家酒店）。因此，美国海洋经济包括以下任何一个机构：（1）定义里明确将生产活动与海洋联系起来的行业；（2）位于与海洋部分相关且位于岸边相邻邮政编码中的行业。

表 1 列出了 2014 年美国海洋经济各产业发展情况。2014 年美国海洋经济增

加值为 3517.75 亿美元,占当年各产业增加值的 2.02%。其中海洋矿业贡献最大,总产值位居美国六大海洋产业之首,创造 GDP 1521.60 亿美元,占海洋经济总产量增加值的 43.25%,海洋旅游与休闲娱乐业是美国的第二大海洋产业,共创造增加值 1073.19 亿美元,对海洋经济 GDP 的贡献率为 30.51%,海洋交通运输业位居第三,增长 626.36 亿美元,占美国海洋经济总产量的 17.81%。2014 年美国海洋经济共提供了约 308 万个就业岗位,海洋旅游与休闲娱乐业贡献率最大,约 221.63 万,占就业岗位总数的 72.05%,其次为海洋交通运输业,约42.82 万,占就业总数的 13.92%。而创造增加值最多的海洋矿业,仅仅贡献了约 17.05 万个就业机会,占海洋经济创造总就业的 5.54%,占产出贡献率的比例不足 1/8,其他产业也大同小异。可见,就业和产出贡献率在美国海洋经济六大产业中有较大差异。同时,由表 1 可看出,2014 年美国海洋经济共创造产业活动单位数 148944 个,其中海洋旅游和休闲业的贡献最大,以 122994 的总量占总数的 82.58%。综上可以得出结论:美国海洋经济的总就业主要由海洋服务业即海洋旅游与休闲娱乐业所创造,这也是美国海洋经济发展最重要的特征之一。

表 1 2014 年美国海洋经济状况

项目	产业活动单位数(个)	就业(个)	工资(亿美元)	GOP(亿美元)
海洋生物资源	6036	61518	24.73	73.99
海洋建筑业	3023	42951	29.44	56.74
海洋交通运输业	9929	428156	307.85	626.36
海洋矿业	5227	170493	249.67	1521.60
船舶和舟艇建造业	1735	156550	103.12	165.87
海洋旅游和休闲娱乐业	122994	2216301	511.58	1073.19
合计	148944	3075969	1226.40	3517.75

资料来源:美国 NOEP 数据库。

表 2 美国 2010 年和 2014 年海洋经济 GDP 及美国 GDP

单位:个,十亿美元

工业	就业			增加值		
	2010	2014	年平均变化值	2010	2014	年平均变化值
海洋经济总产业部门	2738948	3076033	3.08%	260.59	304.41	4.21%

注:海洋经济总产业部门包括海洋生物资源、海洋建筑业,海洋交通运输业,海洋矿业,船舶和舟艇建造业,海洋旅游和休闲娱乐业六个产业部门。

资料来源:美国 NOEP 数据库。

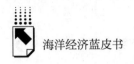

（三）美国海洋经济产业结构分析

美国在海洋经济计划中，为了保证与海洋经济活动相关数据的连续性和可获得性，在前期相关基本理论和概念研究的基础上，按照北美产业分类体系（NAICS）的六位码进行归类，并制定了海洋产业的选取原则。

一是从产业和地理角度综合确定。某些产业由于在其发展过程中利用了海洋，所以被包含在海洋经济的范围内，其他产业则要根据其具体所处的地理位置，以及其对海洋经济的贡献率来决定是否属于海洋经济范畴。

二是采用的数据应具有时间和空间的一致性。不仅能运用所取得数据了解具体国家海洋经济的发展规模，而且便于将海洋经济与其他经济做比较，了解其具体的产业构成，为研究海洋经济随时间的变化提供有用的信息。由于部分海洋产业数据不准确，很难从海洋经济大类中剥离，以及劳工部缺失对县级及以下行业数据的统计，所以主要采用的数据均为比较高层次的总计数据，而不是各层次的总计数据。

根据以上的说明，美国将海洋经济划分为六大部门，分别为海洋建筑业、海洋生物资源业、海洋矿业、海洋船舶修造业、海洋旅游与休闲娱乐业、海洋交通运输业（见表3）。

表3　美国海洋产业结构与类别

涉海部门	海洋产业	涉海部门	海洋产业
海洋建筑业	海洋工程建筑	海洋旅游与休闲娱乐业	酒店住宿
海洋生物资源业	海水养殖		游艇码头
	捕捞		休闲车船停靠和营地
	海产品交易		水上观光
	海产品加工		运动商品零售
海洋矿业	沙石开采		动物园、水族馆
	油气开采、加工	海洋交通运输业	远洋货物运输
海洋船舶修造业	游艇制造与维修		海洋旅客运输
	轮船制造与维修		海洋运输服务
海洋旅游与休闲娱乐业	休闲娱乐服务		搜救与航海设备制造
	船舶经销商		仓储业
	餐饮		

资料来源：《美国海洋和海岸带经济状况》（2014）。

（四）美国海洋经济发展影响因素分析

1. 人口因素

人口是影响美国海岸带经济的重要因素之一。人口的增加一定程度上会促进海洋经济的繁荣，但目前在美国人口正在由沿海向大陆转移，且不同的海岸带人口增长速度不同，一般来说内陆地区人口增长速率高于沿岸地区，因为相比大陆内部，近岸地区房产开发项目少，且普遍价位较高。因此在一些近岸县内，人口增长的压力会较大，海岸线附近人口密度较小。而人口的减少会对海岸区经济发展造成直接影响。

2. 土地因素

近岸地区经济增长主要依靠转变土地的利用方式，即将大量的未开发土地开发成商住区。而随着人口向内陆的流动，商业用地开发带来的土地转化速度已经远远超过人口增长速度，少了沿海带地区生境这道屏障，土地面积的大量减少会加重面源污染以及风暴水径流等自然灾害，而这些问题直接制约了海洋经济的健康发展。

3. 基础设施建设

为了满足沿海地区居民以及众多游客住宿、餐饮、交通等方面的需求，沿海地区州政府和社区大都加快基础交通设施以及商业设施的规划和建设。例如，人口仅为100万的缅因州，到了夏季旅游高峰时期人口高达700万。为了有能力输送正常工作的原住居民和季节性旅客，沿海州必须在保持原有社区环境特征的基础上，制定最佳的政策。

4. 产业结构因素

虽然海洋旅游和休闲业在美国海洋经济发展中占据非常重要的位置，甚至对传统的海洋渔业、船舶制造业造成一定的冲击，但是对于各沿海地区来讲，其他海洋产业仍然很重要的，不能完全忽略。在这种情况下，海洋经济内部结构的合理调整和发展成为海洋经济保持可持续发展的重要议题。

以海洋渔业为例，在未来的发展中，社会对海洋渔业的依赖程度会越来越小，整个海洋渔业将面临较大的挑战。虽然水产养殖可以部分解决相关问题，但是如果海洋渔业迅速萎缩，势必还会影响海洋经济中其他产业的发展以及相关产业的就业情况，如水产加工、船舶制造等。因此，美国必须要加快海洋渔

业等传统行业的产业转型，促进其与其他优势产业的融合，促进海洋经济产业的多元化发展。

5. 数据管理

对海洋以及海岸带经济的研究必须有数据支持。目前美国虽然已经启动了"国家海洋经济计划"（NOEP），并建立了数据库，但由于某些海洋产业数据难以搜集以及难以剥离，数据库只包含了六大海洋经济产业的信息。因此有必要加大对数据开发的投资，加快对一些新兴产业及交叉产业的数据统计与研究，提高政府职能和社会资本的效率，为今后美国海洋经济的研究以及政策的制定提供数据支持，并提高相关规划的可行性。

二 美国主导海洋产业发展分析

美国作为世界上领土面积排名第四的国家，拥有丰富的自然资源——总长 22680 公里的海岸线，1400 万平方公里的海域面积以及全球面积最大的专属经济区。在美国经济中，海岸地区带来的 GDP 增加值占 80%，其中有40% 以上受到了海岸线的带动，而大陆内部只贡献了 8%，国家的经济、安全、环境，以及人们的衣食住行方方面面都明显地受到海岸带和海洋开发活动的影响，因此美国格外注重海洋的发展与强大。根据美国 NOEP 官方网站数据，2014 年美国海洋经济共提供了 300 万以上的就业岗位。但具体海洋产业对就业的贡献和对 GDP 的贡献差别较大。例如，海洋旅游与休闲娱乐业是最大的海洋产业，其创造了近 220 万个就业岗位，占就业总数的 72.05%，而对 GDP 的贡献则是其他产业占大头。如美国拥有丰富的海上石油资源，享有先进的开采技术，特朗普上台后更是开启了把离岸区域开放给创造就业的能源勘探活动的进程，不仅逐渐实现了美国海洋能源独立，而且创造了大量就业。

本部分主要选取美国海洋矿业、海洋交通运输业以及海洋旅游与休闲娱乐业三大主导产业进行分析。

（一）美国海洋矿业发展分析

作为美国海洋经济主导产业之一，美国海洋矿业产量丰富。单墨西哥湾的两个油气勘探生产区就可为美国提供大约25%的原油产量以及15%的天然气产量。

美国海洋经济中的矿产业包括联邦政府和州政府管辖海域范围内的石灰石、沙砾产业和油气勘探产业。2014年，美国海洋矿业生产总值高达1152.6亿美元，创造17.05万个就业机会，是美国海洋经济中规模最大的产业之一，人均国内生产总值和工资均居六大产业之首。

表4　2014年美国海洋经济产业增加值占比

单位：%

涉海部门	海洋生物资源	海洋建筑业	海洋交通运输业	海洋矿业	船舶和舟艇建造业	海洋旅游和休闲业
增加值占比	2.10	1.61	17.81	43.25	4.72	30.51

资料来源：根据美国NOEP网站计算整理。

在美国海洋矿业发展中长期占据主导地位的是海洋油气勘探开发。2014年，其增加值和就业分别占海洋矿业的98.58%和96.44%，海洋矿业中的石灰石、砂子和砾石开采，发展之路较油气勘探开发艰难，因为建筑原材料受外界因素影响程度大，例如海岸天气、雨水侵蚀以及全美乃至全球建筑业发展形势。因此，石灰石、砂子及砾石开采产业在2013年持续疲软，在其产出微升的形势下就业出现下滑。另外，海洋油气业在四年内呈现较大增长，增加了近32000个工作岗位（年均增长6%），产出增长近240亿美元（年均增长6.5%），其在就业和GDP方面的增长主要受到经济复苏背景下油气价格回升的影响。2009~2014年，原油价格由61.95美元/桶上升到97.98美元/桶（上涨58%），其价格上涨弥补了1180亿（18.7%）的产量下降，同时促进新的勘探技术和提高产量的技术研发。更为重要的是，该产业由石油而非天然气主导，天然气生产在产量和就业增长方面贡献微小，资料显示，海洋天然气产量下降超过1万亿方。

据OECI数据库数据，2013~2014年，采矿业表现持续强劲，带领海洋经济增长，2010~2013年，尽管天然气产量持续下降（15.2%），海洋石油产量持续上升（9.7%），但2013~2014年，这种增长伴随油价小幅回调（5%）。

表5   2010 年、2014 年海洋采矿业增加值

单位：十亿美元，%

产业	就业				增加值			
	2010	2014	变化量	年平均变化率	2010	2014	变化量	年平均变化率
海洋采矿业	138833	170493	31660	5.7	91.23	115.40	24.17	6.63
石灰石、沙子、砾石开采	6295	6073	－222	0.88	1.44	1.64	0.2	3.50
油气勘探与开发	132537	164420	31883	6.02	89.78	113.76	23.98	6.68

资料来源：美国 NOEP 数据库。

表6   2007～2013 年美国海洋石油产量

单位：百万桶，%

年份	2007	2008	2009	2010	2011	2012	2013	2014
海洋石油总产量	609.2	552.02	640.02	634.4	543.34	522.74	520.5	573.63
石油总产量	1848.45	1811.82	1954.24	1998.58	2057.61	2370.11	2720.78	3182.58
海洋石油产量占比	32.96	30.47	32.75	31.74	26.41	22.06	19.13	18.02
变化率	－1.40%	－7.60%	7.50%	－3.10%	－16.80%	－16.50%	－13.30%	－5.80%

资料来源：美国 NOEP 数据库。

（二）美国海洋交通运输业发展分析

漫长的海岸线和广袤的海域面积为海上交通提供了便利，美国本土有将近95%的海外双边贸易总量和37%的增加值通过海上运输完成。丰富的客运和频繁的进出口业务也大大促进了海洋交通运输业的发展。

海洋运输业不仅满足了货物的运输，还实现了跨五大湖及跨海人员的运输。货运及客运直接提供运输服务，而运输服务及仓储服务又反过来促进运输业发展。搜救与航海设备是一个可以为海洋交通运输提供信息和交流技术的制造板块。在就业方面，整个行业在 2010～2014 年略有起伏，但一直保持增长趋势，且稳定在 3% 左右，其中 2014 年增长率为 2.49%，较 2013 年的2.99% 相比略有下降。GDP 虽一直在增长，但增长率却逐年下降，其中 2012年增长率最高，达到 8.65%，而 2014 年较上年相比却跌至 0.07%。然而，有两个明显的发展趋势弥补了该板块平平的表现。包含服务的货运及客运行业增加了9800个工作岗位（年均增长1%），产出增长了29亿美元（年均3%）。与此同时，搜救与航海设备行业尽管产出增加了1%，却减少了12000个工作岗位（约6.5%）。综上所述，2010～2014年海洋交通运输业总体上表现积极。

美国港口货运量在2010～2014年小幅增加。出口是出货价值增加的主要来源，并且出货总量增加的部分全部出口。散装货物则在进口上减少，2010～2014年，下降了28%，这一下降主要是由于石油进口量的大幅下降。

OECI数据库数据显示，交通运输业在2013～2014年表现轻微增长，货运和客运指数的增长稳定，交通服务业和仓储业指数增长高于货运产业，搜救与航海设备产业下行趋势未变。

表7 2010年、2014年美国海洋交通运输业增加值

单位：十亿美元，%

工业	就业				GDP			
	2010	2014	变化量	年平均变化率	2010	2014	变化量	年平均变化率
海洋运输业总量	423986	428156	4170	0.23	56.77	64.56	7.79	3.43
深海货物运输	21458	23252	1794	2.09	5.90	7.80	1.01	8.10
海上乘客运输	16962	18061	1099	0.83	3.17	4.49	1.32	10.43
海洋运输服务业	89591	98100	8509	2.38	9.72	9.71	-0.01	-0.03
搜救与航海设备	116707	101651	-15056	-3.23	23.69	25.85	2.16	2.28
仓储	179266	187092	7826	1.09	14.29	16.70	2.41	4.23

资料来源：美国NOEP数据库。

表8 2010年、2014美国海洋船运情况

项目	运出重量（百万吨）			货运价值（十亿美元）		
	2010	2014	年平均变化值（%）	2010	2014	年平均变化值（%）
进口量	971.8	894.3	-2.00	1493.9	1682.9	3.20
出口量	675.5	768.9	3.50	642.7	769.4	4.90
总计	1647.2	1663.2	0.20	2136.6	2452.3	3.70
容量/卸货量	1400.6	1398.1	0.00	1381.2	1085.1	-5.40
集装箱	246.7	284.8	3.90	755.4	886.3	4.30

资料来源：美国NOEP数据库。

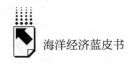
（三）美国海洋旅游与休闲娱乐业发展分析

美国的海洋旅游与休闲娱乐业一直保持世界领先水平，并且受到美国政策的大力支持。美国人在旅游休闲娱乐项目上的消费位居世界第一，每年有将近1/3的人口到滨海旅游，从事休闲垂钓活动的人数将近1100万人，除此之外大约4700万人参加游艇和相关海上旅游活动，全国有私人游艇1600万艘。为了保障游艇的后期修缮，提供必要的庇护场所，美国修建了数千个系船池，还在沿海建立了许多海洋公园等大型户外游乐景点，里面设有潜水、海洋动物表演、水上漂流等许多休闲项目供游客游玩，在满足旅客需要的同时，还为美国海洋旅游业带来了巨大的经济效益。

近年来，美国海洋旅游与休闲娱乐业一直保持稳定增长。尽管2008～2010年，美国经济曾遭遇衰退，但在所有沿海州的海岸带经济统计中，美国海洋旅游休闲娱乐业的就业和GDP均呈增长态势，受影响程度不大，综合就业和产出分别保持 - 1.74% 与 - 4.39% 的增长率。因为美国海岸的发展一直以来都以旅游开发为主，很多地区经过一个世纪的发展，海岸带资源已经得到较为合理充分的开发与利用，像佛罗里达州和墨西哥湾沿岸地区发展了也将近半个世纪，其他地区像北卡罗来纳州（达勒县），其发展时间虽然较短，但为了满足日益增加的客户需求，也开始利用自身的资源禀赋，提高资源利用密度，打造旅游岸段，带动沿海海岸带经济的发展。

美国海洋旅游与休闲娱乐业有九个娱乐行业，其中餐饮场所和酒店业所占的比重最大，2014年合计占总行业从业人数的93.96%，占GDP的91.94%。其他行业中旅游服务业和码头业紧随其后，合计占总就业的4%和GDP的4%。酒店和餐馆都得到快速增长，其他行业如造船业等增长也很迅速。

总体来看，该产业在2010～2014年表现出稳固增长趋势，就业平均增长3.74%，GDP平均增长3.81%，领头板块是餐馆及其他餐饮场所和酒店，在风景旅游、游艇停靠区及属于休闲娱乐范畴的活动方面也有较高的年均增长。但运动物品销售业及动物园、水族馆观光领域的就业和产出都出现负增长。经济衰退期间最脆弱的是游艇销售板块，2010～2014年尽管在就业方面贡献不大，但产出增长日趋平稳。

表9　2010年、2014年美国旅游休闲业增加值

单位：十亿美元，%

工业	就业				GDP			
	2010	2014	变化量	年平均变化值	2010	2014	变化量	年平均变化值
旅游娱乐业业总量	1928141	2216301	288160	3.74	84.96	97.90	12.94	3.81
旅游服务业	47102	59967	12865	6.83	1.95	2.55	0.6	7.72
船舶销售	12531	12828	297	0.59	1.01	1.12	0.11	2.76
餐饮场所	1433207	1669122	235915	4.12	49.47	56.49	7.02	3.55
酒店业	378448	413328	34880	2.305	28.54	33.52	4.98	4.365
码头	18007	20133	2126	2.95	1.13	1.33	0.2	4.31
休闲公园和营地	5816	6084	268	1.15	0.32	0.35	0.02	2.36
水上观光	8947	10108	1161	3.25	0.41	0.43	0.02	1.00
运动物品销售	4774	4770	-4	-0.02	0.69	0.62	-0.07	-2.43
动物园、水族馆	19304	19963	659	0.85	1.45	1.50	0.05	-0.90

数据来源：美国NOEP数据库。

三　美国海洋经济发展形势分析

（一）　美国海洋经济发展战略分析

在美国的六大海洋经济产业中，海洋旅游与休闲娱乐业、海洋矿气业、海洋交通运输业是三大支柱产业。这是由美国海洋资源禀赋特点与历史发展特点共同决定的。美国海洋经济主要以第三产业为主，因此应该加大相关产业投资力度。第二产业受经济衰退影响较大、恢复慢，本身制造业在海洋经济中占比不大，却具有雄厚的技术实力和科技基础，经济附加值高。例如，军舰作为美国船舶制造业最主要的产品之一，其相关技术是美国造船业的核心竞争力，也是该产业重要的技术优势之一。因此，应得到美国政府重视，扶持传统海洋第二产业同时推动海洋新兴产业的发展。

美国沿海州地区的海岸带经济独树一帜，各具特色。墨西哥湾地区有富足的油气资源，应以海洋油气开采为核心，形成集海洋矿产、建筑、制造一体式产业链；大西洋中部地区、西部沿海地区则发挥优越的地理优势，以港口为核

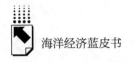

心发展海洋交通运输、造船、建筑产业；阿拉斯加和夏威夷洲独特的地理位置形成了独特的文化，旅游业无疑是主导产业，发展势头强劲，在今后发展过程中应多注重各州经济的合作互通，共同带动美国海洋经济产业的共同繁荣。

（二）美国海洋经济发展形势展望

1.完善国家海洋经济的统计数据与规划

随着美国海洋经济各产业的有机结合和协调发展，许多新兴海洋产业应运而生，例如海洋休闲渔业。其带动美国海洋经济发展的同时，也为数据的采集和处理增加了难度。目前国家海洋经济计划（NOEP）只包含了六大海洋产业，新兴产业以及其他的交叉产业均未囊括其中。过去的十几年捕捞渔业发生了巨大的变化，但由于数据难剥离，就业以及GDP贡献均未得到很好的统计。海洋经济大大促进了房地产行业的繁荣，带来了巨大的税收，这些数据也只能通过零星的报道才能收集，没有准确的信息来源。除此之外，沿海地区为了发展相关地区的娱乐业建造了大量娱乐设施，这些设施创造的经济价值也没有被计算在内。

相关统计数据的缺乏，为海洋管理者以及研究者的后续研究带来了困难。美国主要经济数据由联邦政府提供资金扶持并统筹指导，海洋经济相关数据的收集也主要按照上述方法，同时联邦政府负责制定相关具体政策的方向和费用。各州负责具体数据的收集、核算与方法的改进等。因此，各州的相关部门和海洋资源机构必须重视海洋经济数据统计工作，加强与联邦政府的协商合作，完善数据的统计和数据库的建立，保障各产业有序发展。

2.重视非市场价值

对于海洋、海岸带和其他自然资源的非市场价值多年的研究结果表明，非市场价值的规模普遍都大到不容忽视的程度。但目前对于非市场价值评估的研究只停留在具体方法、地理范围和研究类型等比较初级的阶段。NOEP和美国环保署（EPA）国家环境经济中心的非市场价值数据库的文献资料对这类数据进行了有效管理，并提供了一种获取的途径，但仍然要进一步加强对非市场价值研究的认识和获取相关资料的能力。

第一，在条件允许的情况下建立时间序列数据库。美国许多地区在过去几年的时间里都进行时间序列研究，如佛罗里达州和加利福尼亚州的海滩。尽管研究方法不同，但这些数据区别不会很大，能够以可比的形式体现。建立非市场价值数据库的目的是认识社会价值长期变化情况，以及环境变化和经济增长对这些价值的影响。

第二，从地理空间上逐步扩张已有的非市场价值研究范围。濒临太平洋、五大湖和大西洋北部沿海州的非市场价值研究是相对较薄弱的，非市场价值研究区域强弱差异说明，上述区域的信息只是平滑值，缺少湿地等重要资源的信息。除此之外，还应提高对旅游与休闲活动非市场价值的认识。海洋和海岸带资源的非市场价值研究大多关注娱乐性使用价值，因为这类活动是影响大多数人的主要活动。但是忽略了一项关键的研究，即休闲活动资源在人们形成价值观过程中至关重要的作用。许多研究只是针对发生了溢油和风暴潮等灾害后的非市场价值，而遗漏了正常使用价值的研究。

第三，缺乏对海岸带休闲资源使用人口规模的评估。因为这些休闲活动是临时或断断续续的。尽管这些市场数据能够为旅馆和饭店活动提供良好的评估，但仍然缺乏对季节性房东（和租赁者）或一日游的评估数据。

第四，将市场价值与非市场价值进行有机结合。两者的结合首先是国民账户的结合，即有些国民收入和资产需要更好地体现那些未进行市场交易的价值。解决政策的修订参考非市场价值的难题。这种经济影响研究方法，即讨论悬而未决的政策可能会影响就业，已经被人们广泛使用并被大多数人所了解。但是消费者剩余价值如何变化，以及为何会呈现这样的变化，鲜少有人关注。

3. 注意环境保护

作为海洋强国之一，美国的海洋经济一直处于世界发达水平。如前所述，目前美国海洋经济主要是以海洋矿业、海洋旅游与休闲等传统海洋产业为主。海洋矿业作为对 GDP 贡献最大的产业，其在促进美国海洋经济发展的同时，也给周围海域的生态环境造成了严重破坏。淘金热的兴起，水利采矿对土地的破坏，使矿区地表形态遭受很大程度的破坏。而且矿产资源的开采还只是海洋矿产业作业形式的一种，下一步对矿石资源的冶炼和纯度的提炼同样会对环境造成巨大的破坏。冶炼矿产会形成大量的矿渣堆，而早期美国对矿物资源的开采保持鼓励态度，并未对矿渣做明确规定，因此留下巨大隐患，除了影响周围的环境，有的矿渣堆里含有大量的金属元素，经过雨水的冲刷对周围土地造成侵蚀，并入河流后还会污染水资源。

在外界强大的压力下，美国开始加强矿物开采方面的立法工作，积极探寻解决方案，同时开始发展新兴海洋产业，利用科技手段进行环境整治和海洋资源的开采工作。随着环境保护运动的开展，美国的海洋经济迈入了新的发展阶段，尽管发展过程中难免还是会产生产业扩张与环境之间的博弈，但国民对海洋生态环境的保护意识在不断增强，也将更加注重人与自然的和谐相处。

4.借助海洋科技保持长远优势

由于陆地资源的丰富，相比日本、英国等，美国发展海洋经济的历程明显较短。但是从发展质量来看，美国有自身的优势，其一直将海洋科技的发展摆在重要位置。而未来，海洋科技仍然是美国海洋经济可持续发展的重要法宝之一。在产业结构有序调整等方面，高端的海洋科学技术无疑是保持美国海洋经济高效快速发展的助力器。

一方面，美国一直没有间断对海洋高新技术多方位、多领域的研究与开发，不仅建立了大量海洋实验室，招募了众多的高层次专家，并且在海洋科技领域投入了充足的资金。美国还分批、分重点地建设了一系列海洋科研单位和机构，开办了各种形式的海洋科技园区，很多在国际上都有较大影响力。

另一方面，从长远来看，未来科学技术在海洋渔业、海洋生物、海洋制药、海洋矿产、海洋工程、海洋环保、海洋船舶等方面的突出表现，将进一步带动美国海洋产业的发展和海洋经济结构的调整与转型。例如，通过理念的更新和最新技术的推广，海洋传统产业将逐渐升级，捕捞业从近海向远海拓展，并逐渐形成拥有高技术含量的海洋捕捞、海水养殖、水产品精加工一体化的现代海洋渔业。另外，高端计算机技术、新型材料与能源的发明和应用，也使传统的海洋船舶制造行业得以更新，不仅在设计环节更加高效、精确，而且将在生产环节上大大提高自动化和现代化程度，这也将为美国保持海洋经济的长远可持续发展、稳居于领先世界的地位奠定坚实的基础。

参考文献

Joint Ocean Commission Initiative, "America's Ocean Future", Joint Ocean Commission

Initiative Publication. http：//www. jointoccancommission. org.

John Tibbetts, " The future blueprint of the American Ocean", *Environmental Health Perspectives*, 2 （2005）：107 – 109.

Cicin-Sain et al. , *Integrated Coastal and Ocean Management：Concepts and Practices.* （Washington DC：Island Press, 1998）.

卢风顺：《海洋资料变分同化系统优化及并行实现》，国防科学技术大学硕士学位论文，2007。

倪国江、文艳：《美国海洋科技发展的推进因素及对我国的启示》，《海洋开发与管理》2009 年第 6 期，第 29 ~ 34 页。

孙凯、冯梁：《美国海洋发展的经验与启示》，《世界经济与政治论坛》2013 年第 1 期，第 44 ~ 58 页。

徐丛春：《中美海洋产业分类比较研究》，《海洋经济》2011 年第 5 期，第 57 ~ 62 页。

王敏：《浅谈我国海洋卫星的现状及未来发展》，《中国科技纵横》2015 年第 1 期，第 230 ~ 230 页。

尹伶俐：《论海洋强国视野下海洋民族精神的培育》，《广州航海高等专科学校学报》2013 年第 1 期，第 42 ~ 45 页。

余浏：《北海市海洋经济发展研究》，《合作经济与科技》2017 年第 3 期，第 8 ~ 10 页。

张耀光等：《中国和美国海洋经济与海洋产业结构特征对比——基于海洋 GDP 中国超过美国的实证分析》，《地理科学》2016 年第 12 期，第 23 页。

赵锐：《美国海洋经济研究》，《海洋经济》2014 年第 4 期，第 13 页。

宋炳林：《美国海洋经济发展的经验》，《理论参考》2012 年第 4 期，第 45 页。

韩立民、李大海：《美国海洋经济概况及发展趋势——兼析金融危机对美国海洋经济的影响》，《经济研究参考》2013 年第 9 期，第 56 页。

张坤珵：《"大衰退"对美国海洋经济的影响——基于 2005 ~ 2010 年美国主要海洋产业的数据分析》，《海洋信息》2015 年第 11 期，第 78 页。

B.14

英国海洋经济发展分析与展望

孟昭苏*

摘　要： 英国位于欧洲西北部，是一个典型的岛国，其优越的区位优
势促进了英国海洋产业的发展。本报告结合相关数据，对英
国海洋经济的发展现状、主导产业发展状况进行分析，并结
合实际情况，展望了其海洋经济的发展形势。本报告认为，
英国政府应该充分发挥海洋制造和创新能力优势，加大海洋
工业投资力度，满足英国政府部门和工业部门的需求。

关键词： 油气业　海洋金融与保险　海洋可再生能源

一　英国海洋经济发展现状分析

（一）英国海洋经济发展环境分析

2008～2012年，金融危机以及"欧债危机"爆发，英国经济陷入衰退，
2013年开始走上缓慢复苏的道路。2014年，英国经济增长显著，在发达经济体
中，可谓一枝独秀。2015～2016年，英国经济继续保持稳定增长态势。形成这一
现象的原因有很多，从英国内部来看，主要是因为卡梅伦政府将以"有选择"
的紧缩、促增长为核心的经济政策与灵活的财政政策巧妙地结合在一起。近来，
欧洲地缘政治变化以及欧元区经济低迷等影响了英国经济增长势头，使其增长有
所放缓，但英国仍是欧洲地区经济的领头羊。

---

* 孟昭苏，中国海洋大学经济学院讲师，研究方向为环境经济、海洋经济。

1. 经济环境

在全球金融危机初期，相对其他发达国家，英国经济受影响较大。金融危机和欧债危机相继爆发，给英国经济带来巨大冲击。2009 年，英国国内生产总值创下 20 世纪 90 年代以来的最大跌幅，跌幅达 4.9%。后来在经济普遍低迷的欧洲国家中，英国经济逐步好转并走向繁荣。2010 年，英国经济显现一定的复苏迹象；2012 年，伦敦奥运会的举办、女王登基 60 周年庆典等重大活动使英国经济在三季度增长 0.6%，但在第二季度和第四季度仍然处于低迷状态，分别为 -0.5% 和 -0.3%，经济脆弱性凸显；2013 年开始，英国经济走上了稳定复苏的道路，全年增长 1.4%；2014 年第二季度英国经济开始稳步增长，其经济规模已经超过金融危机前的峰值；2015 年，英国经济继续保持增长状态。2016 年英国经济平稳增长，国内生产总值（GDP）增速为 1.8%。服务业和出口成为当年经济增长的主要驱动因素。

2016 年全球经济增速为 0.2% ~ 0.3%，受英国"脱欧"影响，欧盟整体预算和再分配受到影响，欧盟成员国需补上英国的预算"窟窿"，同时调整相关补贴方案。对欧盟资本市场一体化是一个打击，同时也将冲击伦敦金融中心地位。此外，英国"脱欧"可能会对"跨大西洋贸易和投资伙伴关系协定"（TTIP）谈判产生影响。预计欧洲投资银行（EIB）也将受较大影响。根据英国国家统计局数据，英国"脱欧"公投半年多来通胀率急速上升，从 0.3% 升至 2016 年 12 月的 1.6%。央行担心公投后英镑持续贬值导致通货膨胀，2018 年英国经济增速将放缓。

2. 社会环境

英国位于欧洲西北部，由大西洋和北海环绕。它的海岸线长 11500 公里，地理环境优越，海洋资源丰富。英国海洋文化不是天然形成的，其基本是在近代由地理学家、海洋学家和历史学家们构建的。大航海时代的到来，引发了西方世界关于海洋通行权，乃至所有权与统治权的纷争。英国人发现自己对海洋的探索和征服远远落后于荷、葡、西等欧洲国家。英国的安全和利益由于这些国家的兴盛而受到严重威胁。怀着对大西洋那边财富的渴望，越来越多的商业资源流入海外冒险。地理学家 Richard Hakluyt 于 1599 年编译出版了大型海洋文献集成《英吉利民族重大的航海、航行、交通和发现》（简称"《航海全书》"），用英国的想象和空间感塑造世界，以海外扩张激发英国的民族自信和激情。16世纪90年代的战争和掠夺刺激着英国探险家们更多的海外冒险行为。英格兰、苏格兰和爱尔兰在漫长的17世纪到1713年历尽战火。英国在西班牙王位继承战争期间（1702~1713年）巩固了自己的海上势力和军事力量。英国依靠着强大的海洋实力，不断地发动海外战争，进行殖民掠夺，一度成为世界上最强大的国家，因此，其既具商业性又具侵略性的海洋文化也对世界产生了一定的影响。

在当前海洋大国的激烈竞争中，英国政府不断制定和实施一系列海洋战略规划和措施，保持和增强海洋竞争实力，发展海洋经济，保持其海洋文化对世界的影响力。例如，1986年英国制定《海洋财富计划》，该计划从海洋资源开发、海洋科技发展、海洋战斗力提升、海洋工程创新以及海洋生态保护等各方面提升英国文化"软实力"以及开发利用海洋实力。

3. 海洋政策与法制环境

英国在世界沿海国家中属于少数的海洋经济发达国家，是以海富国、以海强国的典范。英国海洋经济政策分为两个主要阶段：第一阶段（2000年前），主要是分散的、单一的产业经济政策。根据用途可分为：与渔业有关的政策、油气勘探和开采政策、皇室地产政策、规划政策等，主要包括：《海岸保护法》（1949）、《皇家地产法》（1961）、《大陆架法》（1964）、《海上石油开发法》（1975）、《渔业法》（1981）、《海洋渔业法》以及《海上管道安全法令》（1992）、《商船运输法》（1995）、《石油法》（1998）和《渔业法修正案（北爱尔兰）》（2001）。

第二阶段（2001年至今）以制定综合的海洋经济政策为主。从20世纪90年代起，英国各界对于制定综合性海洋政策的呼声高涨。之后，有关当局开始采取积极行动。2002年，英国环境、食品和农村事务部发出了《保护我们的海洋》的研究报告，提出实现清洁、健康、安全的海洋生产力和生物多样性的海洋领域的目标；2003年，英国政府发布了《变化中的海洋》；2008年，英国自然环境研究委员会发布了《2025计划》，重点支持气候、生物多样性和海洋资源可持续利用等十个领域；2009年正式批准《英国海洋法》；2010年，英国政府发布《海洋能源行动计划》，提出政府要在新兴海洋能源开发中提供政策、资金和技术支持；2011年，英国商业、创新和技能部发布了《英国海洋产业发展战略》。该战略是以企业、政府和学术界的理念为基础的第一次海洋产业增长战略。该战略有望带动海洋休闲产业、造船业，海洋设备、海洋可再生能源产业总产值从现在的 170 亿英镑增长到 2020 年的 250 亿英镑。2013 年，英国商业、创新和技术部（BIS）和英国能源和气候变化部（DECC）联合发布了英国最新的海上风电产业发展战略《海上风电产业战略——产业和政府行动》。

英国实施开发和保护并行的发展战略，这对于其海洋经济的发展起到重要作用。20 世纪 70 年代，英国政府出台一系列政策法案，包括《北海石油与天然气：海岸规划指导方针》《海岸规划指南》《海洋倾倒法》等，以此促进海洋经济全面发展。

为促进海洋可再生能源开发，促进海洋产业发展，英国发布了众多有关海洋空间的规划和法案。与此同时，英国还通过启动相关的计划，促进本国的优势海洋产业的快速发展。2003 年初，英国政府宣布了《能源白皮书》，并将英国可再生能源的目标定为到 2020 年增加到 20％。在海洋可再生能源丰富的条件下，该政策为英国海洋可再生能源的发展指明了方向。

2008 年，欧盟发布了《海洋空间规划》，该计划涵盖了一体化政策的所有问题与工具，如海洋空间规划、欧洲海洋监控网络、海洋数据收集等，为一体化政策的海洋空间规划奠定了基础。2009 年，在欧洲联盟努力推进综合海洋政策之后，英国积极制定了指向《海洋空间规划》的海洋法规《海洋与海岸促进法》。这部法规基于 2002 年以来 7 年的海洋监管报告和调查研究为基础的海洋法规，统一了英国的海洋管理制度，并直接促进了英国海洋管理机构的成立。《海洋和海岸促进法》将分散的海洋管理职能集中在一个机构上。新机构把渔业管理与更广泛的海洋管理职能汇集在一起。然而，该机构的管辖权是有限的，威尔士和北爱尔兰有权行使该机构的权力，而苏格兰则没有。2010 年，苏格兰颁布了《苏格兰海洋法》，该法案与英联邦《海洋和海岸促进法》具有同等地位，并成立了苏格兰海事局，以协调苏格兰海洋的管理。其职能包括海事管理、渔业研究和渔业保护服务等。

2010 年，英国政府颁布了《海洋能源行动计划 2010》，描述了 2030 年英国海洋能源的发展前景。该计划企在推动潮汐能、波浪能等海洋能源发展。其具体举措包括设立一个全国性的战略协调小组，为海洋能源发展制订详细的路线图；引导私有资金进入海洋能源领域；推动海洋能源技术研发；建立海洋能源产业链等。2013 年 8 月，英国商业、创新和技术部（BIS）和英国能源与气候变化部

（DECC）最新公布的《英国海上风电产业战略、产业和政府行动》。此外，英国拥有普劳德曼海洋研究所和南安普顿海洋学中心等多所研究，并以此为基础，以科技发展为路径，助力其海洋经济飞速发展。主要包括波浪和潮汐能源的开发，并制定实现这些计划的具体措施，创建协调小组，将引入民营资本到海洋能源领域，进行海洋能产业链创作，进行海洋能发电技术的研究和发展。

4. 海洋资源与海洋技术环境

北海的英国渔场是世界上四大最著名的渔场之一，也是英国渔业资源的主要来源。北海渔场由北大西洋暖流和东格陵兰寒流的汇合形成。在温暖和寒冷的洋流交汇处，有许多种鱼，产量丰富，龙虾、牡蛎和贝类都很丰富。其中，主要的鱼类如鲭鱼、鲱鱼、鳕鱼、碟鱼等，鲱鱼和鲐鱼约占总捕捞量的一半。

英国拥有丰富的近海潮汐能和波浪能资源，在发展海洋可再生能源方面具有得天独厚的优势。实现清洁、健康、安全、肥沃和生物多样性的海洋一直是英国的国家海洋远景，海洋可再生能源的发展是实现这一愿景的绝佳方法。因此，英国对与海洋可再生能源的研究充满了希望与信心。

自然环境研究委员会（NERC）是英国最重要的海洋研究机构，是英国七大研究理事会的其中之一。2007 年，该委员会批准了英国海洋生物协会、英国国家海洋学中心、普利茅斯海洋实验室、普劳德曼海洋实验室、哈代海洋科学基金会、苏格兰海洋科技联盟和海洋哺乳动物研究部等 7 家海洋研究机构共同执行"2025 年海洋"科学计划。该计划是一个战略性的海洋科学研究计划，其目的是提高海洋环境的知识，更好地保护海洋。计划资助的 10 个研究领域，既有全球性的海洋问题（如海洋生物多样性），又有侧重解决英国所面临海洋问题的研究方向（如海岸带和海洋模拟系统），该项研究计划有利于解决英国主要海洋研究单元的协作问题，探索消除"海洋研究部门之间的壁垒"的方法，是一个兼具国际视野和国家特色的海洋研究计划。NERC 在 2007 ～ 2012 年向该项计划提供大约 1.2 亿英镑的科研经费。

2010 年，英国政府发布了英国海洋能源 2030 年的愿景和技术路线的《海洋能源行动计划 2010》，该计划包括波浪、潮汐和潮流能等能源，同时也尊重地方自治的决策机制的多样性。该计划表明，大规模的海洋可再生能源设备将在 2020 年以后被部署，并在 2020 会发电 1gw，这将有助于实现到 2050 减少的 80% 碳排放量的政府目标。

2012 年，英国批准了 ICOAST 项目。项目为期四年，资金总额达 290 万英镑，用于预测接下来的 100 年里英国的海岸线变化状况，创建预测海岸沉积体系的长期变化的新方法，以提高包括对洪水和海岸侵蚀的长期风险管理。

2013 年，英国国家海洋中心（国家海洋学中心 NOC）称，未来两年，英国 NERC 将会为海洋机器人的研究和开发提供 1000 万英镑的资金。2014 年英国 NOC 与皇家海军签署了协议，双方将在海洋自动化系统领域合作，特别是在水下机器人领域。由英国 NOC 和英国自动地面车辆公司和英国海军一站式技术服务公司开发的长航时无人驾驶水面航行器于 2014 年 4 月开始生产。监测英国海洋的环境状况是一个技术综合性强、开发难度极大的领域，而水下航行器为该领域的发展提供了机遇，相关技术的突破为海洋研究及其相关产业提供重大机遇，并促进国防、航天、石油、天然气、环境保护和应急部门的发展。

（二）英国海洋经济发展规模分析

作为岛国，英国拥有丰富的海洋资源，海洋开发历史悠久，地理位置优越，海洋经济取得了巨大成就。2005～2006 年，海洋经济活动产值占英国国内生产总值的 4.2%，约 460 亿英镑。英国环境部在 2005 年 11 月宣布的《2005 至 2011 的我们的海洋战略》显示出的海洋经济数据包括：英国，2003 年产值的海洋产业为 370 亿英镑，英国舰队鱼类和贝类上岸量 63 万吨，价值 5 亿英镑；近海石油和天然气工业，230 亿磅的产值；滨海度假人数达到了 2300 万，消费高达 40 亿英镑。

2008，英国皇家地产管理局发表了关于本国在海洋经济活动的第一份报告——《英国海洋经济活动指标》报告，2004～2006 年，英国的海洋经济活动产值为 460.4 亿英镑，占英国国内生产总值的 4.2%；就业占全国就业的 2.9%；海洋经济对英国经济的贡献率为 6%～6.8%（见表 1）。

英国最大的海洋工业是海洋石油业和天然气工业，沿海采砂、海洋渔业和可再生能源工业，是以出口为导向的海洋工业，占海洋经济总产值的 48%。英国主要的海洋产业包括海洋石油和天然气开采、港口、船舶业务、休闲产业和装备制造业，其中最主要的是海洋油气开采，增长最快的是海洋设备、巡航建筑、巡航和可再生能源工业。

表1 英国海洋产业情况表（按增加值排序）

海洋产业	年份	总产值 （百万英镑）	增加值 （百万英镑）	增加值占国内生 产总值的比重 （‰）	就业人数 （人）	就业占全国总 就业的比重 （‰）
油气业	2005	28693	19845	18.1	290000	9.4
港口业	2005	8108	5045	4.6	54000	1.8
航运业	2004	8820	3399	3.1	281000	0.9
休闲娱乐业	2005	7435	3326	3	114670	3.7
海洋设备	2004	7880	3268	3	181688	5.9
海洋国防	2005	8185	2841	2.6	74760	2.4
海底电缆	2005	4993	2705	2.5	26750	0.9
商业服务	2004	3006	2086	1.9	14100	0.5
船舶修造业	2004	2720	1193	1.1	35000	1.1
渔业	2004	3740	808	0.7	31633	1
海洋环境	2005	981	482	0.4	16035	0.5
研究与开发	2005	797	426	0.4	10360	0.3
海洋建筑业	2005	558	228	0.2	6200	0.2
航海与安全	2005	450	150	0.1	5000	0.2
滨海砂石开采	2006	242	114	0.1	1670	0.1
许可与租赁业	2005	93	90	0.1	500	0
海洋教育业	2005	73	52	0.05	350	0.01
可再生能源	2005	32	10	0.01	500	0

资料来源：《英国海洋经济活动指标》报告。

　　英国曾发布过一份评估英国海事服务部门对经济影响的报告，这里的海事业主要指英国港口、航运和海上商业服务，北海石油和天然气开采、船用设备制造和海军国防工业等部门不包括在内。据估算，海事服务部门在2011年提供了约262700个工作岗位，占英国总就业的0.8%。若对于外国海员就业的影响不计算在内，海事服务部门仍为英国人增添了165400个就业职位，与2009年相比，就业增加6.1%。海事服务部门在2011年为英国GDP做出了约138亿英镑的直接贡献，相当于英国GDP总值的0.9%，超过了土木工程以及邮政及速递服务行业对英国GDP的贡献。除此之外，对于该行业缴纳的税款，从公司及员工两方面来看，海事服务部门为英国国库创造了近27亿英镑的直接收入。此外，该行业还会产生间接和诱发性影响的效应，如服务供应商会从英国供应商寻求商品和服务来源，在国内也会有自己的供应链；接受海事服务部门及其供应商提供的工作岗位的人，会在英国进行消费。

因此，如果考虑到以上两种效应的影响，海事服务部门创造的就业岗位达63.49万个，相当于英国的工作岗位中每50份中就有1份来自海事服务部门。除此之外，如果再加上上述乘数效应，它对英国国内生产总值的贡献达317亿英镑，相当于英国经济总量的2.1%。

对于就业方面而言，海事服务部门创造了近53.75万个工作岗位，这其中不包括英籍船只上雇用的外国高级船员和普通海员。如果考虑到以上乘数效应的影响，英国财政收入中来自海事服务部门的总贡献约为850000万英镑，相当于政府收入中的每71英镑中就有1英镑是海运业贡献的。

（三）英国海洋经济产业结构分析

英国拥有丰富的海洋资源和海上活动。海洋经济活动包括海底活动和为海上活动提供的产品和服务的经济活动，具体有捕鱼、石油和天然气工业、砂矿开采、船舶工业、海洋装备、海洋可再生能源、航运和港口、海底电缆、租赁、许可和海洋防卫，海洋环境、休闲娱乐产业及海洋科学研究和教育等十八个产业。

表2　英国海洋产业分类

序号	产业	序号	产业
1	渔业	10	航海与安全
2	油气业	11	海底电缆
3	滨海砂石开采业	12	商业服务
4	船舶修造业	13	许可与租赁业
5	海洋设备	14	研究与开发
6	海洋可再生能源	15	海洋环境
7	海洋建筑业	16	海洋国防
8	海上交通运输业	17	休闲娱乐业
9	港口业	18	海洋教育

18世纪初，英国航运业和造船业达到世界领先水平，至今为止，英国95%的进出口产品都是通过海洋运输完成的，海洋运输业在英国国民经济中具有不可代替的地位。自20世纪60年代初以来，海洋油气产业迅速成为英国经

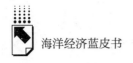

济的主要驱动力，海上油气产量已居世界第十二位，海上天然气产量居世界第四位，位居第一的皇家壳牌石油公司总部也坐落于英国。

英国海洋装备制造业发展水平高，出口国外的产成品超过 60%，近海为英国建筑业提供的砂石料占其需求量的 20%。21 世纪以来，全球气候变化，能源需求加大，这为海洋新能源产业提供了重大机遇，开启了"英国制造"的时代。

近年来，英国海上风电产业一直稳居世界第一，保持着平稳发展的态势。英国一直积极发展海上风能发电项目，目前英国海上风能发电在规模和技术方面都取得了不小成就，英国拥有的海上风能发电项目占全世界的一半。截至 2013 年，英国海上风电项目投产的共有 20 个，在建的共有 5 个，仅 2013 年新投产海上风电容量就占世界新增容量的 66.8%，占据海上风电市场主导地位。英国的海上风力发电为国家提供了丰富的可再生能源，与此同时，也为其经济的发展添砖加瓦。根据《英国海洋经济活动的社会》中披露的数据，每年来自英国海上风能发电项目的产值达 80 亿英镑，为英国增添的工作岗位达 7 万个。英国的海上风力发电量比欧洲其他国家的总和还要多，在海上风能发电领域一直处于领导者的地位。2017 年，全球最大的风力发电机组在英国利物浦开始运转。

英国海洋新能源业发展迅速主要有以下三方面原因。第一，英国具有得天独厚的资源优势，欧洲近一半的海洋动力资源和 1/4 的潮汐能资源都属于英国；第二，政府的大力支持，英国政府不仅为海洋能源产业发展制定了一系列的规划和战略，而且也提供了资金和技术方面的帮助；第三，研发技术强，带来成本的节约。英国拥有约 35 家海浪及潮汐能开发商，占全球总数的 26.9%~29.2%。

为了能够使海洋能源得到更好的开发利用，2012 年，英国政府在西南湾地区建立了英国第一个海洋能源区，这也有助于解决能源和气候问题。能源和气候变化部估计，到 2050 年底，英国的海洋发电量将达到 270 亿瓦。英国可再生能源协会（Renewable UK）做出预估，到 2020 年，海洋发电行业的市场价值将达到 51 亿美元，而到 2050 年底，海洋能源部门将使英国的产值达到 150 亿英镑。

英国是当今世界上旅游业最发达的国家之一，有 740 多亿英镑的旅游业年产值，占世界旅游收入的 5% 左右。成功的政府改革和发达经济背景支撑下的旅游产业，不论在开发、管理与服务，还是理论研究与实践方面，都走在世界的前列。滨海旅游业可以有力地促进英国经济的增长，也可以提供大量的工作岗位。世界金融危机给英国经济带来了巨大的冲击，在此情况下，伦敦申奥成功吸引了政府对旅游业作用的关注。英国开始着重开发旅游市场和新颖旅游项目，虽然英国的国土面积不大，但是旅游资源十分丰富，拥有一批非常宝贵的旅游景点和世界文化遗产，包括白金汉宫、伦敦大桥、国家美术馆、大英博物馆等，吸引着世界各国的游客。英国文化、媒体和体育部于2011年推出政府旅游政策。

英国传统的海洋工业主要是海洋渔业和近海石油和天然气工业。英国渔业中95%以上都属于海洋渔业，但是因为人类活动，污染了海域，对海洋过度开发，过度捕捞，使得英国渔业加速衰退。1990~2010年，英国的海上捕鱼的数量减少了53%；2006年，英国石油储量比2001年减少了21.4%。对此英国政府积极采取应对措施。政府2011年在渔业投入了190万欧元，同时成立可持续海产品联合会来杜绝浪费行为。2015年，英国政府财政预算中公布了包括削减税收、延长支出计入成本期限、提高税收补贴等在内的一系列油气行业财税改革措施，以此来提高投资者信心、提升产量。

面对如此情形，英国政府采用大量措施来应对。首先，为了促进渔业的发展，政府在2011年投资了190万欧元，并且创立了可持续海产品联合会。其次，为应对油气业方面的问题，政府大力发展开发生物项目，希望能够改变能源的结构。例如，在2008推出了世界上最大的藻类生物燃料公共援助项目，预计将于2020年商业化，与此同时，为缓解油气产量问题，积极开展其他海域的油气勘探活动。

（四）英国海洋经济发展因素分析

英国海洋经济的发展受许多因素的影响，包括资源、人类活动、技术进步等。

海洋资源对于海洋经济的发展至关重要。英国作为大西洋上的岛国，地理环境得天独厚，拥有丰富的海洋资源，所以英国是海洋产业历史悠久的国家。与此同时，资源的过度开发以及环境的污染，导致英国的海洋资源消耗严重，逐渐成为制约英国海洋经济发展的因素。

人类不恰当的活动对英国海洋传统产业的影响较大。前期过度捕捞，不注重海洋生态环境的保护，给英国渔业的发展带来很大的制约，2004年英国渔

业的增加值仅占国内生产总值的 0.7%。对此，英国政府积极采取措施补救，2005 年通过的《海洋法》力求实现保护能源与资源需求之间的平衡。

随着经济的发展及技术的不断提高，英国海洋经济逐渐由原有的传统产业不断扩大，近年来可再生能源产业得到快速发展。欧洲几乎一半的海浪能资源以及超过四分之一的潮汐能资源分布在英国海域，此外，英国的海洋可再生能源开发技术也居于前列，研发的 Sea Gen 潮流能发电机得到各国认可和广泛使用。

二 英国海洋主导产业发展分析

（一） 英国海洋主导产业发展概况

英国是一个典型的海上强国，海岸线长 11500 公里，统领 86.7 万平方公里的海域面积，海洋产业对于英国国民经济的发展以及居民的生活都起到非常重要的作用。英国的传统海洋产业主要有海洋交通运输业、海洋船舶制造业和海洋捕捞业，其中海洋交通运输业占主要地位。20 世纪 70 年代，英国开始在北海大力发展开采石油的活动，并逐渐改变其原有的海洋产业政策，使得海洋产业的主导地位逐渐转向海洋油气业。对于英国而言，海洋石油和天然气属于新兴的海洋产业，该新兴产业的迅速发展不仅极大地影响了英国的国民经济和其产业结构的调整，对于海洋风电业与海洋交通运输业两个传统产业的发展也带来了深远影响。

1. 海洋油气业发展分析

20 世纪 70 年代以来，英国海洋油气行业迅速发展，逐渐成为英国经济新的增长点，占英国 GDP 的 2.4%。一直以来，英国海上油气总产量一直位居世界前列。海洋油气业对英国经济的主要影响是向政府缴纳大量税收，该产业是英国的纳税大户，美国能源信息署（EIA）2016 年发布的《英国油气行业现状分析》报告指出，在 2014~2015 年，英国大陆架石油生产的政府收入约为 22 亿英镑。除此之外，海洋油气开采业的迅速发展也推动了相关产业的发展。综上所述，对英国政府来说，海洋油气开采是一个重要支柱产业。

根据 Experian 商业策略披露的相关数据，2006 年，英国油气业为 48 万人提供了就业机会，其中从事国内生产的约占 79.2%。除此之外，供应链公司的出口聘用人数达到 10 万。英国油气产业提供的就业具有明显的地域群。油气产业仅高技术油气为苏格兰创造超过 10 万个工作岗位。如果考虑整个经济活动，那么油气产业创造了约 15 万个工作岗位给苏格兰。其中，英国海洋油气产业支持的岗位中，阿伯丁郡 4 个议会选区所占比例不超过 38%。除此之外，海洋油气业还为东英格兰、西英格兰和英格兰东南部（包括伦敦）提供了大量相关岗位，各自占总工作岗位的比例分别为 5%、6% 和 21%。

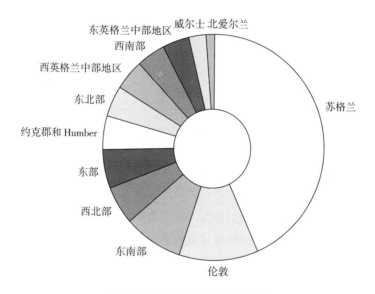

图 1　英国油气产业就业地域群

数据来源：Experian 商业策略。

2. 海上风电业发展分析

全球变暖日益严重，北海油气接近枯竭，油价持续低迷，在此情形下，英国开始着重发展海上风电产业，并且发展速度极快。据英国皇家财产局的数据，英国总装机风力发电的商业发展价值为 48 GW，约为整个欧洲海上风力发电总量的 1/3，相当于英国目前电力消耗的 3 倍。英国对于海上风能发电项目一直保持着积极的态度。当下，英国在海上风能发电项目设计、安装和运作技术方面拥有较为成熟的技术，并拥有世界一半的海上风电项目。2012 年，共创建了 25 个海上风电项目，其中 11 个在英国。与此同时，世界上最大的萨尼特风电场也在英国；世界范围内不论是世界在建的风电场还是规划中的风电场，英国都拥有半数以

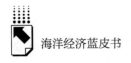
上，其中，在建的 10 个中有 6 个属于英国，而规划中的 10 个中，属于英国的达 8 个。英国海上风力发电既为国家提供了丰富的可再生能源，与此同时，促进了经济的发展，增加了就业机会。据估计，海上风力发电业每年为英国带来 80 亿英镑（1 英镑约合 1.6 美元）的收入，为英国增加了 70000 个工作岗位。

表 3　2012 年世界上规划中的十大海上风电项目

海上风电场	总装/MW	国家	海上风电场	总装/MW	国家
Dogger Bank	9000	英国	Bleking Offshore	2500	瑞典
Norflok Bank	7200	英国	Korea Offshore	2500	韩国
Irish Sea	4200	英国	Bristol Channel	1500	英国
Hornsea	4000	英国	Moray Firth	1300	英国
Firth of Forth	3500	英国	Triton Knoll	1200	英国

英国的海上风电业开启时间较晚，但是发展迅速，仅十多年的工夫，便已达到全球领先水平，并且创建了大量海上风电建设和运营方面的公司、企业，且竞争力极强。海上风电产业的迅速发展不仅推动了英国经济的发展，也对英国的低碳化进程产生重大影响。英国海上风电业领先的发展水平使得关于英国海上风电方面的项目吸收了全球众多的投资。其中，就海上风电涡轮机装机量来说，英国一国总量要比世界其他地区总量之和都要多，与此同时，计划在 2020 年底前吸引 210 亿英镑。英国政府的产业战略计划促进了政府与工业的合作，促进了风力发电产业的发展。2017 年，英国商务、能源与工业战略部发表声明称，批准建造全球最大海上风电站霍恩锡二期。该项目将位于距约克郡海岸大约 89 公里处的海域，有大伦敦区的近 1/3 那么大，并且包含 300 台风机。该风电站建成后，将和北林肯郡的基林霍尔姆北部电网连接到一起，提供 1.8 吉瓦低碳电力供 180 万户家庭使用，并且增添 2400 个以上的就业机会。霍恩锡二期将的建设将会使英国电价继续走低，并为英国增添新的就业机会，推动英国的低碳化进程。

3. 英国海上航运业发展分析

英国曾经有过辉煌的航海史。多年来，英国拥有世界上最大的商船船队，但近几十年来，英国的船队持续衰落。1975 年，英国舰队净载重吨达到 5000 万吨，1999 年，这个数字已经下降到 700 万吨；同样，在 1980 ~ 1999 年的近

20 年来，英国军官和船员的人数分别下降了 75% 和 59%。为了吸引移籍海外的本国船舶回归，壮大本国籍船队，重振并维护海运大国和海运强国的地位，英国政府于 2000 年实行了船舶登记吨税制，随后又对该制度进行了修订。从国际海运实践来看，英国实行船舶登记吨税制度收到了很大的效果。1995 年，货运量为 3.69 亿吨，但到 2005 年时已达 4.26 亿吨。政府的相关政策维护了英国海运大国的形象，同时也增强了海运在英国经济发展中的支撑作用。

英国航运业对国内经济以及国际航运中心的发展有极大的影响。港口在沿海经济中产生的影响尤其明显。它既是联系海陆运输的重要枢纽，还创造了众多的就业机会。其中，航运业对英国经济的直接贡献指的是航运业本身所产生的就业机会以及经济活动；间接贡献是指与航运业相关的产业所产生的就业及引起的经济活动；引致贡献是指由于英国航运业及其相关行业的职工消费而产生的就业机会和引起的经济活动。除此之外，航运业的发展还会产生溢出效应，会为其他行业消费者甚至整个经济体带来利益。对英国航运业为本国经济做出的贡献进行分析，其中直接贡献有：2007 年，其提供的直接就业机会达 9.6 万个，相比上年增加了 1.1%，航运业营业收入 95 亿英镑，英国国内生产总值直接贡献价值 47 亿英镑，而通过税收，为英国当局直接带来 5.94 亿英镑，每一个航运业从业人员为英国提供 49000 英镑 GDP，相比上年增长 11.4%。

（二）英国海洋油气业发展分析

英国的近海资源包括煤、铁、石油、天然气、晶石和锡。其优势是北海油气资源。英国石油天然气协会 2007 年报告指出，目前，英国有 255 个海上油气田，其产量占英国化学燃料的很大一部分。英国已探明储量 50 亿桶原油，天然气储量约 267tcf。

英国有一半以上的北海大陆架，探明的原油储量约占北海盆地的油气含量的 51%。英国勘探北海油气始于 20 世纪 60 年代，1975 年开始产油，1984 年产量突破亿吨并于 1999 年达到峰值。2003 年，英国出产的石油占全世界石油供应的 2.9%，略低于科威特 3% 的份额。近年来，随着新石油发掘过程减慢，北海石油总量正持续减少。2004 年石油产量首次跌破 1 亿吨，2005 年石油产量为 8470 万吨，比 1995 年减少 4520 万吨，下降 35.8%。2007 年产量为 7680 万吨，比 2006 年增长 0.2%。北海海域油田近年显现日益成熟的迹象，油气产

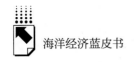

量下降，新发现量越来越小，勘探活动也在不断减少。2012 年英国参与了北海第 27 轮海上开发许可竞标。这次招标囊括了英国在北海上的 2800 个区块，这也是 1964 年以来数量最多的一次招标。以 2012 年为界，英国在北海的油气开采业或迎来转折。

油气产业在其生产过程并没有直接给英国政府带来利益，而是通过大量的缴税实现对英国 GDP 以及英国政府财政收入的贡献值，因此，海洋油气业在英国的经济发展中占有重要地位。除此之外，油气业的发展还促进了相当一部分相关产业的发展，从英国国家统计局（ONS）不难获得统计数据。

参考英国商业、企业和改革部（DBERR）的统计数据，英国油气产业在 2005 年总收入实现 2869300 万英镑，而原有销售收入达 166.56 亿英镑，天然气营业收入占 31.02%，液化天然气营业收入占比 5.87%。根据国家统计局公布的蓝皮书，该行业在 2005 年度总共增加了 198.45 亿英镑的收入。根据英国石油与天然气 2016 年经济报告，英国油气产业在 2014 年实现总收入 409.44 亿英镑，估计的 2015 年平均收入为 368.77 亿英镑，下降了 10%，预计 2016 年将进一步下降 21%，收入为 291.79 亿英镑，自 2010 年以来首次下降至 300 亿英镑以下。

按照英国国家统计局披露的有关数据，英国油气总出口额在 2005 年实现了 1186100 万英镑的成果。依照矩阵计算，2004 的石油和天然气出口量为 100.2 亿，而欧盟国家的出口为 67.92%。据经济报告的 2006 英联邦海军参谋 UKOOA（现在英国石油天然气协会），这个行业 2006 年已经有的直接从业人数高达 29 万人，而从事其相关产业的就业人数也达到 9 万左右。（根据英国石油与天然气 2014 年经济报告，2012 年的油气出口额超过 148 亿英镑，占英国上游油气供应链营业额的 42% 以上。根据英国石油与天然气 2016 年经济报告，海上石油和天然气行业目前支持约 33 万个工作岗位，比 2014 年的峰值就业人数约为 45 万人，减少了 27%。）

根据国税局和海关编制的国家统计出版物记录，2015 年以来，低油价加上持续高水平的投资和越来越多的退役支出导致英国石油和天然气生产的政府收入在 2015~2016 年下降 2400 万英镑，是自 1968~1969 年记录开始以来的最低水平。在 2014~2015 年，政府收入是 21.5 亿英镑。PRT（石油收入税）收入为 5.62 亿欧元（2014~2015 年为 7700 万英镑），而公司税收收入则从 2014~2015 年的 20.73 亿英镑下降了 74%，降至 2015~2016 年的 5.38 亿欧元。

英国石油天然气协会2014年报告指出，尽管近年来增加了投资，但是资产老化以及产量受基础设施规模限制，生产效率的急剧下降阻止了英国海洋油气产量的增加，英国海洋油气产量在经历了持续十几年的收缩之后，仍将继续下降，2012年英国海洋油气生产效率估计已降至约60%的水平，而在2005～2006年的效率约为80%，同时做出估计，英国的油气产量实现200万桶/天标油至少到2020年。但事实上，2013～2014年，石油及其他液体燃料产量已趋于平稳，2014年的平均产量已经实现90万桶/天，其产量下降速度有所缓解。根据2015年披露的数据，英国石油及其他燃料的产量一改往日下降状态，增长10%，产量实现100万桶/天。2015年的数据预示着下降趋势暂时得到扭转。

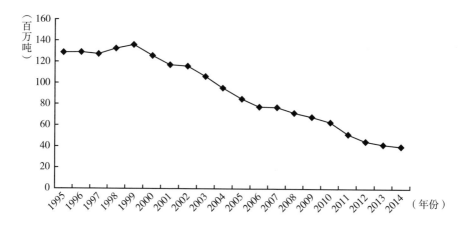

图2 1995～2014年英国石油年产量

资料来源：英国国家统计局。

英国油气协会在2016年2月的预测报告中指出，按目前状态，到2017年英国海洋油气业就能达到200万桶/天的产量，该行业已开始进入复苏状态，这对英国经济的发展意义重大。

在天然气开采方面，英国在2000年就实现38000亿立方英尺的产量，到达顶峰。而之后，在2000～2013年，天然气产量开始以年均8%逐年递减。2014年，天然气产量开始出现增长趋势，但相比2013年只增长了0.1%，但是，到2015年，其前三季度的产量同比增长就实现6.8%。

近几年，世界各国都处于石油供大于求的状态，2015年，世界重要的产油国产量普遍增加，使石油价格在当年急剧下降，跌到11年以来的最低点，

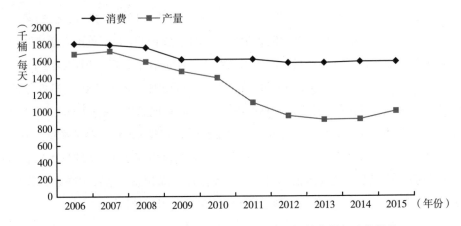

图3 2006～2015 年英国石油和其他液体燃料的产量与消费趋势

数据来源：英国国家统计局。

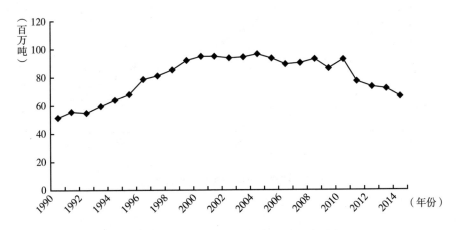

图4 1990～2014 年英国经济部门使用的天然气

数据来源：英国国家统计局。

因此使该行业的发展面临困境。石油价格的不断下跌使整个油气产业发展状态
不佳，但尽管如此，英国石油天然气协会 2016 年报告指出，英国油气产量在
2015 年出现 15 年以来的首次增长。虽然英国没有随着石油价格的降低而减少
石油的产量，但是受石油价格的影响，该行业的投资已经开始逐渐减少。按照
这个形式，油产量将会在未来出现下降态势。面对如此情况，英国油气业未来
的发展前景将非常严峻。

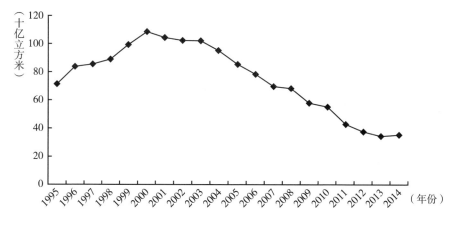

图5 1995～2014年英国天然气产量

数据来源：英国国家统计局。

（三）英国海上风电业发展分析

英国拥有极其丰富的海洋风能资源，所拥有的风能超过整个欧洲总量的1/3。英国充分利用这一独特的资源优势，大力发展海上风电产业，取得了长足的进步。

英国的海上风电业于2000年底开始发展，起步较晚但发展速度很快，仅十多年就已达到全球领先水平，并且出现了大量具有较强竞争力的海上风电建设和运营方面的企业。英国于2000年12月在BlythHarbour建立第一个海上风电项目。此后，海上风电产业在英国迅速发展。2007～2010年，英国的海上风电装机容量从394MW增加到1.8GW，增长3.67倍；发电量增加了5.5倍，达到了5126GWH。据欧洲风能协会称，2015年英国海上风电以5.06GW的累计装机容量位居世界第一。海上风电已经成为英国电力供应系统中的重要组成部分，2015年，由海上风电供应的电量为147GWH，占英国全社会总用电量的5.16%。而到2020年，这一比例有望提升至10%。

英国能源与气候变化部（DECC）发布于2011年的《2020英国可再生能源路线图》，为英国规划了一条实现欧盟所规定目标（到2020年可再生能源占比15%）的路径。该路线图最重要的是在2020年实现海上风机

18GW安装量的规划，完成这个目标需要每年30%的产能增长率。英国海上风力发电设施预计在2030年达到40GW，风力发电将为英国所有的家庭提供电力。由于政府长久的大力支持，海上风电业的发展成本将会减少很多，除此之外，英国工厂也不断地为其风电场提供所需的零配件。以上所言为低碳产业战略的形成奠定了深厚的基础，这也将推动英国的低碳化发展。

（四）英国海上航运业发展分析

英国拥有欧盟国家中最长的海岸线，30%的人口居住在海岸线10米以内的区域内，对海上运输的依赖程度极高，因此海上运输效率对经济有较大影响。在英国，港口承担了国际贸易中95%以上的货运量及75%的价值量，完成国内贸易额的7%。此外，英国航运业具有较高的科技水平，其船队在各种航运活动涉及领域中都表现优异。航运业的兴衰与一系列相关产业有关，如造船、港口、船舶装备制造业、船舶经纪业和研究机构。《英国航运业的衰落及政府的新举措》中给出的数据显示，英国至少有1200家公司从事与海运相关事务，并且提供了约11万个工作机会。因此，大力发展英国航运业，将从多方面促进英国经济的发展。

根据英国交通部披露的英国海员年度统计数据，2006年有近281万英国海员长期在海上工作，其中提供的甲板和发动机就业职位13600个，高级海员数和普通海员数分别为10400和1100。2016年，海上活跃的英国海员总数为23060人，较2015年减少1%。牛津大学通过结合航运协会公布的调查数据，发现英国航运业直接提供的工作岗位约为98000个，包括在岸上工作9500个，部分在港口部门。非英国海员占40%，非普通的英国海军占16%，如果将岸上和非英国就业人员除去，航运的英国海军部的调查协议大致相同。

根据国家统计局数据，2015年英国航运业总收入为7877百万英镑，比2014年减少了21.5%，其中，国内收入2772百万英镑，海外收入5105百万英镑。2015年，直接贡献于BOP的值为1855百万英镑，较2014年上涨29.8%，间接贡献为1721百万英镑，较2014年上涨4.4%。表4列出了英国2004~2015年航运业的国际总收入。

表 4　英国 2004～2015 年航运业的国际总收入

单位：百万英镑

时间	2004	2005	2006	2007	2008	2009	2010	2011	2012	2013	2014	2015
干货和客船（包括渡轮）												
运费												
进口	547	619	390	423	436	369	481	555	419	315	321	302
出口	444	544	530	552	636	538	644	639	369	184	355	335
跨行业	3874	4623	2005	1928	2170	1537	1377	1516	2260	1898	2861	601
货运总收入	4865	5786	2925	2903	3242	2444	2502	2710	3048	2397	3537	1238
章程收据	676	963	1086	1564	2014	2185	2385	2799	2560	1451	751	702
乘客收入	810	557	407	357	394	546	791	1291	1267	1998	1751	1813
总收入	6351	7306	4418	4824	5650	5175	5678	6800	6875	5846	6039	3753
湿（油罐车和液化气载体）												
运费												
进口	48	52	79	87	86	73	64	58	73	90	88	0
出口	173	174	130	142	219	120	135	116	70	350	118	68
跨行业	1305	1194	1222	1395	2530	1315	1446	1311	1470	1005	1188	1377
货运总收入	1526	1420	1431	1624	2835	1508	1645	1485	1613	1445	1394	1445
章程收据	472	748	603	554	763	580	413	437	600	417	229	209
总收入	1998	2168	2034	2178	3598	2088	2058	1922	2213	1862	1623	1654
所有船只												
运费												
进口	595	671	469	510	522	442	545	613	492	405	409	302
出口	617	718	660	694	855	658	779	755	439	534	473	403
跨行业	5179	5817	3227	3323	4700	2852	2823	2827	3730	2903	4049	1978
货运总收入	6391	7206	4356	4527	6077	3952	4147	4195	4661	3842	4931	2683
章程收据	1148	1711	1689	2118	2777	2765	2798	3236	3160	1868	980	911
乘客收入	810	557	407	357	394	546	791	1291	1267	1998	1751	1813
总收入	8349	9474	6452	7002	9248	7263	7736	8722	9088	7708	7662	5407

数据来源：英国国家统计局。

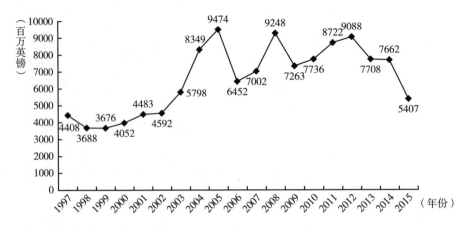

图6　1997～2015年英国航运业国际总收入

数据来源：英国国家统计局。

从图6可以看出，2013年以后，英国航运业国际总收入呈持续下降趋势，这也许是英国"脱欧"的影响。英国"脱欧"后，其海事服务业对经济的贡献度将受到影响。

欧盟拥有22个沿海成员国，有12000多个海港城市，多达90%对外贸易是通过海运完成，40%货运往来于欧盟成员国内部。每年4亿人次通过海运往返于欧盟的各大港口。英国是全球领先的海事贸易服务中心，作为进入欧盟的"桥头堡"，同时具备连接亚洲和美洲的跨时区交易的先天优势。欧洲联盟的其他成员国是英国最大的贸易伙伴。英国57%的出口和56%的进口来自欧盟，十大贸易伙伴中有8个是欧盟国家。每年航运业为英国经济贡献120亿英镑。在就业方面，有350万份工作和英国与欧洲的贸易有关。这种得天独厚的优越条件更是吸引众多全球领先的航运公司、海事机构、船舶经纪公司等到此安寨扎营，进行国际业务。同时，英国也是复杂风险保险的首选目的地，因为英国拥有劳氏船级社、国际保险协会和英国保险经纪协会等机构的专业知识。其中，英国占全球船舶保险费的比例达35%，占全球船舶经纪收入的26%，全球25%的海事法律合作伙伴在英国。再有，波罗的海交易所和国际海事组织也选址英国，可以说英国在航运和海事服务领域已然成为行业大佬，这样的地位在英国所有行业中不可多得。英国高调脱欧，贸易必将受到影响，或将引起一些海事机构、航运公司的担忧，搬离伦敦"老巢"也未可知。

英国"脱欧"后,英国法律失去国际海商法中优势地位的速度会更快。无论货物的生成地,还是航运、码头和船舶制造等与航运密切相关的要素企业,英国伦敦都早已经失去了优势。英国是通过其在航运金融、保险和仲裁等方面的优势地位,保持对航运要素市场的话语权和影响力。近些年来,金融、保险,乃至争议处理层面的要素"东移"现象已经发生,只是表现还不够强烈。英国"脱欧"促使"东移"进程加快。

三 英国海洋经济发展形势分析

(一) 英国海洋经济发展战略分析

英国海洋经济的优势主要体现在法律和金融,以及政府和海事行业之间良好的沟通机制。2012年,伦敦为全球提供了近40%的船舶经济服务。伦敦的船东保赔协会(P&I Clubs)为全球提供了62%的海事保险业务。伦敦的商业银行为全球提供了400亿美元的船舶融资,占全球份额的10%左右。英国政府积极支持海洋金融业的发展,长期与海洋经济、金融领域的从业者保持动态、有效的沟通合作机制。政府为海洋金融的发展提供配套的专业化工商服务、法律服务,对海洋金融的税率也很低。此外,政府政策和行业协会对英国海洋能源产业给予有力支持,相关领域的风险投资也发挥了重要作用。

在海洋开发管理方面,英国按照管理和开发的类别向各部门分配具体工作,协调各部门管理有关部门(包括科学和教育部,农业、渔业和粮食部,环境部,工程和物理科学研究委员会,自然环境委员会,国防部,能源部,工业部等)。英国比较重视各部门的协调合作,因此为了协调好各部门、企业公司、研究机构之间的关系,创建了海洋科学技术协调委员会。

在行政方面,对海洋资源实施行政许可证管理模式。只有在政府部门给予的允许开发许可和产权所有者拥有的有偿租赁许可证同时具备的情况下,才能开发利用海洋资源,而不论以何种开发利用形式。除此之外,开发项目、期限等需要严格遵循许可证的规定;立法管理方面,英国是通过规章制度和安排管制海洋开发的,相关规章制度可归为以下四类:200海里专属经济区海洋权益的规定、国会颁布的涉及沿海资源开发与利用的相关法律法规、地方性法规和

政府部门发布的规定。

英国政府极其重视保护海洋资源，在对海洋资源的开发利用中也不例外。英国通过区划管理政策实现对海岸带水域和生物资源、海岸带土地资源的保护。20 世纪 70 年代，英国苏格兰发展局制定了《北海石油和天然气：海岸规划指导方针》以实现对北海石油和天然气的开发。该方针体现的基本原则是海洋油气业必须在指定区域利用海岸。对于开发海洋高科技方面，采取以下措施：推出海洋科技预测计划，建立海洋科学技术协调委员会，改组研究机构，创建联合政府、科研机构、产品部门的联合开发机制，加大对技术开发方面科研究费的投入力度等。

（二）英国海洋经济发展形势展望

英国商业、创新及技术能源部在整合了政府、企业、学术界等各方意见之后，颁布英国第一次海洋产业增长战略报告——英国海洋产业增长战略。该战略指出，为促进英国海洋产业发展，英国应该充分利用出口机会，加强对新兴经济体如巴西、俄罗斯、印度和中国的出口；扩大英国国内近海可再生能源产业发展；建立与学术界的合作伙伴关系，继续推动世界领先研究，并加大投资；推动整个海洋产业在更大范围的合作。根据海洋产业领导理事会的测算结果，产业总产值达 76 亿英镑，为英国 GDP 贡献了 31 亿英镑，估计创造了10.5 万个就业机会。英国海洋经济未来发展目标主要体现在以下几个方面。

1. 发挥英国海洋制造和创新能力优势

英国拥有世界一流的海洋机械设计制造能力，且其海洋科学及相关基础理论研究十分扎实。致力于帮助英国海洋产业有效应对未来全球市场的机遇，使其成就世界领先的高科技产品，系统集成全球和高附加值服务，并促进英国经济与环境的协调发展，造福全球。

2. 保持英国在全球市场的竞争力和市场份额

随着海洋国家对海洋产业的不断推动，世界范围内海洋产业的竞争日趋激烈。如果英国海洋工业不制定相应的发展政策或战略，很可能会失去在全球市场中的竞争力和市场份额。建立海洋产业的品牌形象，促进海洋产业产品的出口贸易，有助于英国经济的可持续发展，制定一个路线图，选择海洋科技与创新作为政府和行业投资的重点；制定技术发展路线图，重点突出海洋产业长远发展需要的技能；挖掘海洋可再生能源产业的潜力，提高知识共享；时刻关注并剖析现有的以及新出台政策，发现其变化中所包含的风险。

3. 发展海洋工业，满足英国政府部门和工业部门的需求

对于政府部门来说，海洋产业的发展有利于增加就业，促进中小企业的发展；就整个产业体系来说，海洋产业发展使工业部门和政府的关系更加紧密，并更加明确了海洋产业的发展方向和目标，有利于公共和私人在海洋产业投资。因此，我们必须采取措施支持海洋产业发展，努力实现高技术产业出口船舶设备和一流船舶设备的系统集成；海上贸易行业领先全球市场；海洋休闲产业提供一种休闲服务，它为全球中产阶级的快速增长提供了质量和信誉；海洋可再生能源工业实现英国能源供应的海上安全。

参考文献

董翔宇、王明友：《主要沿海国家海洋经济发展对中国的启示》，《环渤海经济瞭望》2014 年第 3 期，第 21～25 页。

王金平、张志强、高峰、王文娟：《英国海洋科技计划重点布局及对我国的启示》，《地球科学进展》2014 年第 7 期，第 865～873 页。

林香红、高健、何广顺、李巧稚、刘彬：《英国海洋经济与海洋政策研究》，《海洋开发与管理》2014 年第 11 期，第 110～114 页。

David Pugh：《英国海洋经济活动的社会——经济指标——看英国海洋经济统计》，《经济资料译丛》2010 年第 2 期，第 75～96 页。

周剑：《海洋经济发达国家和地区海洋管理体制的比较及经验借鉴》，《世界农业》2015 年第 5 期，第 96～100 页。

杨芳：《英国经济"一枝独秀"的原因及其走势》，《现代国际关系》2015 年第 2 期，第 32～38、63 页。

徐锭明：《站在历史发展的新起点谋划我国新能源的发展》，《电力与能源》2011 年第 1 期，第 7～8、25 页。

王金平、郑文江、高峰：《国际海洋可再生能源研究进展及对我国的启示》，《可再生能源》2012 年第 11 期，第 123～127 页。

王龙云：《服务业 PMI 走高推升英镑》，《经济参考报》2017 年 4 月 6 日，第 4 版。

李军、刘容子：《英国海洋产业增长战略及其启示》，《中国海洋报》2012 年 2 月 3 日，第 4 版。

任晶惠、杨磊:《海商法将走出英国时代》,《中国交通报》2016 年 7 月 5 日,第 7 版。

张琪:《英国逐鹿"海上"新霸业》,《中国能源报》2016 年 8 月 22 日,第 7 版。

王凌峰、陈玉平:《英国"脱欧"投一石,国际航运业掀几层浪?》,《进出口经理人》2016 年第 10 期,第 72~73 页。

肖立晟、王永中、张春宇:《欧亚海洋金融发展的特征、经验与启示》,《国际经济评论》2015 年第 5 期,第 57~66、5 页。

中船:《"脱欧"将英国海事业引向何方?》,《珠江水运》2016 年第 17 期,第 38~40 页。

国彬:英国发布《海洋能源行动计划》,《中国海洋报》2010 年 3 月 19 日,第 4 版。

黄堃:《英国发布海洋能源行动计划》,《中国建设报》2010 年 3 月 22 日,第 8 版。

罗伯特:《英国"脱欧"对欧盟经济影响几何》,中国财经网,2016 年 6 月 25 日。

丁义:《高电压直流耐压试验对电缆寿命的影响》,《企业技术开发》2011 年第 21 期,第 41~43 页。

中船:《"脱欧"将英国海事业引向何方?》,《珠江水运》2016 年第 17 期,第 38~40 页。

宋玉春:《高油价助力北海油田复活》,《中国石化》2005 年第 7 期,第 28~29 页。

B.15
挪威海洋经济发展分析与展望

摘 要： 作为传统的海洋大国，挪威有着深厚的历史沉淀。挪威当局
一直很重视海洋经济的发展，并长期致力于其海洋产业竞争
力的提升。本报告结合相关数据，对挪威海洋经济的发展现
状、主导产业发展状况进行分析，并对其海洋经济的发展形势
进行了合理的展望。本报告认为挪威政府应保住海上油气产业
的经济支柱地位，同时适度抑制在油气开采领域的过热投资。

关键词： 海洋产业 油气储量 海洋金融

一 挪威海洋经济发展现状分析

（一） 挪威海洋经济发展环境分析

挪威当局长久以来致力于挪威海洋产业竞争力的不断提高，一方面从税
收、研发、信用贷款等方面以政策支持海洋产业的发展；另一方面努力营造良
好的外部环境大力培养涉海人才。除此之外，挪威当局还会给予企业所需的服
务，重视与商会、企业的协调沟通。

在税收政策方面，挪威当局扶植海洋产业发展采用的是调低税率的方式。
现在挪威采用比较固定的税收政策。但是，海洋方面的税收政策在 2008 年以
前经常进行调整，大约每 2 年就调整一次，这对于企业形成稳定税收政策的预

---

* 刘莹，中国海洋大学经济学院讲师，研究方向为国际贸易、海洋经济。

期是不利的。挪威的税收政策步入稳健状态始于 2008 年，较为稳健的税收政策环境对于稳定海洋企业的长期投资具有促进作用。

在出口信贷方面，自 1978 年开始，鼓励国内企业出口海洋工程的设备和技术主要采用出口信贷方式。如挪威的一些国有银行给予出口行业大量信贷支持，然后该方面的担保公司为银行的出口信贷提供再担保服务。

在研发经费方面，挪威当局在 2006 年创建了挪威技术中心。挪威海洋部门的研发支出大部分用于政府和私营部门，约占国民生产总值的 5%，而私人部门和政府部门的 R&D 支出在国民生产总值中分别占 4% 和 1%。挪威贸易和工业部不具体负责海洋研发资金的管理。其海洋研究和开发基金拥有专门的独立机构，并以非常规范的方式进行管理。

挪威地方当局对创造良好的商业环境和改善公共机构与海洋企业之间的联系产生了重要影响。例如，为了给南 Sunnmre 地区提供良好的工作条件，并为该地区与该地区之外的货物运输和人员流动提供便利，在该地区创建了高质量的运输网络和基础设施。

挪威当局与会员企业之间存在一个纽带和桥梁，那就是挪威的海洋行业协会商会。会员企业的建议和材料等都汇集到行业协会这里，并由其交递给政府。除此之外，行业协会商会常常和政府一起参与制定海洋政策，并向会员企业推广政府的政策。挪威是一个小国，具有扁平化的管理模式，海洋所涉及领域的人员之间具有很密切的联系。因此，对于挪威海洋政策制定，挪威的各个行业协会都能够较多地参与其中。

（二）挪威海洋经济发展规模分析

2013 年挪威在海洋产业方面的增长价值大于 180 亿欧元，其中海洋装备、海洋服务、船坞、船舶和钻井平台行业的占比分别为 19%、23%、7%、51%。挪威海洋产业 2012 年的增加值在其 GNP 中所占比重不超过 6%，但海洋产业提供的就业岗位达到了 10 万个，使海洋产业链的完整集聚得以实现。目前，挪威拥有的船舶数量是世界上最多的，拥有的海洋油气船舶数量排名世界第二，其海洋油气产业在海洋产业中的影响也越来越大。

过去几年，即使受到金融危机的波及，挪威海洋经济整体仍保持平稳较快的增长，主要体现在以下三方面：首先，海洋产业增加值具有较快的增长速度，年均增长率超过13%；其次，海洋油气船舶产业也增长飞快，与2004年相比，增长了近5倍；再次，挪威在世界航运业中所占份额也在急剧下降，其船舶产业的增加值对其海洋产业增加值的贡献率也下降，降幅超过10个百分点；最后，挪威的海洋油气产业是其海洋产业中发展最为迅速的，而海事设备行业也在稳定增长。

（三）挪威海洋经济产业结构分析

海洋石油天然气工业、造船业、海洋工程装备制造业和现代海洋服务业共同构成了挪威的海洋经济。而挪威在发展海洋装备制造业和服务业方面具有优势。挪威的海洋油气关键设备和安装服务行业在世界处于领先水平；挪威是传统的海洋大国，其海洋油气在全球也处于领先地位，这为其海产品及海洋服务业的发展创造了有利条件。当前，挪威的海洋设备制造商已经较多地参与海洋工业动力和推进系统、管道系统、导航设备、热力系统、配件、钻井设备、定位系统的工作流程中。

挪威的造船业拥有很长的发展史，在公元800年的维京时代就已经开启了船舶制造和经营的发展史。1880年，挪威航运业居世界第三位。在两次世界大战期间，挪威把重点放在捕鲸船、班轮运输和坦克船上，并在制造坦克船方面在世界占据主导地位。世界造船业在1975~1985年竞争极其激烈，这促使亚洲造船业生产效率的提高，而挪威的造船和航运业发展面临更多压力，其船舶产量下降幅度达76%。因为亚洲船厂在成本上占据绝对优势，挪威造船厂开始依靠其自身能力和技术优势，转向船舶和海洋油气产业。

近几年，挪威的海洋石油和天然气工业发展迅速，促进了挪威在全球海洋经济中的地位提高。2008年，国民经济增长中的26%是挪威石油部门的贡献。挪威依靠在海洋产业中的竞争优势，生产了大量的先进船舶，尤其是海洋油气开采方面的船舶。挪威在提供海洋高端服务方面处于全球重要地位，在船舶融资、保险、经纪和港口服务方面具有发展优势。

在挪威的海洋经济中，海洋金融占据主要地位，奥斯陆包含了大量跨国性海洋金融机构，是全球海洋金融中心之一。虽然相对伦敦而言，奥斯陆的规模较小，但其在专业性和服务方面更具优势。

二 挪威海洋主导产业发展分析

（一）挪威海洋主导产业分析

挪威坐落于北欧斯堪的纳维亚半岛，其面积为 324000 万平方公里，人口大约是 447.9 万，其主导产业有石油、渔业、航海业等。

挪威是一个渔业大国，在挪威的国民经济中渔业所处地位极为重要，其在挪威的产业中排名第二。2002 年，其渔产品的出口量在挪威总出口量中所占比重近 6%。作为首个创建独立的渔业部的国家，挪威当局注重渔业方面的管理。挪威的鱼和渔产品中有 90% 用于出口，其出口总价值达 160 亿挪威克郎，在挪威商品出口总额中所占比重达 11%。挪威有 9.2% 的人口直接或间接从事渔业，在公海捕捞的渔民达 2.7 万人，投身到水产养殖有关行业的超过 1.4 万人，从事渔业加工职业的有 1.1 万人。

航海运输业在挪威的海洋产业中也占有重要地位。当前，其航海运输船队在世界上排第三位，给其他海洋产业的进步打下一定基础。在北海和挪威海大陆架发现石油后，挪威当局对海洋事业的投资力度大幅提高，为促进其海洋科技的进步投入巨额资金，大力支持海洋产业的发展，其对海洋科技的大力投资闻名世界，对其国际竞争地位的提高提供了有力支持。

在挪威经济发展中，近海洋油气勘探开发也占有重要地位，也是海洋科技发展的重要组成部分。1969 年挪威大陆架就发现了石油，挪威当局对于该领域的投资不断增加。目前该领域的投资基金已达到挪威投资基金的 70% 以上。挪威每年的石油产量皆超过英国，挪威大陆架在勘探石油方面一直获得新发现，自 20 世纪 90 年代以来，挪威当局就大幅度调整了其产业结构，将海洋石油工业作为国家发展的重要产业部门，以此来促进石油产业的持续发展。

（二）挪威海洋渔业发展分析

挪威坐落于欧洲的最北端，一直以来，挪威人依靠捕鱼、鲸、海豹来维持生计。在挪威的国民经济中，渔业拥有极为重要的地位。挪威是一个岛国，从事海洋或与海洋相关岗位的人口众多。在挪威，人均年食鱼量达 45 千克，其水产养殖、水产加工和海洋捕捞技术也处于世界领先水平。

作为一个岛国，挪威在渔业生产方面具有得天独厚自然环境。挪威的本土（包括峡湾和海湾）和岛屿海岸线分别长达28953公里和71963公里，其进行水产捕捞和养殖的区域面积达挪威陆地的6倍，拥有极其丰富的渔业资源。挪威持有的渔场非常多，而且很多渔场都非常富有。其中鱼产量高的地方，包括北海、挪威沿岸，巴伦支海的海岸和挪威海的北极海岸靠近挪威海岸的为主要的鱼产卵场。挪威海岸线的发展也非常适合环保养鱼业。水产养殖业迅猛发展，使其变成沿海地区新兴的创汇产业。

挪威渔业分为养殖和捕捞两大类。养殖类以三文鱼（salmon）和鳟鱼（trout）为主；捕捞的鱼类、贝类和海洋动植物约200种，主要有大西洋鳕鱼（Atlanticcod）、黑线鳕（haddock）、绿青鳕（coalfish）、鲱鱼（herring）、鲭鱼（mackerel）、毛鳞鱼（capelin）、比目鱼（halibut）、北极虾（northernprawn）、龙虾（lobster）、帝王蟹（king crab）等。挪威具有世界领先水平的鱼类、贝类养殖技术，并且拥有优越的自然条件和基础设施，有3000多个养殖区遍布在挪威沿海。渔业在挪威国民经济中占有重要地位，是挪威第二大经济体，仅在石油产业之后。2002年专职或兼职从事渔业的人数有2万，其中海洋水产养殖的直接职位约有4000个。2011年专职或兼职从事渔业生产的人口约1.3万。

2009~2011年，挪威的渔产品捕捞量分别为253.7万吨、267.9万吨和228.9万吨，主要渔产品的捕捞量如表1所示。

表1 挪威主要水产品捕捞量

单位：万吨，亿克朗

类别	数量			金额		
	2009	2010	2011	2009	2010	2011
毛鳞鱼	23.30	27.38	36.06	3.79	5.30	7.86
鲭鱼	12.12	23.4	20.81	9.60	18.17	25.61
鲱鱼	107.73	92.37	63.35	26.86	27.46	33.33
黑线鳕鱼	10.63	12.47	15.95	8.29	10.43	13.36
大西洋鳕鱼	24.37	28.35	34.01	28.23	29.71	39.57
比目鱼	1.02	0.98	1.02	2.01	2.21	2.60
帝王蟹	0.56	0.19	0.18	1.28	0.88	1.52
褐蟹	0.50	0.58	0.53	0.40	0.48	0.47

续表

类别	数量			金额		
	2009	2010	2011	2009	2010	2011
北极虾	2.73	2.21	2.45	5.54	5.18	5.97
挪威龙虾	0.03	0.03	0.02	0.24	0.24	0.20

资料来源：挪威国家统计局。

挪威是世界十大海产品生产国之一，其水产品出口仅次于中国位居世界第三。联合国粮农组织统计显示，挪威 2002 年的鱼产品出口量在挪威总出口量中的占比 5.7%，2007～2009 年，挪威渔产品出口额分别为 62.28 亿美元、69.37 亿美元和 70.73 亿美元，连续多年排名世界第二（仅次于中国）。2011 年，渔产品出口额为 533 亿克朗。根据挪威海产品委员会（Norwegian Seafood Council）的统计，2012 年挪威渔产品出口额达到 516 亿克朗（约合 70 亿欧元），比 2011 年下降 17 亿克朗。其中养殖渔业（farmed fish）产品出口 110 万吨，出口额为 318 亿克朗（约合 57 亿美元，比 2011 年增长 4.46 亿克朗）；由于价格下降，海鱼出口额有所下降，2012 年鳕鱼出口额为 103 亿克朗（约合 18 亿美元，比 2011 年减少 15 亿克朗），鲱鱼出口额为 75 亿克朗（约合 13 亿美元，比 2011 年减少 11 亿克朗）。2013 年出口额上涨 615 亿克朗。2014 年，挪威向世界上 140 多个国家出口各类海产品，出口总值约 687 亿克朗，创历史新高。

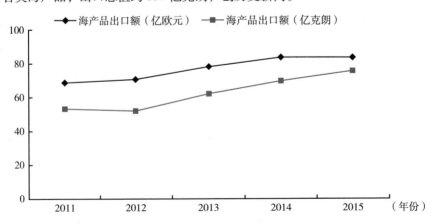

图1　2011～2015 年挪威海产品出口额

资料来源：挪威海产品委员会（Norwegian Seafood Council）。

受克朗贬值刺激，挪威大陆经济出口产品竞争力增强，大陆经济出口额同比增长 5.1%。2015 年，挪威海产品出口总值创纪录（745 亿克朗），比 2014 年增长 8%。按挪威克朗衡量，过去 10 年挪威海产品出口额翻了一番（2006 年出口额为 350 亿克朗）。

近几年，挪威的海产品出口业务一直处于迅速增长中。截至 2016 年 11 月，挪威海产品行业今年出口额达 832 亿挪威克朗，比 2015 年同期增长 160 亿克朗。照此发展，2016 年挪威海产品出口额将超过 900 亿挪威克朗。

从产品来源看，水产养殖业已取代捕捞业成为挪威海产品出口的支柱。近几年，挪威捕捞业的出口额基本稳定在 200 亿克朗左右，海产品出口的增长动力主要源于水产养殖业。目前，挪威水产养殖企业超过 120 家，年产量约 130 万吨，其中 99% 的产品为大西洋三文鱼和鳟鱼。2006 年，挪威水产养殖业出口额占全部海产品出口额的比例约 52%，2015 年该比例已上升至 67%。2015 年，挪威三文鱼出口价量激增，有力推动了整体海产品出口的上涨。

挪威对于渔业的管理非常看重，1964 年专门设有独立的渔业部，是世界上首个创建独立渔业部的国家。挪威具有非常丰富的渔业资源，并且有利用充分、研发效率极高的渔业自动化设备，不断地发展和完善渔业资源的评估制度，为保证挪威渔业的可持续发展，采取了严格的渔业资源保护措施和管理制度等先进的渔业管理模式。

在挪威渔业生产中，有完善的渔业法律法规、健全的渔业管理体制。挪威研究了水产养殖、海洋渔业、海豹捕猎、捕鲸和生物技术。多年来，预算一直优先考虑渔业研究项目，其中包括资源、海洋和沿海自然环境、渔业技术等方面。渔业研究年均投入资金为 7 亿克朗。

依靠严厉的渔业资源保护措施和管理制度等一系列先进的管理模式、全方位的渔业法规体系、政府的足够重视，挪威海洋渔业将继续长期牢牢占据全球海洋产业的制高点和前沿领域，继续保持可持续发展的方向。

（三）挪威海洋事业发展分析

进入现代社会后，挪威在传统船舶制造和航运业基础上发展出门类齐全、产业链完整的海事业务。特别是 20 世纪 60 年代，挪威在沿海大陆架发现石油和天然气资源以来，海事业与海洋油气产业深度融合、相互促进、共同发展。

今天，挪威是世界领先的海事国家之一，海事业已深深植根于挪威经济社会中，促进经济繁荣，提高民生福利。

根据挪威专业机构的研究，海事业的定义：拥有、运营、设计、建造各种类型的船舶及其他浮动平台，或提供相关设备及专业服务的业务。挪海事业包括四大部门：船东、海事服务（包括技术服务、贸易、港口和物流服务、金融和法律服务）、船厂、海事设备（包括船舶设备、海洋工程船及平台设备、渔业捕捞及水产养殖设备）。

据测算，2013 年挪威海事业创造价值约 1744 亿克朗，占挪威大陆经济（非油气产业经济）创造价值总额的 12%。海事业也是挪威第二大出口行业，剔除石油和天然气出口，2013 年海事业出口占挪威总出口（包括货物和服务）的 38%。海事业从业人员超过 10 万，占挪威就业人口的比重超过 4%。

表 2　挪威海事业创造价值及提供就业岗位情况

单位：亿克朗，人

项目	创造价值		雇员人数	
	2004 年	2013 年	2004 年	2013 年
总计	712	1744	80757	112227
船东	435	1020	37956	48022
海事服务	149	352	20712	28393
海事设备	95	285	14013	24714
船厂	33	87	8077	11098

资料来源：挪威贸工部。

作为海事大国，挪威曾拥有世界第三的国际航行船队（按吨位排名）。虽然近年来挪威船队在全球的份额占比有所下降，但根据 2015 年初的数据，挪威国际航行船队仍位居世界第七（按拥有船舶数量计）。

值得一提的是，受益于海事业与海洋油气的融合发展，在海洋工程船领域，挪威位居世界前列。挪威船东拥有的海洋工程船队采用了世界上最先进的技术，规模（按数量排名）位居世界第二（仅次于美国）。由于海洋工程船单船价值高，且在挪威船队中所占比例较大，据专业机构测算，按船舶价值计算挪威船队位列全球第六。

根据挪威船东协会的统计，2016 年初，挪威船东控制的国际航行船舶共

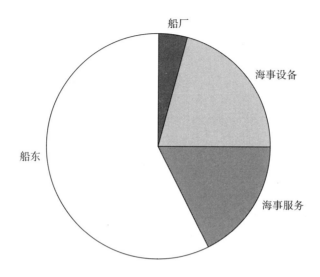

图 2　2014 年挪威海事业各部门创造价值

资料来源：挪威船东协会。

1724 艘，总载重吨位约 4000 万吨。其中，悬挂他国旗帜的船舶数量为 975 艘；在挪威登记悬挂挪威旗的船舶数量为 749 艘。上述船舶中，海洋工程服务船 612 艘，占比 35%。

表 3　挪威国际航运船队（2016 年初）

单位：艘，千吨

航运船队	挪威旗 + 外国旗		挪威旗		外国旗	
	船数	载重吨	船数	载重吨	船数	载重吨
客船和轮渡	18	——	12	——	6	——
天然气船	109	5192	47	2316	62	2876
化学品船	225	5022	102	2900	123	2122
穿梭邮轮	61	7306	7	812	54	6494
其他邮轮	61	6495	38	4108	23	2387
通用性货轮	18	1775	8	826	10	949
散货船	109	5688	69	4020	40	1668
其他干货船	511	6665	111	2456	400	4209
海洋工程船	612	2518	355	1418	257	1100
合计	1724	40661	749	18856	975	21805

数据来源：挪威船东协会。

挪威人口较少，本土经济容量有限，其海事业国际化程度高，对海外市场极为依赖。2015 年，挪威船东控制的船队在全球共运输货物约 15.7 亿吨，其中约 12.8 亿吨货物在挪威以外港口卸货。目前，挪威船东所属船舶超过九成来自海外船厂，本土船厂仅提供约 9% 的船舶，且主要是生产技术含量高的海洋工程船。挪威生产的海事设备约 90% 向外出口。挪威的海事服务机构向全球航运界提供定级、金融、中介、研发等服务，代表性企业挪威船级社（DNV GL）在全球 100 多个国家设立了 500 家办公室，员工人数约 1.6 万。挪威控制的船舶雇用了约 4.6 万船员，其中外籍海员人数占比超过 60%，外籍海员最大来源国为菲律宾（约 1.16 万人）。

海事业是全球性行业，与全球经济紧密相关。在行业萧条时，挪威当局用来研究发展海事业的时间更多，大力拥护石油与天然气的发展，其中，与其相关的海事业订单约占 85%，新船订单约占 80%，海事业逐渐转好。未来，海事业与油气业的发展将更加紧密。

海事业的发展需要更加稳定的政策。为了让挪威海事业更有竞争力，挪威政府 2007 年制定的战略到目前为止没有太大的变化，还在执行中。即便执政党轮替，也都能保持稳定的海事政策。2008 年，挪威政府率先制定了海事研究与创新战略（即 MARTIME 21），该战略致力于使挪威实现 2020 年前成为世界上最具吸引力的国家之一的目标。挪威海事行业的战略是国际化的，挪威政府势必将加大力气推动海事业的国际合作，大力支持挪威海事企业拓展国际事业版图。

（四）挪威海洋油气业发展分析

根据挪威石油委员会（NPD）提供的资料，截至 2011 年底，挪威大陆架上大约有 131 亿立方米的石油和天然气资源。其中，占总储量 44% 的约 57 亿标准立方米油当量的石油和天然气资源已被采出。

根据挪威石油管理局统计，2011 年挪威油气总产量约为 2.19 亿标准立方米油当量。其中，石油产量约 9730 万标准立方米油当量（1 标准立方米油当量石油 =0.84 吨石油），天然气产量约 1.01 亿标准立方米油当量（1 标准立方米油当量天然气 =1000 立方米天然气），天然气凝析液（NGL）产量约 2070 万标准立方米油当量。2014 年挪威油气总产量为 2.17 亿标准立方米油当量，其中石油约占 40.5%（见表 4）。在这一年中，石油和天然气工业占挪威国内生产总值的 19.7%，出口在总出口额中所占比重为 45.1%，投资方面占总投资的 28.5%。

表 4 挪威油气产量

单位：万标准立方米

年份	石油产量	天然气	油气总产量
2011	9730	10100	21900
2014	8780	1019（亿立方米）	21700

资料来源：挪威石油管理局统计。

根据 OECD 统计，2010 年，挪威是世界第二大天然气出口国和第六大天然气生产国。2011 年，挪威是世界第七大石油出口国和第十四大石油生产国。2013 年挪威是世界第十三大石油生产国、第七大天然气生产国及第三大天然气出口国。

油气产业在挪威国民经济中发挥了重要作用，为挪威社会带来了巨额财富。过去 40 年中，油气产业共为挪威创造了超过 9 万亿克朗（2012 年汇率，1 克朗为 1~1.1 人民币）的国民生产总值（GDP），油气企业同样为政府带来了高额的税收。2011 年，油气活动收益向挪威主权财富基金——挪威全球养老金（Government Pension Fund Global）转移 2710 亿克朗，截至 2011 年年底，该基金市值约 3.3 万亿克朗，相当于每个挪威公民拥有 65 万克朗。

根据挪威石油能源部的预测，在将来一段时间，挪威石油产量将逐步减少，但天然气销量将在 10 年内增加至 1.05 亿~1.3 亿标准立方米油当量。2010 年，油气产业（包括勘探、开采、运输及相关服务行业）创造产值 6700 亿克朗，占 GDP 的 21%，是制造业产值的 2 倍，第一产业产值的 15 倍；政府从油气产业获得的收入占财政总收入的 26%；油气产品出口额约为 5000 亿克朗，占出口总额的 47%，约是渔业出口额的 10 倍；2014 年 1~6 月，挪威 GDP 总为 1.54 万亿克朗（约合 2550 亿美元，1~6 月平均汇率 1 美元兑 6.04 克朗）。2014 年以来，油气总产值有所下降，第一季度环比下滑 0.6%，第二季度维持不变。上半年油气产业共创造 GDP 3455 亿克朗（约合 572 亿美元），占 GDP 总值的 22.5%。

虽然挪威油气产业包括管道传输在内的投资额总量不断攀升，预示着在今后若干年内市场仍然较为广阔，但有关数据显示，2013 年挪威油气投资接近峰值，2014 年已出现拐点。2014 年上半年，挪威固定资产投资规模为 3394 亿克朗（约合 562 亿美元），第一、二季度分别为 1628 亿克朗和 1765 亿克朗，环比增长 1.4%。其中油气开采及服务业投资规模自上年第四季度起连续 3 个季度下滑，环比分别减少 2.2%、1.6% 和 1.9%，第二季度以来，面对油气价格下滑预期及挪威油气领域居高不下的运营成本，多个投资计划已延缓进行。此前已有的数个投资项目也在 2014 年或随后几年内完成。国家统计署投资意向调查显示，石油、天然气开采及管道运输 2014 年全年投资额为 2273 亿克朗，投资增长率约为 2.5%，低于 2013 年底的预期。

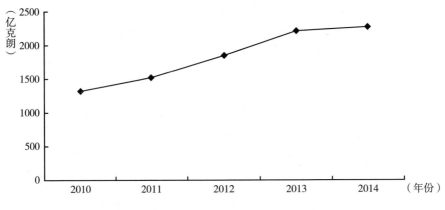

图 3　2010～2014 年挪威油气产业投资额

资料来源：挪威国家统计局。

因此，油气领域投资热潮或将暂时消退。从长远来看，新探明的油气资源的数量和规模最终决定油气的生产水平。除此之外，挪威的能源生产受到世界经济趋势的显著影响。

三　挪威海洋经济发展形势分析

在海洋经济方面拥有完整产业链的挪威，在海洋经济和海洋金融方面的发展水平居世界前列。依靠着传统的发展优势，挪威在全世界的海洋经济产业链中处于重要的位置。就传统船舶领域而言，挪威已形成卑尔根船舶工业集聚集团。挪威在奥斯陆中形成了一个新兴的海洋产业集群，该产业集群的中心是海洋油气、用海洋经济和金融来提供配套支持服务，这是经过十多年的发展获得的骄傲成果。此外，它还在西部海岸创建了世界性的海洋经济与金融知识创新中心。

海洋金融发展成为挪威海洋经济产业中的重要支柱之一。海洋金融在挪威迅猛发展起来的原因：（1）为了匹配传统海洋经济行业的发展；（2）助力新兴海洋产业的发展。近十多年来，可谓硕果累累。海洋工程、油气产业及其相关的金融服务产业以惊人的速度不断前进。奥斯陆是世界海洋金融中心之一。大部分给海洋经济提供金融服务的机构在奥斯陆都有分支。此外，挪威银行、北欧联合银行和奥斯陆证券交易所迅速发展成为与海洋经济有关的全球金融机构。

截至目前，挪威拥有世界上数量最多的船舶，世界第二多的海洋石油和天然气船舶。在挪威海洋产业中，海洋油气工业发挥着越来越重要的作用。挪威造船企业的重心已转为对新技术解决方案和知识的开发环节，而非原来的生产环节。挪威的海洋油气业的重心已转到对资源的开发环节，并且在提供海洋油气关键设备及其设备安装服务行业发展迅速。海洋油气产业的迅速发展，巩固了挪威在全球海洋产业中的地位。在海洋工程装备和服务业中，挪威的海洋装备制造业更多地参与了海洋产业供应链各方面的合作与协调。挪威是全球海洋服务业的重要参与者和提供者，其在船舶和海上保险融资，船级社、经纪和港口服务等领域具有发展优势。

2014年是挪威本届政府执政开局之年，新任政府一方面延续海上油气产业的经济支柱地位，另一方面适度抑制在油气开采领域的过热投资，并通过改革税制、改进公共服务和基础设施、维持低利率等手段促进私人投资、改善贸易环境，大力发展大陆经济，力图逐步降低对油气产业的依赖度。总体经济形势平稳，固定资产投资稳定增长，失业率和通胀率继续维持低位。由此来看，挪威海洋经济将继续蓬勃发展。

参考文献

《挪威油气产业存在巨大市场》，《中国经贸》2013年第2期，第6页。

权锡鉴、王乃峰：《基于不同组织体制的海洋渔业发展模式研究》，《中国渔业经济》2015年第2期，第4~10页。

胡毓：《挪威：积极应对海事危机》，《中国船舶报》2016年7月29日，第3版。

B.16
日本海洋经济发展分析与展望

王 璇[*]

摘 要： 近年来，随着世界海洋经济的蓬勃发展，许多国家将海洋经济作为新的经济增长点和国民经济转型的切入点。通过海洋经济的政策支持、资金投入和技术推动等带动海洋经济结构优化转型，促进国民经济又好又快发展。本报告选取日本——全世界海洋强国之一进行研究，分析日本海洋经济的发展情况及其主导产业，并结合发展现状分析主导产业的发展形势，为日本海洋资源的开发及合理利用提供意见参考。

关键词： 海洋经济 主导产业 技术推动

一 日本海洋经济发展现状分析

（一） 日本海洋经济发展环境

1. 日本海洋发展战略演变

日本作为一个岛国，陆地资源极其匮乏，海洋是其命脉。20 世纪 60 年代以来，日本政府把经济发展的重心从重工业、化工业逐步向开发海洋、发展海洋产业转移，推行"海洋立国"战略。进入 21 世纪，日本政府提出将海洋和宇宙开发作为维系国家生存基础的优先开拓领域。2004 年，日本发布了第一部海洋白皮书，提出对海洋实施全面管理；2005 年 11 月，日本海

---

* 王璇，中国海洋大学讲师，研究方向为港口群转型升级。

洋政策智囊机构向政府提交了经过两年多研究出台的政策建议书——《海洋与日本：21 世纪海洋政策建议》；2007 年 4 月，日本通过了《海洋基本法案》，确立了未来海洋开发的基本原则；2008 年 3 月，日本内阁会议通过了《海洋基本计划》，规定了未来五年日本在海洋开发领域重点开展的工作，这是日本自《联合国海洋法公约》生效以来在海洋政策领域采取的又一重大措施。

2. 日本海洋经济发展概况

日本因为国土狭小，陆上资源匮乏，较早就开始系统地进行海洋资源开发工作，并把海洋经济作为国民经济的重要支撑点。日本海岸线长 3.5 万公里，海洋专属经济区面积大约 447 万平方公里，拥有海港和渔港 3914 个。日本99.9% 的自然资源是从海洋中得到的，超过 90% 的进出口货物依赖于海洋运输，50% 的 GDP 依赖于海洋经济，海洋渔业、沿海旅游业、港口及海运业、海洋油气业等是日本海洋产业发展的支柱产业。

日本海水养殖产量占世界总量的近 1/4，2000 年日本在海产品良种培育、海洋药物和海洋生物提炼方面形成规模产业，创产值约 150 亿美元。

日本一直致力于高度信息化、智能化、生态化、多用途的港口建设，推动了海洋运输业的发展。众多以沿海陆地为依托，向海洋延伸的海洋特色经济区域已经形成。

3. 日本海洋经济发展显著特点

（1）海洋经济区域业已形成。这是与其他国家不同的地方。2002 年日本经济产业省推出《产业集群计划》，到 2004 年，日本已认定 19 个地区建设产业集群，并已在 18 个地区正式实施知识产业群。地区集群的形成，不仅构筑起各地区连锁的技术创新体制，而且形成了多层次的海洋经济区域。当前，日本海洋经济区域有三个基本发展趋势：以大型港口为依托；以海洋技术进步、海洋高科技产业为先导；以拓宽经济腹地范围为基础。

（2）海洋开发向纵深发展。近几年来，日本的海洋开发正在向经济社会各领域全方位推进，已经形成近 20 种海洋产业，构筑起新型的海洋产业体系。比如港口及海运业、沿海旅游业、海洋渔业、海洋油气业等四大产业，已经占日本海洋经济总产值的 70% 左右。其他的如海洋工程、船舶工业、海底通讯

电缆制造与铺设、矿产资源勘探、海洋食品、海洋生物制药、海洋信息等，也获得了全面发展。

（3）海洋相关活动急剧扩大。主要包括大力发展海洋观测技术、加强海洋地震灾害研究、推进海洋环境保护。日本海洋经济发展与英美国家相比，有其独特之处。由于日本高度重视科学技术在海洋经济开发过程中的作用，因此日本的海洋经济技术水平在全世界范围内处于领先地位，而由科技进步带来的经济增长幅度也是惊人的。由于日本土地有限，因此大量填海造地，而英美等国认为填海造地会对环境造成不利影响，因此不赞同日本填海造地。近几年来由于海平面上升，日本围海造地形成的部分国土也面临被淹没的危险。日本坚持以科学研究名义开展捕鲸活动，也一直受到澳大利亚等国家的严厉指责。同时，日本将大量从第三世界国家低价购买的矿产品储存在海洋里，对周边海洋水质形成污染，破坏了海洋生态体系的平衡。

4. 日本海洋政策与法制环境

日本政府自 20 世纪 60 年代开始调整产业结构，将经济发展从原来的重工业逐渐向海洋产业过渡，形成以海洋渔业、海洋运输、海洋油气业、滨海旅游业为海洋主导产业的海洋经济发展格局。为了海洋经济的有序发展，日本着手建章立制，制定并出台了海洋相关的政府文件和法律法规。2007 年 4 月《海洋基本法》的出台为今后日本海洋产业发展提供了战略指导，并且发展方向在较长的一段时间内不会变化。为了动态调整、对《海洋基本法》进行补充，日本又出台修订了《海洋基本计划》。2008 年第一个《海洋基本规划》，加强对专属经济区和海域的综合治理。2013 年，修订后的《海洋基本计划》强调要加强稀有资源的开采，如稀土和可燃冰。

日本海洋发展战略以振兴海洋经济为主要目的。2013 出台的《海洋基本计划》表明了日本海洋立国的坚定立场，阐明了大力发展海洋经济，制定海洋基本计划的战略意义，将政府促进海洋产业发展的相关政策建议和具体施政措施进行细化，发展的具体措施包括能源和矿产的开发、海洋可再生能源的循环利用、海洋产业的振兴及加强水产品竞争，确保资源的有效利用、提高海上运输的国际竞争力、增设海上运输和其他服务站等。

5. 日本海洋资源与技术环境

日本地处亚欧大陆东部，是由本州岛、四国岛、九州岛、北海道岛以及7200多个小岛屿组成的太平洋岛国，国土面积为37.8万平方公里，略高于英国和德国，海岸线蜿蜒曲折30000公里。日本多山，平原稀少，土地资源贫瘠，自古以来向海而生，其200海里专属经济区面积相当于陆地面积的10倍以上，海域面积辽阔。

（1）海洋资源环境

北海道渔场是世界著名的渔场，位于千岛寒流与日本暖流交汇处，由于海水密度差异，冷水和暖水的交错流动，海底的有机质通过海水的竖直搅动到了海面，为鱼类提供丰富的饵料，因此浮游生物丰富，鱼群密集，盛产700多种鱼类，是世界第一大渔场。其中主要盛产鲑鱼、狭鳕、远东拟沙丁鱼、秋刀鱼。

日本东部沿海地区港口资源丰富，有许多天然优良港湾，目前已经形成了以"京滨港""伊势湾"和"阪神港"为代表的超级中枢港湾。其中东京湾港口包括东京港、横滨港、千叶港、川崎港、横须贺港和木更津港等六大著名港口，是世界最大的港口群之一。

日本的海洋矿产资源主要有白金、稀土、锰等稀有金属资源，海底热水矿床，可燃冰以及石油天然气。日本的油气探测区主要包括沿海直至大陆坡下面127万平方千米的范围，其中至水深200米的大陆棚面积约40万平方千米，水深超过200米的大陆坡面积约87万平方千米。稀土是非常宝贵的能源，日本是稀土应用大国，但其稀土主要是靠从中国进口，且有较强的依赖性。随着中国对稀土资源出口的管控，日本开始对南鸟岛周边水域的稀土资源进行开采调查，并已探明的热液矿床中含有铜、铅、锌、金、银、锗、镓、钴等金属矿产资源，主要集中在冲绳和小笠原群岛周边海域，储量约7.5亿吨，预计2018年开始开采。此外，日本工业协会（JAPIC）的数据显示，日本海域范围具有丰富的资源和巨大的可燃冰开发潜力，已探明储量的可燃冰可能地区位于纪伊半岛海岸，储量12.6兆亿立方米。预计储备调查将于2018年完成。

日本海岛众多，海洋旅游资源丰富，且主要以瀑布、湿地、高原、原野等自然资源为主，日本拥有北海道岛、本州岛、四国岛、九州岛四个大岛和其他

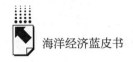
800 多个小岛屿，为其发展海岛旅游等提供了便利。

（2）海洋技术环境

海洋科学技术是海洋各领域开发的重要基础，因此，日本在推进海洋开发的同时，极其重视海洋科学技术的研究和发展。如开发海洋渔业资源应积极发展水产养殖科技，并采用高新技术，建设海洋牧场；在推进海洋运输业的同时，积极采用现代化的科学技术进行港湾建设，以适应物质的输送、船舶停泊和海运业的发展；在建设防波堤时，还兼顾波浪发电和海水养殖的科学技术研究。总之，日本海洋科学技术的研究和发展，正在为全面、大规模、立体地开发利用海洋资源创造良好的条件。

日本海洋研究开发机构（JAMSTEC）主要从事与海洋有关的基础性研究与开发工作，是日本海洋科技综合研究的知名机构。其中科学考察船和潜水器是最重要的探测设备，可以说，日本拥有世界上规模一流的科考船队。同时，日本海洋研究开发机构还是世界潜水器领域的研究中心，每两年会举行一次国际潜水艇会议，吸引大量国内外学者及专家进行学术交流，研究制造各种潜水器材，目前已研制成功的潜水器包括无人缆控潜水器、无缆自治潜水器以及载人潜水器。拥有 7 艘科学考察船，分别是海洋调查船"夏岛号"和"海洋号"、深海潜水器母船"横须贺号"、深海调查研究船"海岭号"、海洋地球研究船"未来号"、学术研究船"白凤丸"以及地球深处考查船"地球号"，其中，"地球号"隶属于 JAMSTEC"地球深处探查中心"，其他6 艘研究船与附属的载人潜水器、无人潜水器隶属于 JAMSTEC"海洋工学中心"。

（二）日本海洋经济发展规模分析

日本是个四面环海的典型岛国，海洋区域面积大而陆地面积却十分狭小，因而陆地资源极其匮乏。由于地理位置独特和先天资源不足，海洋成为日本发展经济的生命线，日本政府在高度重视海洋资源开发和海洋秩序维持的同时，也积极争夺国际海洋利益。随着日本经济发展重心逐渐向海洋转移，其海洋生物资源、海洋渔业以及海洋交通运输业迅速崛起，构建了独具特色的现代海洋经济发展模式。1996 年，众议院和参议院通过了《专属经济区和大陆架法》，明确了管理海域面积，建立了"专属经济区"，其中领海与专属经济区面积多达 447 万平方公里，是自身领土面积的 12 倍多，是第六大海洋国家，排名居美国、澳大利亚、印度尼西亚、新西兰和加拿大之后。

广阔的海域管理面积为日本开发海洋资源提供了有利条件，也增强了自古以来日本国民的海洋意识。21 世纪以来，海洋经济的发展更是迈入了新的发展阶段，海洋产业规模扩大的同时分工也逐渐细化，许多新兴产业如雨后春笋般发展起来，例如海洋资源能源开发和海洋环境探测，其中在深海机器人领域日本已取得阶段性成果。近年来，特别是在《海洋基本法》及《海洋基本计划》实施以后，日本海洋经济规模开始稳步上升，海洋产业已成为推动日本国民经济发展的新主力军。根据《海洋产业活动调查报告》测算，2005 年日本海洋产业的国内生产总值约为 20 万亿日元，从业人员 98.1 万人，粗附加价值额为 7.4 万亿日元。

（三）日本海洋经济产业结构分析

日本于 2007 年 4 月颁布《日本海洋基本法》，将海洋产业界定为"海洋资源开发、利用和保护的一系列活动"。随后相关学者与专家为开展海洋产业的相关调查组成立了一个研究委员会，对各种产业活动进行投入产出分析，编制了《海洋产业调查研究报告》，该报告于 2009 年 3 月正式生效。根据该报告显示，日本海洋产业分为三类（A~C）（见图 1 和表 1）。

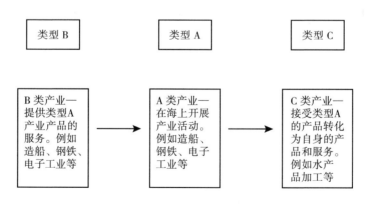

图 1　日本海洋产业分类

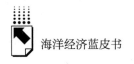
表 1　日本海洋产业结构

类别	海洋产业	类别	海洋产业
类型 A	海洋渔业	类型 A	工程建造与服务
	沿海与内陆水上运输业		其他商业服务
	海洋盐业		其他休闲娱乐服务业
	海洋文化	类型 B	人造冰
	港口运输服务业		绳网　重油　船舶修造　其他通信服务
	港口与水运管理		
	水运相关产业	类型 C	鱼类、贝类冷冻
	砂石开采		腌制、风干、烟熏的海产品
	原油与天然气		瓶装、罐装的海产品
	公共设施建造		其他方式处理的海产品
	固定通信		批发贸易

数据来源：日本《海洋产业调查研究报告》。

由日本海洋产业结构可看出其海洋产业门类丰富，随着经济重心的转移，日本迅速形成以海洋渔业和海洋交通运输业为主导的现代海洋经济结构。

（四）日本海洋经济发展影响因素分析

1. 海洋灾害

2001 年 3 月，日本环境部在《地球环境变暖对日本的影响》报告书中提到地球变暖对日本的影响，"由于温室效应的影响，全球逐渐变暖，预计截至 2100 年，全球海平面上升 9 ~ 88 厘米。而在 100 年内，日本南部和北部将分别上升 4 摄氏度和 5 摄氏度，这会严重影响国内的资源、能源、产业、生态系统以及人类的健康"。日本四面环海，火山遍布全国各地，风暴、海啸、海底火山爆发等海洋灾害频繁交错发生。尤其是这几年，这致使海岸侵蚀、港湾淤积以及土地盐碱化。2015 年台风"艾涛"（Etau）登陆日本，强降雨天气出现在全国大部分地区，出现严重的洪涝灾害，造成日本受灾地区部分城镇和乡村被毁，大量房屋被洪水冲走。除此之外，福岛核电站排水泵也遭受强降雨攻击，无法正常工作，导致数万吨污水被排放到海洋。

2. 海洋环境

由于日本的地质灾害相对频繁，一定程度上也对其海洋环境造成了负面影响。地震伴随的海啸会将大量的尘土等悬浮物引入海洋，使海面透光度降低从而污染海洋环境。除此之外，地震以及海啸会严重地破坏海岸环境，携带大量的陆地盐进入海洋，导致近岸海水的富营养化，而且伴随着海水温度升高，海藻等大量海洋生物繁殖，形成藻华，严重的环境污染同时还会对水产养殖业和滨海旅游业造成影响。此外，2011 年的福岛核泄漏事件也对日本的海洋生态造成了不可估量的损害。尤其是海洋渔业、盐业以及石油开采等海洋生产作业活动，对海洋经济造成了直接的损失，影响了海洋产业的健康发展。

3. 海洋权益和争端

经济的发展离不开良好的政治环境，因此 21 世纪日本海洋经济的发展也离不开国际政治的和谐，尤其是海洋权益以及领土的主权问题。日本的领土狭小，划归的海洋经济区只局限在四个主岛海岸的 200 海里海域内，因此亟须积极向外拓展海域面积。近几年日本在海洋领土的掠夺上频频生事，多次打着"扩大海洋经济区边界"的旗号，在一些正式场合中争夺有主权争议和具有重要地理位置的岛屿。因此，日本新的海权战略无论在目标设立上，还是在方法使用上，都不再是一般意义上的制海权，而是采取海洋霸权主义。即进一步控制好 1000 海里的海域面积的基础上利用好海洋这个平台，促进其海洋经济的繁荣，同时实现有效地"震慑"周边的战略对手。但方法和手段是非常重要的，日本、中国、韩国和俄罗斯都有海洋权益争端，如果不能妥善解决将会影响今后海洋经济发展之路。

二 日本主导海洋产业发展分析

海洋渔业、海洋油气业、海洋交通运输业以及滨海旅游业四个产业是日本海洋经济的传统产业，已占到日本海洋经济产值的近 70%。其中海洋渔业不仅是日本的传统海洋产业，还是主导海洋产业之一，且日本是一个太平洋岛国，海岸线漫长曲折，拥有丰富的旅游资源。但是近年来，日本传统海洋产业的发展受到诸如海洋渔业过度捕捞、海洋油气对外依赖度提高和旅游资源环境破坏等问题的阻碍。为此，日本主动出击，寻求海洋产业升级，积极应对传统海洋产业发展过程中所呈现的问题。

日本新兴海洋产业包括海洋旅游、海水利用、海洋资源、能源开发及相

关产业、海洋生物资源关联等产业。作为世界上较早发展船舶制造和开发海水利用技术的国家，日本新兴海洋产业具有较为良好的发展基础。伴随着全球海洋经济竞争力的日益加强，日本更加重视新兴海洋产业的发展，强化其已有的产业发展优势，同时增加海洋科技的投入，助推新兴海洋产业的长足发展。

（一）日本海洋渔业发展分析

日本岛屿众多，被称为"千岛之国"，拥有优越的地理位置且捕鱼技术和捕鱼量居世界前列，是世界首屈一指的现代化渔业大国，特别是北海道岛，位于千岛寒流与日本暖流的交汇处，渔业资源丰富。现今日本的海洋渔业已发展成一条成熟的现代化海洋产业链。日本渔业以海洋捕捞为主，捕捞产量处于全球第五位。然而20世纪90年代以来，过度捕捞导致鱼类资源日益减少，日本海洋捕捞量逐步下降。面对渔业资源日益严峻的形势和海洋可持续发展的压力，日本政府提出从捕捞渔业向水产养殖转型的战略。

此外，日本海洋渔业劳动力数量也呈现不断下降的趋势。1950年以来，从事渔业的人数大大减少，从1953年的80万人减少至2007年的20.4万人。同时，日本渔民老龄化的问题也逐渐显现。据调查显示，日本渔业男性劳动力中48%年龄超过60岁，并且后继乏人，只有较少的年轻劳动力投入渔业生产活动中。因此，劳动力数量下降和老龄化问题将持续困扰日本渔业的发展。日本海洋渔区标称渔获量从2006年的430.28万吨下降至2013年的365.69万吨，海藻和其他养殖品种的捕捞量在2006~2013年也呈现下降趋势，至2013年海藻和其他养殖品种捕捞产量仅为8.45万吨（见图2）。

2015年（平成27）日本的渔业、养殖业生产额从上年同期的876亿日元增加至1.59兆日元。其中海面渔业的生产额为1兆日元，比上年同期增长340亿日元，主要归结于鲣鱼的价格上升以及沙丁鱼的捕获量增加。由于扇贝、海藻类等产值增加，海面养殖业的产值为4869亿日元，较上年同期增加426亿日元。

水产业是日本活用周边丰富的水产资源发展起来的，是稳定国民经济，促进渔村地域的经济活动和国土坚韧化的基础。作为日本海洋经济的传统产业，

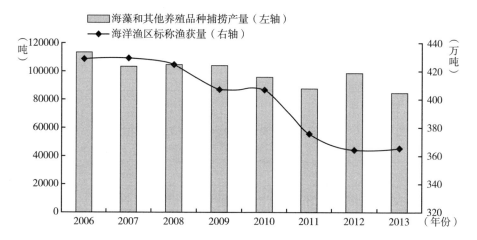

图2　2006～2013年日本渔获量和海藻及其他养殖品种捕捞产量

资料来源：联合国FAO数据库。

水产业的繁荣发展，水产资源和育渔场环境的保全才能不负国民的期望。在这样的思考方式下，政府制定新的水产基本计划（平湖年4月28日内阁会议决定）：（1）以海滨的活力再生为轴为渔业和渔村的发展注入新的活力；（2）复兴日本赈灾，综合性推进海洋渔业发展。

（二）日本海洋交通运输业发展分析

日本四面环海，经济的对外依存度极高，全国90%以上的能源、矿石、大宗农产品和工业制成品的进出口贸易都是依靠海运完成的。海洋交通运输业（又称"日本海运业"）作为日本海洋产业的主导产业之一，是日本海洋经济的重要支柱。因此日本政府十分重视海洋交通业。

20世纪60年代以来，日本国内土地、劳动力等相关要素价格不断上升，国际局势动荡不安使高度依赖出口贸易的日本航运业遭受沉重打击。在此背景下日本推动海洋交通运输业的集约化发展，在构建集约体制的基础上，制定整顿海运业政策措施以及差异化的船舶融资以及税收措施，加快海运集团兼并重组，提升海运业的国际竞争力。

日本是海运业发达的国家之一。其中，日本邮船（NYK）、商船三井（MOL）和川崎汽船（"K"LINE）三大海运集团综合实力在全世界名列前茅

（见表2）。面对世界货运市场的激烈竞争以及近几年世界经济增速减缓，新货船的不断涌入给各货运公司带来了巨大的经营压力。仅2016年上半年，日本邮船公司已经出现1950亿日元的亏损。川崎汽船也将面临940亿日元赤字，日本整个航运业面临前所未有的压力，如表3所示。

表2　日本三大海运集团运力与总资产变化

单位：万载重吨，亿美元

年份	船舶运力			公司总资产		
	日本邮船	商船三井	川崎汽船	日本邮船	商船三井	川崎汽船
2006	4780.6	5332.9	2735.3	182.7	140.3	77.0
2007	5013.4	5726.5	2924.2	199.9	166.2	84.7
2008	5224.0	5549.2	2960.6	205.9	179.6	96.6
2009	5658.2	5993.2	3287.6	237.7	200.5	112.4
2010	6019.0	6135.4	3700.2	248.2	218.1	120.5
2011	6193.4	6324.2	3989.4	268.6	246.3	135.0
2012	6412.8	6364.3	4196.8	293.3	261.2	142.5
2013	6803.7	6296.0	4324.5	254.8	236.2	125.3
2014	6636.6	6778.9	4446.6	213.8	218.4	101.8

资料来源：企业上市年报。

表3　日本三大海运集团收入与利润总额变化情况

单位：亿美元

年份	收入			利润总额		
	日本邮船	商船三井	川崎汽船	日本邮船	商船三井	川崎汽船
2006	185.2	134.2	92.9	9.9	16.9	6.5
2007	226.0	170.1	116.4	17.5	27.8	12.0
2008	241.5	185.5	123.7	7.7	19.7	4.5
2009	182.8	145.2	90.3	−1.1	3.0	−10.4
2010	225.1	180.1	115.0	13.2	11.1	5.9
2011	228.8	181.7	123.1	−3.9	−4.2	−6.2
2012	228.9	182.1	136.9	3.9	−16.6	4.0
2013	223.4	172.7	122.2	5.3	7.2	2.7
2014	199.9	151.2	112.5	7.2	4.9	4.0

资料来源：企业上市年报。

近几年全球海运业在金融危机以及国际贸易萎缩的双重影响下，发展压力巨大。目前日本海运业最大的问题是日本船舶和远洋船员的减少。《海洋基本计划》的实施对其发展起到了一定促进作用。据综合海洋政策本部的统计，《海洋基本计划》实施以后，日本的船舶保有量和船员数量都有所增加，2011年日本远洋船舶数量达到 131.8 艘（比预计增加 54.3 艘），船员人数增加到1153 人（比预计增加 81 人）

目前日本邮船、三井商船、川崎汽船正式宣布将集装箱货运业务合并，降低经营成本，实现规模经济，并于 2017 年 7 月共同出资设立新公司，预计2018 年 4 月投入运营。合并后其集装箱货运业务年营业额预计达到 2 万亿日元，位居世界第六，占世界航运业市场份额的 7%。在优胜劣汰、竞争激烈的市场中，即使是那些拥有悠久历史的企业，想要在竞争中存活下来也并非易事。日本主要的海事企业，也可以说是日本的海事产业，将在 70 年后迎来"200"周年。回顾历史，从日本明治初期近代海事产业萌芽开始到太平洋战争结束有六七十年。战败之后海事产业可以说是从零开始重新起步，到现在也正好是 70 年左右。所以可以说日本的海事产业正向着"200 年产业"的目标进入第三个循环。

（三）日本海洋资源与能源开发分析

1960 年前后，当世界各国开始进行海洋新能源的相关研究时，日本已经取得了系列研究成果，1961 年，日本首次利用潮汐能发电；1964 年建立了世界上第一台小型气动式波浪能发电装置，又相继建造了"海明号"、岸基波力电站、"巨鲸"漂浮式波力电站等知名的波浪能发电装置。日本也是世界上最早开始进行海洋温差能研究的国家之一，先后在瑙鲁、鹿儿岛等地建成了 3 座岸式海洋温差发电试验电站，1994 年"上原循环"新型热交换机的使用极大地提高了能源利用效率。另外，由谭思明等人对潮汐能、潮流能和波浪能的国际专利研究可看出，日本在 20 世纪七八十年代海洋能利用领域具有雄厚的技术实力和较强的技术优势，日本在全球拥有653 项国际海洋波浪能专利，占所有专利的 27.1%；拥有潮汐发电和潮汐发电领域 233 项专利，占总专利数的 24%，也是世界第一。

在这之后鲜有世界突破性的研究成果，部分研究机构停止了对正在进行的

海洋新能源项目研究进程，政府也不再提供相关领域的预算支持，日本对海洋新能源的研究处于停滞状态。这段时间欧美部分国家开始了对海洋新能源领域的探索并取得了大量的研究成果，在国际竞争以及福岛核心站事故的双重压力下，日本重拾对海洋新能源产业的研究，表4介绍了日本周边短期可利用的离岸30公里、水深100米以内的海洋能源，可见日本能源资源丰富，要注意细分能以确定技术开发的方向。

除此之外日本政府提出多项发展规划，2011年日本政府批准188亿日元的投资，在福岛海域附近建设"浮体式"海洋风能发电站，希望能解决能源和周边地区的就业问题；2011～2012年累计在海洋新能源领域选择6个系统实证研究和4个核心技术研究进行重点扶持，包括与美国公司联合开发Power Bouy80波浪能发电装置、海底设置型潮汐能发电装置和正在自主研制的螺旋仪型波力发电装置等。此外，计划截至2020年，安置直径为120米的大型海上风能发电装置，其发电能力相当于10座1000万千瓦以上的核电站。

三 日本海洋经济发展形势分析

（一）日本海洋经济发展战略分析

日本资源匮乏是一个不争的事实，然而日本海域面积加专属经济区的总面积在世界却名列前茅。日本很多专家曾提出将海洋作为振兴日本经济的新领域，通过合理可持续的海洋开发摆脱资源小国的称号。2013年3月，日本政府内阁会议通过新的《海洋基本计划》，明确了近五年日本海洋的发展方向和政策方针，即把振兴海洋产业作为新的发展重点，具体表现在以下三方面。

1. 积极推进海洋能源和矿产资源开发

《海洋能源和矿物资源开发计划》规定，10年内，日本将完成对周边约6万平方公里海域的资源勘察，主要有白金、稀土、锰等稀有金属资源，海底热水矿床，可燃冰以及石油天然气。其中，稀土是非常宝贵的资源，但迄今为止日本稀土的应用高度依靠中国进口，随着中国对稀土的出口管控日本也加大对稀土的开发力度。预计2018年开始对南鸟岛周边海域稀土资源的开发。

2. 加快海洋可再生能源的开发和利用

由于福岛核电站事故在国内外舆论的影响，日本开始越来越重视对"非核"能源的开发。为此，2012 年 8 月底，日本政府公布了促进可再生能源发展的新战略，目标是截至 2030 年，利用这将近 20 年时间，使海上风力、地热、生物质能、海洋（波浪、潮汐）发电四个领域的发电量增加至 2010 年的 6 倍以上。其中，海上风力发电能力要由 3 万千瓦提高到 2030 年的 803 万千瓦，目前还在研究中的海洋能源（波浪、潮汐）的发电量也要增加到 150 万千瓦。为加快这一目标的实现，日本将于 2020 年底前实现风力发电技术产业化，同时在波浪能和潮汐能领域开发出相对成熟的技术。

3. 重视海洋渔业资源的保护与监管

日本海洋渔业在世界一直处于领先水平，可近年来过度捕捞以及海水污染等因素导致海洋资源衰退。为此，2007 年日本改修了《海洋水产资源开发促进法》，规定要有计划地科学地改善水质环境，加快实现渔业团队建设，加强其对水产业的自主管理，合理科学地进行海洋资源开发，促进海洋渔业的再繁荣。

（二）日本海洋经济发展形势展望

1. 健全海洋开发体制

开发体制是海洋开发的重要支柱。因此，日本历来就重视完善、健全海洋开发体制。目前，在日本 12 个省厅内，设有 160 多个与海洋开发研究有关的单位；在学术界，有 100 多所大学和 70 多个学会从事海洋开发利用工作；在产业界有近 400 个与海洋开发有关的企业。所有这些部门，已构成政府机关、产业界、学术界三方的合作发展和研究系统，由日本首相最高决策咨询机构、海洋发展总理和海洋发展理事会组成，这些是日本海洋开发事业兴旺发达，获得成功的因素之所在。今后，日本还将继续扩充和加强向世界各国开放的研究开发体制。

2. 海洋经济与海洋环保并重

海洋开发是为了满足人类对物质的需求，而环境保护是为使人类生存的自然条件免受破坏和影响。当今，日本的海洋开发和海洋环境保护受到同样的关注，这是交纳巨额"学费"取得的经验。20 世纪 60 年代，日本的经济发展迅速，曾为追逐高额利润，不顾国际公约的规定，忽略对海洋资源开发的合理性，特别是对海洋环境保护更未注意，开始疯狂地填海造陆，大量捕鲸。除此之外还建立了许多人公岛，将许多海洋矿产资源投入海洋，致使沿岸海域污染严重，尤其是濑户内海。1972年，仅仅一年的时间内就发生了近900次海洋污染事件，大约1400万条尾狮鱼死亡，直接经济损失达70多亿日元，濑户内海几乎成为死海。为此，日本高度重视，濑户内海采取了一系列防治污染的措施，经过十多年的治理，取得了明显效果，水质基本恢复到良好状态，对虾产量从1970年的1200吨恢复到1985年的3540吨。日本从实践中获得了宝贵经验，因此在《1990年海洋开发推进计划》中，把保护海洋环境放在重要位置，并给予高度关注。在计划中规定"在进行海洋开发时，首先要进行预先评价，掌握海洋开发前后对海洋环境产生的影响"，为此必须"开发防止海洋污染所需的技术，防止海洋资源开发造成新的海洋污染"，并"着手研究海岸开发，创建海洋环境课题"。

3. 重视海洋科学技术发展

海洋科学技术是发展好海洋经济的基础和必要条件，因此，日本在推进海洋开发的同时，极其重视海洋科学技术的研究和发展，不断拓宽海洋科技研究领域，积极寻求与周边国家的合作。在开发海洋渔业资源时，积极发展渔业栽培科学技术，并采用高新技术，建设海洋牧场；在推进海洋运输业的同时，积极采用现代化的科学技术进行港湾建设，以适应物质的输送、船舶停泊和海运业的发展；在建设防波堤时，还兼顾波浪发电和海水养殖的科学技术研究。总之，日本海洋科学技术的研究和发展，正在为全面、大规模、立体地开发利用海洋资源创造良好的条件。

参考文献

廖冰、余思勤、梁元卿：《日本海运集约化战略对我国航运企业整合的参考与借鉴》，《中国航海》2016年第1期，第120～124，134页。

董翔宇、王明友：《主要沿海国家海洋经济发展对中国的启示》，《环渤海经济瞭望》2014年第3期，第21～25页。

方晓霞、杨丹辉：《海洋资源与产业的国际竞争：日本的战略新动向及我国应对措施》，《当代经济管理》2014 年第 10 期，第 59～63 页。

　　杨书臣：《日本海洋经济的新发展及其启示》，《港口经济》2006 年第 4 期，第 59～60 页。

　　焦佩：《日本海洋发展观与中日海权争端》，《日本问题研究》2006 年第 2 期，第 46～50 页。

　　李忠峰：《海陆统筹，蓝色经济异军突起》，《中国财经报》2011 年 3 月 31 日，第 5 版。

　　王林：《日本将提高海上风电补贴》，《中国能源报》2014 年 3 月 17 日，第 9 版。

　　马吉山：《区域海洋科技创新与蓝色经济互动发展研究》，中国海洋大学博士学位论文，2012。

　　王磊：《天津滨海新区海陆一体化经济战略研究》，天津大学博士学位论文，2007。

　　罗天昊、刘彦华：《全球海洋经济三大模式》，新浪网，2011 年 3 月 17 日。

　　孙加韬：《中国海陆一体化发展的产业政策研究》，复旦大学博士学位论文，2011。

　　子木：《日本重视海洋开发》，《海洋信息》1994 年第 7 期，第 8～9 页。

　　李军：《海陆资源开发模式研究》，中国海洋大学博士学位论文，2011。

　　刘明：《我国海洋经济的回顾与展望》，《中国科技投资》2011 年第 2 期，第 73～75 页。

　　刘元艳：《海洋新能源领域的国际竞争格局及中国的商务机会》，中国海洋大学硕士学位论文，2014。

　　李桂香：《90 年代海洋科技发展特点》，《海洋信息》1994 年第 Z2 期，第 1～2 页。

　　邵文慧、梁振林：《国外海洋经济绿色转型的实践及对中国的启示》，《中国渔业经济》2016 年第 2 期，第 98～104 页。

附　　录

B.17
中国海洋经济大事记[*]

2014年

1月8日　全国海洋经济调查领导小组第一次会议在北京召开，标志着中国第一次全国范围的海洋经济调查正式启动。会议审议并原则通过了《第一次全国海洋经济调查总体方案》和《第一次全国海洋经济调查管理办法》。

1月16日　全国海洋工作会议在北京召开。这是国家海洋局新组建以来的第一次全国性年度总结会议，也是中央政治局常委首次集体学习"海洋强国"战略，将海洋经济发展提升到战略高度的大背景下第一次召开的年度会议。

2月　国家海洋局印发《2014年海洋科技工作要点》，从做好顶层设计、深入实施"科技兴海"战略等十个方面明确了2014年海洋科技重点工作。

---

[*]　中国海洋经济大事记，是根据中国海洋大学经济学院张继华老师提供的相关资料及国家海洋局、中国海洋网等权威网站的资料整理所得。其中，张继华老师所提供的资料在《中国海洋经济发展报告（2014）》中已经引用，对为中国海洋经济大事记编写提供帮助的张继华老师致以诚挚的谢意。

3 月 18 日　国家海洋局在京召开了海洋强国战略规划研讨会。会议围绕建设海洋强国的战略环境、总体要求、主要任务、重大工程、保障措施等 5 方面，对海洋强国战略规划进行了深入探讨和交流。

同日国家海洋局召开《海洋科技创新总体规划》战略研究工作会。

4 月 9 日　中国新一代海洋科学考察船"科学"号，从青岛起航执行首次科学考察任务。"科学"号首航搭载了 46 名科学家和技术人员，将前往西太平洋展开"深海海洋环境与生态系统"相关研究，并对冲绳海槽热液区，俗称"黑烟囱"周边的物理、化学环境进行现场观测和取样分析。"科学"号预计将于 4 月 10 日抵达目标海域，5 月 2 日完成第一航段任务。

4 月 24 日　中国最新一代海洋科学综合考察船"科学"号，在西太平洋冲绳海槽的海底观测到了一处活动的"黑烟囱"，采集毛瓷蟹、管状蠕虫等 30 多种深海生物样本，实现了中国在西太平洋地区的首次自主综合科考。

4 月 29 日　中国大洋矿产资源研究开发协会与国际海底管理局在北京签订国际海底富钴结壳矿区勘探合同，标志中国具有专属勘探权和优先开采权的富钴结壳矿区已经完成所有法律程序。

同日《中国海洋发展报告（2014）》发布。该报告全面分析和总结了 2013 年中国海洋事业发展的形势和现状、成绩和进展、问题和展望，重点聚焦在 2013 年度社会和公众关注的海洋热点问题，新增了课题组的研究成果——对建设中国特色海洋强国的理论思考、保障措施以及对策建议。

5 月 28 日　"海洋六号"科学考察船再次从广州东江口海洋地质专用码头起航，赴太平洋执行深海资源和大洋科学考察任务。

5 月 29 日　"大洋一号"科考船完成中国大洋第 30 航次科考任务返回青岛母港，这是中国履行《西南印度洋多金属硫化物勘探合同》的首个航次，历时 179 天，航程 25628 海里。

6 月 20 日　李克强总理在中希海洋论坛上首次提出中国的"海洋观"，倡导了中国和平之海、合作之海、和谐之海的理念；两国确定 2015 年为"中希海洋年"，成立两国政府海洋合作委员会，签署《中希政府间海洋领域合作谅解备忘录》，就开展北极科考、科技合作等达成一系列共识。

6 月 25 日　中国载人深潜器"蛟龙"号开启了第二个试验性应用航次。在为期 52 天的西北太平洋"远征"中，"蛟龙"号圆满完成第一航段 10 次下

潜作业，实现了多任务、多目标的综合效益，这也是中国从事大洋科考以来组织航次最好、获取生物成果最丰富的一次。

同月国家海洋局发布《海洋领域"十三五"规划编制工作方案》，这标志着海洋领域"十三五"规划编制工作正式启动。

7月2日 国务院发布《国务院关于同意设立大连金普新区的批复》，批准设立大连金普新区。大连金普新区成为继上海浦东、天津滨海等新区之后的第10个国家级新区。

7月11日 中国第十个航海日，经征求工业和信息化部、农业部、国家海洋局、中国人民解放军海军等27个中国航海日活动组织工作委员会成员单位意见，发布了2014年中国航海日公告。

7月22日 中国首个反映海洋经济和海洋事业整体发展水平的量化指标报告《中国海洋发展指数报告（2014）》在北京发布。报告涵盖了经济发展、社会民生、资源支撑、环境生态、科技创新、管理保障6个方面的子指数，共涉及35个评价指标。35个评价指标包括了首次出现在公众视野中的社会民生指标。

7月25日 国家海洋局印发《关于支持青岛（西海岸）黄岛新区海洋经济发展的若干意见》，从海洋经济转型升级、用海项目建设保障、海洋科技自主创新等7个方面，提出24条具体意见，支持青岛西海岸新区（以下简称新区）海洋经济创新发展，增强引领示范效应。

8月28日 亚太经合组织（APEC）第四届海洋部长会召开，并通过了《厦门宣言》。《厦门宣言》鼓励各成员深化APEC蓝色经济共识，推动海洋事务在各成员的经济和社会发展中的主流化，鼓励实施APEC蓝色经济示范项目等。《厦门宣言》将成为亚太海洋合作进程中一个新的重要里程碑，也将成为指导APEC未来海洋合作的极为重要的纲领性文件。

9月3日 国务院总理李克强出席第十届中国—东盟博览会开幕式，提出把2014年确定为"中国—东盟友好交流年"。

9月23~24日 第二轮中日海洋事务高级别磋商山东省青岛市举行。双方就东海有关问题及海上合作交换了意见，并原则同意重新启动中日防务部门海上联络机制磋商。

10月15日 新华（青岛）国际海洋资讯中心联合国家金融信息中心指数

研究院在 2014 中国·青岛海洋国际高峰论坛发布了《新华海洋科技创新指数报告（2014）》，对 17 个沿海城市进行海洋科技创新综合能力进行对比分析，指出中国海洋科技创新应更加注重海洋科技创新成果的转化应用，以助力海洋经济发展。

同月国家海洋局印发了《海洋生态损害国家损失索赔办法》。

11 月 4 日 中共中央总书记、国家主席、中央军委主席、中央财经领导小组组长习近平主持召开中央财经领导小组第八次会议，研究丝绸之路经济带和 21 世纪海上丝绸之路规划、发起建立亚洲基础设施投资银行和设立丝路基金。

11 月 25 日 "蛟龙"号首赴西南印度洋探秘海底热液区，这是其航次史上距离最远、航渡时间最长的一次。

12 月 3 日 中国最先进的海洋科考船"科学"号下午起航赴西太平洋雅浦海山海域，执行中国科学院战略性科技先导专项任务，涉及物理海洋、海洋化学、海洋生物生态、海洋地质等相关研究。

12 月 12 日 国家能源局对外公布《全国海上风电开发建设方案（2014 ~ 2016)》，总容量 1053 万千瓦的 44 个海上风电项目列入开发建设方案，标志着中国海上风电开发将进一步提速。

同日国务院常务会议提出，在广东、天津、福建特定区域再设 3 个自由贸易园区，此举将为"一带一路"发展产生巨大的助推作用。

12 月 21 日 《海洋经济蓝皮书》、教育部哲学社会科学发展报告项目"中国海洋经济发展报告"发布会暨专家研讨会和国家社科基金重大项目"中国沿海典型区域风暴潮灾害损失监测预警研究"开题报告会在青岛召开。

2015年

2015 年 1 月 2 ~ 3 日 "蛟龙"号载人潜水器在西南印度洋龙旂热液区圆满完成第 89 次和第 90 次下潜科考任务。其中，第 89 次下潜是"蛟龙"号首次在西南印度洋中国多金属硫化物勘探合同区执行热液区下潜科考任务，也是我国第二批潜航员学员首次实艇下潜。

1 月 14 日 国家海洋局党组召开会议，传达学习十八届中央纪委第五次全会精神，统一思想行动，全力以赴做好反腐工作。近日，记者专访了国家海洋局党组成员、纪委书记吕滨，全面"透析"海洋系统的党风廉政建设和反腐败工作。

1月19日 搭载"蛟龙"号载人潜水器的"向阳红09"船圆满完成中国大洋35航次第二航段科考任务，抵达毛里求斯靠港补给。本航段是"蛟龙"号首次到西南印度洋执行科考任务，在我国西南印度洋多金属硫化物合同区成功开展9次下潜，平均下潜深度2850米，创下了中国深海科考多项第一，取得众多突破性成果。

2月4日 国家海洋局战略规划与经济司在天津举办了2014年海洋生产总值核算数据汇会。战略规划与经济司沈君副司长、魏国旗副巡视员，国家统计局国民经济核算司赵同录副司长、国家海洋信息中心何广顺副主任出席了会议，来自11个沿海省（市、区）和5个计划单列市的海洋厅（局）和统计局，以及国家海洋局三个分局的约40位代表参加了会议。

2月9日 全国海洋工作会议在京召开。会议传达了中共中央政治局常委、国务院副总理张高丽的重要批示。国家海洋局党组书记王宏做了题为《深化改革，依法治海，推动海洋强国建设实现新跨越》的工作报告。参会代表积极踊跃发言，提出了许多促进我国海洋事业发展的好建议和意见。

3月2日 国家海洋局党组书记、局长王宏在山东省青岛市调研期间，会见了山东省委常委、青岛市委书记李群，双方就强化海洋生态文明理念，加大沟通合作力度，促进青岛海洋事业发展进行了交流。

3月16日 "向阳红09"号船搭载"蛟龙"号载人潜水器从西南印度洋返回青岛锚地，这意味着2014～2015年"蛟龙"号试验性应用航次（中国大洋第35航次）圆满结束。

3月20日 北太平洋海洋科学组织（以下简称PICES）中国委员会成立大会暨第一次全体会议在京召开。会议审议通过了《PICES中国委员会章程》，标志着PICES中国委员会正式成立。国家海洋局副局长陈连增出任该委员会主任并作重要讲话。

4月8日 在"海巡0102"轮护送下，中国第31次南极考察队乘坐"雪龙"号极地考察船抵达上海长江口1号锚地停泊。当天下午，考察队召开了本次南极考察的总结大会，全面回顾了本次考察的主要工作和取得的重要成果。

4 月 20 日　国家海洋局局长王宏参加了国家主席习近平对巴基斯坦的国事访问活动，在习近平主席与谢里夫总理的见证下，王宏局长与巴基斯坦科技部常秘卡姆兰互换了《中华人民共和国国家海洋局与巴基斯坦伊斯兰共和国关于共建中巴联合海洋研究中心的议定书》（简称《议定书》）。

5 月 12 日　在第七个全国防灾减灾日之际，由国家海洋局主办的全国海洋防灾减灾宣传活动在广西北海举行。国家海洋局党组成员、副局长王飞出席活动，并宣布"2015 年全国海洋防灾减灾宣传周"正式启动。北海市市长林山青出席并致辞。

5 月 22 日　国家海洋局在京召开《深化标准化工作改革方案》（以下简称《改革方案》）宣贯会。会议邀请了国家标准委副主任于欣丽深入解读《改革方案》，她从《改革方案》的出台背景、编制过程、总体思路和主要措施等方面进行了系统、全面的讲解。国家洋海局党组成员、副局长陈连增就海洋标准化工作如何贯彻落实《改革方案》作了部署和要求。

6 月 8 日　世界海洋日暨全国海洋宣传日，各地纷纷举办活动，重点对 21 世纪海上丝绸之路战略，深化改革、依法治海及海洋生态文明建设等进行宣传。当天，2015 世界海洋日暨全国海洋宣传日开幕式及 2014 年度海洋人物颁奖仪式在海南省三亚市举行，全国政协副主席罗富和出席开幕式及颁奖仪式。

6 月 16 日　由国家海洋信息中心组织的《涉海单位清查技术规范》等四项海洋经济调查标准规范专家评审会在京召开。评审组由国家统计局、国家林业局、河北省海洋局、国家海洋局等有关单位和部门的专家组成。国家海洋信息中心主任何广顺、国家海洋局战略规划与经济司副司长沈君出席会议。

6 月 18 日　第十三届中国·海峡项目成果交易会在福州市海峡国际会展中心举行，该会议重点展示了海峡两岸海洋发展领域的成果。

6 月 30 日　国家海洋局宣传教育中心在京组织召开了"第一次全国海洋经济调查徽标及标语专家讨论会"。统计、海洋、设计等领域专家组成研讨专家组，对海洋经济调查用的标语和徽标进行研讨。

7 月 8 日　国家海洋局在京召开"灿鸿""莲花"台风风暴潮和海浪灾害防御工作部署会。国家海洋局党组成员、副局长王飞宣布启动海洋灾害一级应急响应，并对"灿鸿""莲花"台风风暴潮和海浪灾害防御工作进行了动员部署。

7月10日 习近平主席特使、国家海洋局局长王宏率领中国政府代表团在密克罗尼西亚联邦首府帕利基尔出席密联邦总统及政府、议会新领导人联合就职仪式，并会见了密联邦总统等政要和相关部门负责人。

7月17日 中泰海洋领域合作联委会第四次会议在泰国攀牙府举行。国家海洋局副局长陈连增率与泰国自然资源环境部副常秘韦嘉共同主持了本次会议。

7月31日 国家海洋调查船队之一的"向阳红03"船在武汉武昌船舶重工集团有限公司二号码头正式下水。该船是目前我国装备最先进的科考船，也是国家海洋局第三海洋研究所首艘综合性、大吨位科考船。

8月6日 国家海洋局在京召开台风"苏迪罗"风暴潮、海浪灾害防御工作部署会。会议宣布国家海洋局启动海洋灾害二级应急响应，并对台风风暴潮和海浪灾害防御工作进行了动员部署。

8月14日 国家海洋局组织北海分局和天津市海洋局在事故现场附近的天津港主港池东部、北港池南部、东疆港区东部海域以及北塘入海口开展了应急采样和现场监视监测。共布设监测断面6条，站位14个，并针对氰化物、挥发酚等特征污染物，检测海水样品18个。

8月19日 由国家海洋信息中心组织的《全国海洋经济调查档案管理技术规范（送审稿）》（以下简称《技术规范》）评审会在天津召开。来自国家档案局馆室司、国家海洋局办公室、国家海洋局战略规划与经济司、国家海洋局东海分局档案馆、河北省海洋局等单位和部门的7位专家组成评审组，对《技术规范》进行了评审，并一致同意《技术规范》通过审查。

8月20日 中国—东盟海洋合作中心（以下简称中心）领导小组成立暨第一次会议在京召开。国家海洋局党组成员、副局长陈连增，福建省委常委、常务副省长张志南出席会议并任中心领导小组组长。

9月16日 第一次全国海洋经济调查领导小组办公室在北京组织召开了《广西北海市海洋经济调查试点方案（铁山港区）》（以下简称《试点方案》）专家论证会。北海市将率先打响海洋经济调查工作的"第一枪"，成为本次全国海洋经济调查的第一个试点。

9月18日 以"共建21世纪海上丝绸之路共创海洋合作美好蓝图"为主题的中国—东盟海洋合作成果展在第12届中国-东盟博览会上成功举办。

10 月 5 日　国家海洋局党组成员、人事司司长房建孟率团出席智利"我们的海洋 2015"大会，并就海洋酸化和气候变化问题发言。

10 月 15 日　全国政协第八届中国人口资源环境发展态势分析会在北京召开。会议主要议题为"推进生态文化、海洋文化建设"。

10 月 30 日　2015 中国·青岛海洋国际高峰论坛在青岛鳌山蓝色硅谷举行。国家海洋局党组成员、副局长张宏声，新华社副社长于绍良，山东省委常委、青岛市委书记李群等出席并讲话。

10 月 31 日　中国海洋发展研究会（以下简称研究会）第一届三次理事会议暨第二届海洋发展论坛在北京召开。研究会理事长王曙光，国家海洋局党组成员、人事司司长房建孟，研究会顾问、中国人民解放军总参谋部原副总参谋长张黎，研究会副理事长、中央政研室原副主任王天增，国家海洋局总工程师孙书贤等出席会议，研究会副理事长李春先主持会议。

11 月 6 日　中国第 32 次南极考察队（以下简称考察队）行前动员大会在上海召开，国家海洋局党组成员、副局长陈连增作出征动员。会议宣布了国家海洋局相关任命，国家海洋局极地考察办公室书记、副主任秦为稼担任此次考察队临时党委书记、领队，考察队组织机构正式组成。

11 月 12 日　中韩海洋科学技术合作联合委员会第十三次会议在韩国釜山召开，以中国国家海洋局副局长陈连增为团长的中国代表团和以韩国海洋水产部海洋产业政策局局长严基斗为团长的韩国代表团出席了会议。双方签署了《中华人民共和国国家海洋局与大韩民国海洋水产部海洋领域合作规划（2016～2020 年）》并明确了下阶段在海洋科学技术领域将重点开展的新合作项目。

11 月 29 日　中国海洋发展基金会第一次理事会会议在北京召开。国家海洋局党组书记、局长王宏，中国海洋发展基金会第一届理事长、国家海洋局原局长孙志辉出席会议并讲话。会议由国家海洋局党组成员、人事司司长房建孟主持。

12 月 9 日　国土资源部直属机关党委常务副书记李平一行来国家海洋局调研党建工作，检查国家海洋局落实党建工作责任制、落实党风廉政建设"两个责任"等情况。国家海洋局党组成员、直属机关党委书记、人事司司长房建孟主持召开座谈会，部分局属单位党委书记、局机关党支部书记及党务干

部参加座谈并发言。

12 月 16 日上午 10 时许 随着声声汽笛长鸣，执行中国大洋第 40 航次科考任务的"向阳红 10"船从海南三亚扬帆起航。国家海洋局副局长、中国大洋矿产资源研究开发协会理事长王飞等前往三亚凤凰岛国际邮轮码头，为科考队员送行。

12 月 29 日 国家海洋局在京召开新闻发布会，发布由国家发改委、国家海洋局联合编制的《中国海洋经济发展报告 2015》（以下简称《报告》）。《报告》显示，"十二五"以来，我国海洋经济继续保持总体平稳的增长势头，海洋生产总值占国内生产总值比重始终保持在 9.3% 以上。

2016年

1 月 10 日 "潜龙二号"稳稳地被吊至"向阳红 10"船后甲板的支架上。这标志着我国自主研发的 4500 米级深海资源自主勘查系统（AUV）圆满完成其大洋"首秀"。"潜龙二号"第一次在西南印度洋断桥热液区的下潜，获得了该区域近底微地形地貌和海底环境参数，实现了我国自主研发的 AUV 首次在洋中脊海底勘探。

1 月 22 ~ 23 日 全国海洋工作会议在京召开。会议传达了中共中央政治局常委、国务院副总理张高丽的重要批示。国土资源部党组书记、部长姜大明出席会议并讲话。国家海洋局党组书记、局长王宏作了海洋工作报告，局党组成员、副局长陈连增主持会议，局党组成员、纪委书记吕滨作了党风廉政建设工作报告，局党组成员、副局长张宏声、房建孟、孙书贤出席会议。

1 月 28 日 第一次全国海洋经济调查（以下简称调查）江苏试点工作总结会在江苏省南通市如皋市召开。至此，广西北海、河北栾城、江苏如皋 3 个试点主体工作的如期完成，第一次全国海洋经济调查全面调查工作即将展开。

2 月 5 日 在新春佳节即将来临之际，国家海洋局党组书记、局长王宏视频连线"大洋一号""向阳红 10"科考船，询问大洋第 39 航次和 40 航次科考任务的执行情况，并代表局党组向科考队员致以节日的问候。国家海洋局党组成员、副局长孙书贤主持连线慰问活动。

2 月 15 日 正在西南印度洋执行中国大洋第 40 航次第二航段任务的"向

阳红 10"船传来捷报,在科考队员的共同努力下,"潜龙二号"被成功收回至"向阳红 10"船后甲板。这意味着我国首台自主研发的 4500 米级自主水下机器人"潜龙二号"成功完成首次试验性应用任务。

2 月 18 日 工业和信息化部、国家海洋局在京召开促进海洋经济发展战略合作座谈会,并签署合作协议,这标志着工业和信息化与海洋领域合作进入了全面深化的新阶段。工业和信息化部党组书记、部长苗圩,国家海洋局党组书记、局长王宏出席座谈会,并代表双方在《工业和信息化部国家海洋局促进海洋经济发展战略合作协议》上签字。工业和信息化部副部长辛国斌主持座谈会,国家海洋局副局长房建孟介绍了双方将要开展合作的主要内容。工业和信息化部、国家海洋局相关司局同志参加了会议。

2 月 26 日 十二届全国人大常委会第十九次会议表决通过了《深海海底区域资源勘探开发法》。在当天全国人大常委会办公厅举行的新闻发布会上,全国人大环资委法案室主任翟勇、全国人大常委会法工委经济法室副主任岳仲明、国家海洋局副局长孙书贤,就勘探开发申请程序、承包者的权利义务以及该法制定背景等问题回答了记者提问。

3 月 5 日 第十二届全国人民代表大会第四次会议在北京人民大会堂开幕。会议公布的《中华人民共和国国民经济和社会发展第十三个五年规划纲要(草案)》(以下简称《纲要(草案)》)多处提到海洋,引人关注。

3 月 17 日 2016 年维护国家海洋权益与国际合作工作会议在北京召开。国家海洋局党组成员、副局长陈连增出席会议并讲话。

3 月 31 日 2016 年海洋公益性行业科研专项管理工作会在京召开。会议听取了山东、福建两省关于本省海洋公益专项管理工作的汇报,以及有关单位在专项分领域的研究进展和未来成果转化应用的设想,并就下一步工作作出部署。国家海洋局党组成员、副局长陈连增出席会议并讲话。

4 月 28 日 2016 中国(珠海)国际海洋高新科技展览会(以下简称海洋科技展)在广东珠海开幕。国家海洋局党组成员、副局长张宏声,珠海市副市长刘嘉文出席开幕活动并致辞,沿海地区和涉海机构相关负责人、国内外参展商代表参加活动。

同月,中国海洋大学经济学院殷克东教授所著《中国海洋经济周期波动监测预警研究》出版,标志着我国海洋经济研究领域取得重大突破。

5 月 6 ~ 7 日　第五届中国海洋可再生能源发展年会暨论坛在浙江省舟山市举行。国家海洋局党组成员、副局长陈连增出席会议并讲话。会上发布的《中国海洋能发展年度报告（2016 年)》显示，我国的海洋能技术取得了明显进步。

5 月 17 日　中印海洋科技合作联委会（以下简称联委会）第一次会议在京召开。国家海洋局副局长陈连增与印度地球科学部常务秘书马德哈维·尼尔·拉杰文共同主持会议。

6 月 6 日　2016 中美战略与经济对话"保护海洋"对口磋商活动在北京举行。国家海洋局局长王宏、美国副国务卿凯瑟琳·诺维莉出席活动。

6 月 18 日　我国最先进的全球级现代化海洋综合科考船"向阳红 01"在青岛国家深海基地码头交付国家海洋局第一海洋研究所，并入列国家海洋调查船队。国家海洋局党组成员、副局长陈连增出席入列仪式并讲话。

6 月 25 日　2016 平潭国际海岛论坛在福建平潭召开。国家海洋局党组书记、局长王宏，福建省副省长黄琪玉出席论坛开幕式并致辞。国家海洋局党组成员、副局长张宏声参加论坛。

6 月 29 日　陈连增副局长会见了来华访问的新西兰克赖斯特彻奇市长莉安·达泽一行。双方回顾了两国在南极科研和人员培训等方面的良好合作历史，一致同意巩固和增进南极后勤保障和环境保护等方面的交流合作。

7 月 13 日　"向阳红 09"船圆满完成 2016 年蛟龙号试验性应用航次（中国大洋第 37 航次）科学考察任务返航，靠泊青岛国家深海基地码头。

8 月 12 日　中国 4500 米载人潜水器及万米深潜作业的工作母船"探索一号"科考船结束 TS01 - 01 航次，首航凯旋。本航次是我国在万米深海进行的第一次深潜科考尝试。

9 月　财政部、国家海洋局联合印发《关于"十三五"期间中央财政支持开展海洋经济创新发展示范工作的通知》，提出开展海洋经济创新发展示范工作。随后确定天津滨海新区、南通、舟山、福州、厦门、青岛、烟台、湛江等 8 个城市为首批海洋经济创新发展示范城市。

11 月 4 日　在 2016 厦门国际海洋周上，受国家海洋局宣传主管部门委托，由北京大学海洋研究院编制的《2016 国民海洋意识发展指数（MAI）研究报告》首次对外发布。

11 月 7 日 第十二届全国人大常委会第二十四次会议表决通过了新海洋环境保护法，取消污染事故处罚上限。

11 月 24 日 中国国家海洋信息中心在湛江举行的中国海洋经济博览会上首次公开发布《中国海洋经济发展指数》。

11 月 29 日 我国首部反映海洋生态文化成果的专著——《中国海洋生态文化》研究成果在深圳发布。

12 月 13 日 国家海洋局与科技部联合印发《全国科技兴海规划（2016~2020 年)》，以期促进科技兴海开放发展，开创全国科技兴海工作新局面。

12 月 15 日 海洋国家实验室每秒计算速度能达到千万亿次的海洋高性能科学技术与系统仿真平台在青岛正式启动。

12 月 19 日 由中国大洋矿产资源研究开发协会办公室组织编写、海洋出版社出版的《中国大洋海底地理实体名录（2016）》一书在北京举行了新书发布会，填补了我国在国际海域地理实体命名工作的空白。

12 月 20 日 我国自行建造的第一艘极地科学考察破冰船的第一块钢板在江南造船厂点火切割，拉开了新船建造工程的序幕。

2017 年

1 月 11 日 国务院新闻办公室发表《中国的亚太安全合作政策》白皮书，并于当天下午召开新闻发布会，邀请外交部副部长刘振民介绍白皮书的主要内容及中国亚太安全合作政策的有关情况。

2 月 25 日 在上海科普大讲坛上，中科院院士汪品先在题为《"入地"与中国梦》的报告中透露，我国第一个国家级海底长期观测平台——"国家海底长期科学观测系统"大科学工程项目即将开建。

3 月 应欧盟环境、海洋事务与渔业委员卡梅努·维拉的邀请，国家海洋局局长王宏于当地时间 3 月 2 日率团出席在布鲁塞尔的欧盟总部大厦召开的中国—欧盟海洋综合管理第三次高层对话。双方就海洋管理、蓝色增长和国际海洋发展交换了看法。

3 月 10 日 中车股份有限公司旗下时代艾森迪智能装备有限公司开工建造一款世界上最大吨位的深水挖沟犁，预计一年后将交付使用。

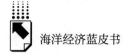

4 月 26 日　在南海多金属结核采集试验选址 B 调查区，潜航员驾驶蛟龙号载人潜水器，顺利完成今年试验性应用航次（中国大洋 38 航次）第二航段首次下潜，水下航行约 7 公里，创下蛟龙号水下航行最长距离纪录。

6 月 1 日起　将有《载人潜水器潜航学员培训大纲》《近岸海域海洋生物多样性评价技术指南》《海水淡化水源地保护区域划分技术规范》等十三项海洋行业标准正式实施，推动海洋行业科学化、规范化。

Abstract

Since the entry into force of the "United Nations Convention on the Law of the Sea" in 1994, the coastal countries have paid great attention to the development of marine economy in order to obtain favorable conditions in political, economic, military and strategic positions. They have been racing to readjust their maritime strategy and speed up the formulation of the marine economic development plan. Strive to master the initiative of marine economic development. The 21st century is the century of the oceans. Marine development has also become a hot spot of international concern. With the shortage of land and the resources, more and more countries have successively expanded their horizons to the sea and hoped to take a leading position in international competition. The ocean is also an important strategic treasure – house for the sustainable development of our economy. Vigorously developing the marine industry and promoting the development of the marine economy are important measures to speed up the building of a maritime power.

In recent years, the unpredictable international political and economic patterns have led to frequent readjustments in the political and economic systems led by the United States and Europe. The pressure of economic recession in Russia has not diminished. The downward pressure on China's economy still remains. Many difficulties have been encountered in the development of China's marine economy. 2015 – 2016 is exactly the beginning of the the the "Thirteenth Five" Year Plan of our country. It is also an important period of opportunity for China's marine economy to achieve growth – shifting, industrial restructuring and the transformation of development mode. Faced with the new domestic and international economic situation, according to the "Twelfth Five" Year Plan, The "Thirteenth Five" Year Plan, the strategic plan of the 18th National Congress of the Party and the 19th National Congress of the Communist Party of China, In the view of the problems facing the development of marine economy in our country, we have conducted extensive and in – depth studies on the international and domestic marine economic

development, the optimized layout of the marine industry, and the strategic space for marine economy from the perspectives of international standards and special topics in the "Annual Report On The Development Of China's Ocean Economy (2015 – 2018)".

Based on the actual situation of China's marine economy, this book analyzes the current development of marine economy in our country. In addition, systematically analyzing and looking forward to the three major marine economic zones and different international and domestic marine industries. The book is divided into five parts and seventeen chapters. The first part, the "General Report" mainly analyzes and forecasts the development of marine economy in our country, discussing China's current marine economic development scale and the changing trend of industrial structure. In the light of the current problems in the development of marine economy in our country, we put forward corresponding policy suggestions. The second part, the "Topic report", carried out detailed analysis and forecasting mainly for China's traditional marine industries, emerging marine industries, maritime strategic emerging industries, marine science and education management services and the marine – related industries. With the continuous development of high – tech in the sea and the deepening development of marine resources, the emerging marine industry has become the accelerator of marine economic development and the strategic focus of our country's development in marine economy. The third part, the "Special Topics" analyzed the situation of China's marine economy security, screening China's marine economy boom indicators, measuring China's marine economy sentiment index and the level of marine economic development in the coastal areas, and analyzed the marine industries of the five major coastal cities in China Development status, finally give some advice on creating a blue economy leading city. The fourth part , the "Regional Reports", took the marine economy circle as the main body, using the qualitative method and the quantitative method, separately analyzing the development status, the development increment and the development situation of the southern marine economic circle, the eastern marine economic circle, the northern marine economic circle development present situation . The paper also measured the contribution of technology, capital and labor forces to the development of marine economy, and analyzed the characteristics of marine economic development within the economic circle as well as its external relevance, level of development and spatial structure. The Fifth part, the "International Experience and Lessons", respectively analyzed the marine economic development of the maritime powers such as the United States, Britain, Norway and Japan in detail, discussing the status of development, the scale of development and prospecting the development of the marine economy. The last part is a fixed column, the annual Key Events of China's Ocean Economy, which chronicles the landmark events in the development of China's marine economy.

Contents

I General Reports

Abstract: As the global economic integration, international industrial division of labor further refinement, China's positioning in the international market is becoming more and more prominent; China's "One Belt And One Road", setting up "AIIB" and other national strategies have been implemented successively, We have greatly advanced our cooperation in infrastructure construction, finance, trade, science and technology and oceans; The development planning and construction of Marine economic demonstration area and experimental area in coastal areas have been advanced, Both provide unprecedented development opportunities and space for China's Marine economy。 This paper analyzes the basic situation of China's Marine economy from 2015 – 2016, and analyzes the development environment and development issues, The methods of factor contribution, elastic analysis and econometric model were adopted, respectively from qualitative and quantitative aspects, The main statistical indexes of China's Marine economic development in 2017 – 2018 are reviewed, analyzed, forecast and predicted, The paper also puts forward relevant policy Suggestions for the future development of Marine economy in China.

Keywords: Marine Economy; Development Environment; Analytical Forecast

II Topical Reports

Abstract: Since the 21st century, marine economy has increasingly become a new source of growth for the national economy. Therefore, strengthening the analysis and forecast of the marine economic situation has important theoretical and practical significance for promoting the development of marine economy, compiling marine economic plans and formulating marine policies and measures. Ocean industry in China rise steady, industrial structure optimize increasingly. This article mainly analyzes the development situation of China's major ocean industries, the present situation and restricting factors. Based on the grey prediction method and exponential smoothing method, the paper predicts the development prospect of Marine industry. Then analyse the traditional Marine industries and newly emerging Marine industry, they will maintain rapid growth in next few years.

Keywords: Major Marine Industry; Traditional Marine Industry; Emerging Marine Industry

Abstract: China's marine economy is in a period of rapid development . It

makes a significant contribution to China's social and economic development. Our government has also made plans for the development of China's marine economy and promoted the "marine power" to the national strategy. And to develop the ocean economy, it is imperative to focus on marine strategic emerging industries to cultivate and develop. Therefore, this paper analyzes the development situation of marine strategic emerging industries in representative provinces, and analyzes the restrictive factors of the development of marine strategic emerging industries in order to deepen the understanding of marine strategic emerging industries and promote the development of marine economy in China. Then this paper puts forward some Suggestions for the future development from the theoretical framework of improving the Marine strategic emerging industries, enriching the research methods and focusing on the training of Marine scientific research talents.

Keywords: Marine Strategic Emerging Industries; Prediction Model; Manine Science and Technology

B. 4   Analysis of the Situation of Marine Scientific Research,

Abstract: Marine scientific research and management education service in our country has entered into a steady growth stage of development. In this paper, the development of China's Marine scientific research and management education services are analyzed in detail, also the present situation and restricting factors. Then, we use the empirical model such as grey prediction model, exponential smoothing method and neural network to put forward reasonable forecast for the future. In the later development process, more attention should be payed to the development of the Marine science and technology, cultivating talents on Marine scientific research is also significant.

Keywords: Marine Scientific Research Education Management Services; Marine Technology; Marine Environmental Protection

B. 5 Analysis of the Development of Marine Related Industries / 067

Abstract: Due to the diversity of the Marine industry, future developments are not as clear-cut as traditional industries. How to correctly grasp the development trend of Marine industry, it is particularly important to occupy the high ground of Marine economy in time. The rapid development of marine related industries provides the basic support for the development of major marine industries. In this paper, the development of marine related industries in China is analyzed. And the development of marine related industries is good, and then the factors of existence are analyzed in detail. Forecasting methods are used to make a reasonable forecast for the future development of marine related industries.

Keywords: Marine Related Industries ; Marine Service; Grey Prediction

B. 6 Analysis of China's Marine Economic Security Situation / 075

Abstract: Marine economy refers to the comprehensive development and utilization of diversified marine products and economic activities associated with them. The current development of Chinese economy has entered a new stage. Under the guidance of the "new normal" theory, both opportunities and challenges of economic development in our country. The transformation of economic structure is imperative, and the proportion of marine economy in the national economy is increasing. Gradually, it has evolved into an important component of national economy, also become an important force to promote national economic development. This chapter takes the marine economic security as the research core, deeply discusses its connotation and extension and classifies it. On the basis of reviewing the historical development of marine economic security in China, the paper discusses the environment and situation. Finally, we need to attach great importance to the threat of national marine economic security issues and take the development of marine economy as a whole at the same time with the rapid development of marine economy in order to protect China's marine economy healthy and stable development.

Keywords: Marine Economic Security; Connotation; Environment Analysis; Index Test

B. 7　Analysis of the Prosperity of China's Ocean Economy　　／095

Abstract：To analyse the Marine economy of our country, this paper uses grey correlation methods such to classify Marine economic sentiment index, constructed China's Marine economic sentiment index model based on the multivariable dynamic Markov transfer factor. We can use this model to measure the Chinese Marine economic climate index for future Marine economic sentiment in China, then using the empirical model of Marine economy make correlation analysis, At last, put forward development outlook in the future.

Keywords：Prosperity Indicators; Dynamic Markov Conversation Factor; Expansion Stage

B. 8　Analysis of the Development of Marine Economy in

　　　Coastal Areas　　　　　　　　　　　　　　／118

Abstract：In recent years, China's marine economy has shown a tendency of booming development, China's marine industry has been optimized and upgraded, and the contribution of marine economy to regional economy has been increasing. However, there is a big gap between the development of marine economy and the rest of the world. Based on the analysis of the scale, structure and problems of coastal marine economic development, this paper constructs the evaluation index system of marine economy in coastal areas. By Designing marine economic aggregate index, marine economic structure index and marine economic driving force index, we measure the individual index of marine economic development and overall index of marine economic development. Selecting typical coastal areas in northern, Eastern and Southern Sea economic circles, Evaluating the marine economic development level from Marine economic aggregate, marine economic structure and marine economic impetus, objective and scientific analyze the development of China marine economy, we clear the advantages and disadvantages of marine economy development in the coastal areas, in order to provide reference for the development of marine economy in coastal areas.

Keywords: Marine Economic Scale; Marine Economic Structure; Marine Economic Impetus; Marine Economic Development Index

B. 9   Analysis on the Development Situation of Blue Economy

Leading Cities in Coastal Areas   / 155

Abstract: This paper first analyzes the status quo of blue economy in San Francisco, Tokyo Bay and other cities such as Ningbo, Shanghai, Tianjin, Dalian and Qingdao, and analyzes the experience of successful development of foreign blue economy leading city. Then, it designs the evaluation index system of the development level and evaluates the cities in Ningbo, Shanghai and so on. Finally, the evaluation results are analyzed and the relevant suggestions are put forward for the development of the blue economy leading cities in the coastal areas.

Keywords: Blue Economy; Lndex System; Constraints

Ⅳ   Regional Article

B. 10   Analysis on the Development of Marine Economy in

the Southern Ocean Economic Circle   / 202

Abstract: The southern ocean economic circle is located in the Southernmost coastal areas of China, including Guangxi, Guangdong, Hainan and Fujian four provinces, as the forefront of China's foreign trade, compared with other marine economic circle, the southern ocean economic circle has vast seas and numerous islands, unique geographical advantages, which not only bring a lot of opportunities for the southern ocean economic circle of marine economic development, but also bring big challenges for the development of marine economy. This paper present the development of southern sea economic circle of Marine economic by building panel model analysis firstly. Then it uses the incremental analysis, convergence analysis and correlation analysis method to explore the south sea economic circle economic

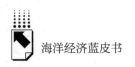

development characteristics. Finally, The development situation was analyzed emphatically. This paper argues that, in 2017, the total marine output of the southern marine economic circle will continue to grow at a rate higher than GDP.

Keywords: Southern Ocean Economic Circle; Economic Development; Panel Model

B. 11 Analysis on the Development of Marine Economy in the
  Eastern Ocean Economic Circle   / 235

Abstract: The eastern ocean economic circle is located in the Yangtze River Delta region, here is the center of China's coastal areas, Jiangsu, Zhejiang, Shanghai provinces and the three coastal waters formed the eastern ocean economic circle, the eastern ocean economic circle is China's participation in the economic globalization and the global competition portal. In recent years, the eastern ocean marine economic circle of the GOP growth rate gradually increased, the relative improvement of the port and shipping system, all kinds of marine resources, and vigorously support to government policy, these have become an important driving force for the rapid development of marine economy in eastern region. This paper present the development of southern sea economic circle of Marine economic by dates firstly. Then it uses the incremental analysis, convergence analysis and correlation analysis method to explore the eastern sea economic circle economic development characteristics. Finally, The development situation was analyzed emphatically. This paper argues that, in 2017, the growth rate of marine GDP in the eastern marine economic circle remained at its present level and was expected to recover moderately.

Keywords: Eastern Coastal Economic Circle; Economic Development; Panel Model

Abstract: The northern coastal economic circle consists of liaodong peninsula, northern coast of bohai bay and Shandong peninsula, it has an unique geographical advantage, approaches Japan and South Korea in the east, the south Yangtze river delta, the pearl river delta and Hong Kong, Macao and Taiwan and other regions, it is the important platform of opening to the outside world in northern China. In addition, the northern Marine economic circle has a solid foundation for Marine economic development, abundant Marine resources and obvious advantages of Marine research education. This paper first uses quantitative and qualitative method to analyze the northern sea economic circle, the output of scale, industrial structure and the characteristics of the spatial layout in recent years, and measures the technology, capital, labor and other factors on the contribution to the development of Marine economy of the economic circle inside the characteristics of the Marine economic development and external relevance. Then, it analyzes the economic development characteristics of the northern marine economic circle by incremental analysis, convergence analysis and correlation analysis. Finally, it analyzes the economic development of the northern marine economic circle situation.

Keywords: Northern Coastal Economic Circle; Economic Development; Panel Model

V   International Development

Abstract: The U. S. government has always attached importance to the formulation and implementation of marine development strategies and policies. Benefiting from the developed and abundant marine resources of the mainland economy, its marine economy has been rapidly developed and the United States has gradually become a marine economic power. Based on the ENOW source data in the

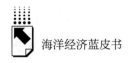

NOEP database, this paper studies the leading industries and the characteristics of the current situation of the U. S. marine economy and makes a prospect of the development trend of the marine economy in the United States considering the development environment and the limiting factors. This article argues that the U. S. government should continue to increase investment in the tertiary industry in the oceans, support the traditional marine secondary industry and promote the development of marine emerging industries.

Keywords: Marine Economy of USA; The Dominant Industries; Development

B. 14   Analysis and Prospect of Marine Economic Development in the United Kingdom   / 304

Abstract: Located in the northwestern Europe, Britain is a typical island nation. Its superior geographical position has promoted the development of British marine industry. Based on the relevant data, this paper analyzes the status quo of the development of the marine economy in the United Kingdom and the development of the leading industries. Combined with its actual conditions, this article looks forward to the development of its marine economy. This paper argues that the British government should give full play to the advantage of marine manufacturing and innovation ability, increase investment in marine industry and meet the needs of the British government and the industrial sector

Keywords: Oil and Gas Industry; Marine Finance and Insurance; Marine Renewable Energy

B. 15   Analysis and Prospect of Marine Economic Development in Norway   / 329

Abstract: As a traditional ocean power, Norway has a deep historical precipitation, the Norwegian authorities have been very much attention to the development of marine economy, and long-term commitment to enhance the competitiveness of its marine industry. Based on the relevant data, this paper analyzes the status quo of the development of marine economy in Norway and the development of leading industries, and makes a reasonable prospect for the development of its marine economy. The text holds: The Norwegian government should maintain the economic pillar of the offshore oil and gas industry while moderately suppressing overheated investments in oil and gas exploration.

Keywords: Marine Industry; Oil Reserves; Marine Finance

B. 16　Analysis and Prospect of Marine Economic

Development in Japan　　　　　　　　　　　　　／342

Abstract: In recent years, with the vigorous development of the world ocean economy, many countries take the marine economy as a new point of economic growth and national economic transformation. Through the policy support of the marine economy、financial investment and technology promotion measures to promote the transformation of marine economic structure, promoting the national economy good and fast. This paper selects Japan—one of the world maritime power to research, analyzing the development of marine economy and its leading industry, and analyzes the development prospect of the leading industry in combination with the development, finally providing advice for Japan's development of marine resources and rational utilization.

Keywords: Marine Economy; Leading Industry; Technology Promotion

❖ 皮书起源 ❖

"皮书"起源于十七、十八世纪的英国，主要指官方或社会组织正式发表的重要文件或报告，多以"白皮书"命名。在中国，"皮书"这一概念被社会广泛接受，并被成功运作、发展成为一种全新的出版形态，则源于中国社会科学院社会科学文献出版社。

❖ 皮书定义 ❖

皮书是对中国与世界发展状况和热点问题进行年度监测，以专业的角度、专家的视野和实证研究方法，针对某一领域或区域现状与发展态势展开分析和预测，具备原创性、实证性、专业性、连续性、前沿性、时效性等特点的公开出版物，由一系列权威研究报告组成。

❖ 皮书作者 ❖

皮书系列的作者以中国社会科学院、著名高校、地方社会科学院的研究人员为主，多为国内一流研究机构的权威专家学者，他们的看法和观点代表了学界对中国与世界的现实和未来最高水平的解读与分析。

❖ 皮书荣誉 ❖

皮书系列已成为社会科学文献出版社的著名图书品牌和中国社会科学院的知名学术品牌。2016年，皮书系列正式列入"十三五"国家重点出版规划项目；2013~2018年，重点皮书列入中国社会科学院承担的国家哲学社会科学创新工程项目；2018年，59种院外皮书使用"中国社会科学院创新工程学术出版项目"标识。

中国皮书网

（网址：www.pishu.cn）

发布皮书研创资讯，传播皮书精彩内容
引领皮书出版潮流，打造皮书服务平台

栏目设置

关于皮书：何谓皮书、皮书分类、皮书大事记、皮书荣誉、
皮书出版第一人、皮书编辑部

最新资讯：通知公告、新闻动态、媒体聚焦、网站专题、视频直播、下载专区

皮书研创：皮书规范、皮书选题、皮书出版、皮书研究、研创团队

皮书评奖评价：指标体系、皮书评价、皮书评奖

互动专区：皮书说、社科数托邦、皮书微博、留言板

所获荣誉

2008 年、2011 年，中国皮书网均在全
国新闻出版业网站荣誉评选中获得"最具
商业价值网站"称号；

2012 年,获得"出版业网站百强"称号。

网库合一

2014 年，中国皮书网与皮书数据库端
口合一，实现资源共享。

权威报告·一手数据·特色资源

皮书数据库
ANNUAL REPORT(YEARBOOK)
DATABASE

当代中国经济与社会发展高端智库平台

所获荣誉

- 2016年，入选"'十三五'国家重点电子出版物出版规划骨干工程"
- 2015年，荣获"搜索中国正能量 点赞2015""创新中国科技创新奖"
- 2013年，荣获"中国出版政府奖·网络出版物奖"提名奖
- 连续多年荣获中国数字出版博览会"数字出版·优秀品牌"奖

成为会员

　　通过网址www.pishu.com.cn或使用手机扫描二维码进入皮书数据库网站，进行手机号码验证或邮箱验证即可成为皮书数据库会员（建议通过手机号码快速验证注册）。

会员福利

- 使用手机号码首次注册的会员，账号自动充值100元体验金，可直接购买和查看数据库内容（仅限使用手机号码快速注册）。
- 已注册用户购书后可免费获赠100元皮书数据库充值卡。刮开充值卡涂层获取充值密码，登录并进入"会员中心"—"在线充值"—"充值卡充值"，充值成功后即可购买和查看数据库内容。

社会科学文献出版社 皮书系列
SOCIAL SCIENCES ACADEMIC PRESS (CHINA)
卡号：456311972782
密码：

数据库服务热线：400-008-6695
数据库服务QQ：2475522410
数据库服务邮箱：database@ssap.cn
图书销售热线：010-59367070/7028
图书服务QQ：1265056568
图书服务邮箱：duzhe@ssap.cn

S 基本子库
SUB DATABASE

中国社会发展数据库（下设 12 个子库）

全面整合国内外中国社会发展研究成果，汇聚独家统计数据、深度分析报告，涉及社会、人口、政治、教育、法律等 12 个领域，为了解中国社会发展动态、跟踪社会核心热点、分析社会发展趋势提供一站式资源搜索和数据分析与挖掘服务。

中国经济发展数据库（下设 12 个子库）

基于"皮书系列"中涉及中国经济发展的研究资料构建，内容涵盖宏观经济、农业经济、工业经济、产业经济等 12 个重点经济领域，为实时掌控经济运行态势、把握经济发展规律、洞察经济形势、进行经济决策提供参考和依据。

中国行业发展数据库（下设 17 个子库）

以中国国民经济行业分类为依据，覆盖金融业、旅游、医疗卫生、交通运输、能源矿产等 100 多个行业，跟踪分析国民经济相关行业市场运行状况和政策导向，汇集行业发展前沿资讯，为投资、从业及各种经济决策提供理论基础和实践指导。

中国区域发展数据库（下设 6 个子库）

对中国特定区域内的经济、社会、文化等领域现状与发展情况进行深度分析和预测，研究层级至县及县以下行政区，涉及地区、区域经济体、城市、农村等不同维度。为地方经济社会宏观态势研究、发展经验研究、案例分析提供数据服务。

中国文化传媒数据库（下设 18 个子库）

汇聚文化传媒领域专家观点、热点资讯，梳理国内外中国文化发展相关学术研究成果、一手统计数据，涵盖文化产业、新闻传播、电影娱乐、文学艺术、群众文化等 18 个重点研究领域。为文化传媒研究提供相关数据、研究报告和综合分析服务。

世界经济与国际关系数据库（下设 6 个子库）

立足"皮书系列"世界经济、国际关系相关学术资源，整合世界经济、国际政治、世界文化与科技、全球性问题、国际组织与国际法、区域研究 6 大领域研究成果，为世界经济与国际关系研究提供全方位数据分析，为决策和形势研判提供参考。

法律声明

"皮书系列"（含蓝皮书、绿皮书、黄皮书）之品牌由社会科学文献出版社最早使用并持续至今，现已被中国图书市场所熟知。"皮书系列"的相关商标已在中华人民共和国国家工商行政管理总局商标局注册，如 LOGO（🔖）、皮书、Pishu、经济蓝皮书、社会蓝皮书等。"皮书系列"图书的注册商标专用权及封面设计、版式设计的著作权均为社会科学文献出版社所有。未经社会科学文献出版社书面授权许可，任何使用与"皮书系列"图书注册商标、封面设计、版式设计相同或者近似的文字、图形或其组合的行为均系侵权行为。

经作者授权，本书的专有出版权及信息网络传播权等为社会科学文献出版社享有。未经社会科学文献出版社书面授权许可，任何就本书内容的复制、发行或以数字形式进行网络传播的行为均系侵权行为。

社会科学文献出版社将通过法律途径追究上述侵权行为的法律责任，维护自身合法权益。

欢迎社会各界人士对侵犯社会科学文献出版社上述权利的侵权行为进行举报。电话：010-59367121，电子邮箱：fawubu@ssap.cn。

社会科学文献出版社